# Excel数据分析

## 思维、技术与实践

周庆麟　胡子平◎编著

U0300802

北京大学出版社

PEKING UNIVERSITY PRESS

# 内 容 提 要

本书不是讲解基础的 Excel 软件操作，而是立足于"Excel 数据分析"，精心挑选 Excel 中常用、实用的功能讲解数据分析的思路及其相关操作技术。

首先，第 1 章和第 2 章剖析何为数据分析，讲解数据分析必须了解的概念和分析思路，介绍 Excel 数据分析库中的 16 个重点工具，帮助读者打下数据分析基础。其次，第 3~6 章，根据数据分析步骤，系统讲解如何规范建立数据表、数据清洗与加工，以及 Excel 的排序、筛选、分类汇总、条件格式、透视表等重点功能的应用。最后，第 7 章和第 8 章讲解数据的展现和数据报告制作，其内容包括普通图表、信息图表、专业图表和动态图表的制作，以及 Word 数据报告、PPT 数据报告的制作方法。

本书沉淀了笔者多年 Excel 数据分析经验，希望能切切实实地帮助读者精进 Excel 数据分析技能，从有限的数据中分析出无限的价值。

本书适合非统计、数学专业出身，又想掌握数据分析的人，也适合会一点 Excel 操作却不能熟练分析数据的职场人士，还适合刚毕业或即将毕业走向工作岗位的广大学生。而且，本书还可以作为广大职业院校、电脑培训班的教学参考用书。

**图书在版编目(CIP)数据**

Excel数据分析思维、技术与实践 / 周庆麟，胡子平编著. — 北京 ： 北京大学出版社，2019.1
ISBN 978-7-301-30050-3

Ⅰ. ①E… Ⅱ. ①周… ②胡… Ⅲ. ①表处理软件 Ⅳ. ①TP391.13

中国版本图书馆CIP数据核字(2018)第260752号

| | |
|---|---|
| 书　　　　名 | Excel数据分析思维、技术与实践 |
| | EXCEL SHUJU FENXI SIWEI、JISHU YU SHIJIAN |
| 著作责任者 | 周庆麟　胡子平　编著 |
| 责 任 编 辑 | 吴晓月 |
| 标 准 书 号 | ISBN 978-7-301-30050-3 |
| 出 版 发 行 | 北京大学出版社 |
| 地　　　　址 | 北京市海淀区成府路205 号　100871 |
| 网　　　　址 | http://www. pup. cn　　　　新浪微博: @ 北京大学出版社 |
| 电 子 邮 箱 | 编辑部 pup7@pup. cn　　　　总编室 zpup@pup. cn |
| 电　　　　话 | 邮购部 010–62752015　发行部 010–62750672　编辑部 010–62570390 |
| 印 刷 者 | 北京宏伟双华印刷有限公司 |
| 经 销 者 | 新华书店 |
| | 787毫米×1092毫米　16开本　20印张　454千字 |
| | 2019年1月第1版　2024年1月第13次印刷 |
| 印　　　　数 | 44001–47000册 |
| 定　　　　价 | 79.00 元 |

# Excel / Excel数据分析有道 正确挖掘数据价值

## 为什么写这本书？

这是一个数据驱动运营、数据决定对策、数据改变未来的时代。无论是海量数据库，还是一张简单的表格，都能进一步挖掘数据价值、活用数据。

数据分析的价值不言而喻，越来越多的人想学习数据分析。可是一提到数据分析，人们的脑海中不约而同地浮现出 Python、SQL、SPSS、SAS 等看似很难掌握的数据分析工具，它们就像数据分析路上的一只只"拦路虎"，让人踟蹰不前。

其实，在众多数据分析工具中，Excel 是最常用，也是最容易上手的分析工具。Excel 数据分析功能十分强大，不仅提供简单的数据处理功能，还有专业的数据分析工具库，包括相关系数分析、描述统计分析等。

遗憾的是，会一点儿 Excel 的人很多，能用 Excel 熟练进行数据分析的人却很少，大部分人只掌握了 Excel 中较少的功能。我们做教育培训、图书出版十余年，深知 Excel 在数据分析方面的便捷性和强大特质。为此，我们与 Excel Home 联手打造了这本精进 Excel 的图书，目的不在于大而全地介绍 Excel 软件，而在于深刻剖析 Excel 的数据分析相关功能，并结合实例，将可行、实用、接地气的数据分析方法手把手传授给读者。

## 本书的特点是什么？

（1）本书不故弄玄虚，不会出现令读者难以理解的高深理论。数据分析是一门严谨的学问，但是如果学了不能运用到工作、生活中，不能解决实际问题，就毫无意义。书中将深刻的概念转化为直白的语言，结合行业中触手可及的例子进行讲解，力求让读者看得懂、学得会、用得上。

（2）本书内容在精不在多。Excel 功能强大，如果要全面讲解，四五百页都介绍不完。书中内容遵循"二八定律"，我们精心挑选 Excel 在数据分析方面最有价值的 20% 的功能，以解决工作、生活中 80% 的数据分析问题。这样能节约读者时间，提高学习效率。

（3）本书为重点、难点分析方法提供了详细步骤，如如何使用回归分析工具、如何用透视表分析销量问题等。详细的步骤不仅是为了让读者能操作练习，而且更希望读者能在练习过程中形成自己的数据分析思路。

（4）根据心理学大师研究出来的学习方法得知，有效的学习需要配合即时的练习。为了检验读者的学习效果，本书提供了 25 个"高手自测"题（扫描右侧二维码可查看专家思路）。

（5）Excel 工具也有数据分析短板！为了提高读者的数据分析能力和效率，本书介绍了 9 个对数据分析有帮助的 Excel 插件、第三方软件等工具。

## 这本书写了些什么？

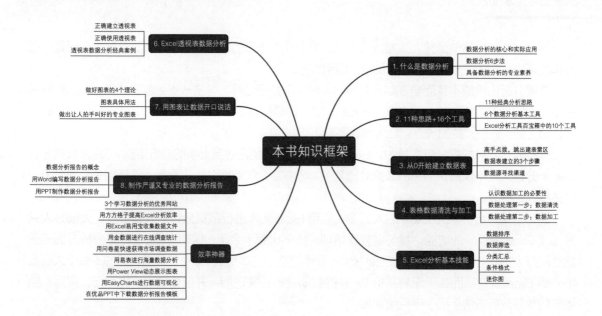

## 通过这本书能学到什么？

（1）深入理解数据分析的概念：理解什么是数据分析；掌握数据分析的基本步骤；补充必要的数据分析理论，告别数据分析小白。

（2）掌握 11 种数据分析思路和 16 个工具：掌握经典数据分析思路，保证分析之路方向正确；学会 16 个分析工具，让数据分析有实操性。

（3）正确建立数据表：科学合理地建立 Excel 数据表，避免建表雷区，保证后续数据分析高效、顺利地进行。

（4）数据清洗与加工：用正确的步骤和方法处理错误及默认数据，进行数据检查；对数据进行计算、转换、分类等加工处理。

（5）强化 Excel 数据分析技能：不仅要会简单排序和筛选，更要会高级排序和筛选；学会简单汇总和嵌套汇总能瞬间统计海量数据；学会条件格式和迷你图，关键时刻小工具也能发挥大作用。

（6）使用透视表挖掘数据价值：学会正确建立透视表的方法；掌握透视表分析的重点、难点、关键工具；通过销售案例、消费者案例掌握透视表数据挖掘思路。

（7）专业数据图表制作：不仅要学会如何选择、创建图表，还需要根据实际分析要求，改变图表布局元素；掌握 12 类常用图表的制作方法；图表能力升级，制作出专业财经图表、信息图表和动态图表。

（8）数据报告制作：学会使用 Word、PPT 制作数据分析报告，在 Word、PPT 报告中插入和调用 Excel 源文件。

## 有什么阅读技巧或注意事项？

（1）适用软件版本。

本书在 Excel 2016 软件的基础上进行写作，建议读者结合 Excel 2016 版本进行学习。由于 Excel 2013、Excel 2010、Excel 2007 的功能与 Excel 2016 有不少相同之处，因此本书内容同样适用于其他版本的软件学习。

（2）菜单命令与键盘指令。

本书在写作时，当需要介绍软件界面的菜单命令或键盘按键时，会使用"【 】"符号。例如，介绍组合图形时，会描述为：选择【组合】选项。

（3）高手自测。

本书配有测试题，建议读者根据题目回顾当节内容，进行思考后动手写出答案，最后再扫描右侧二维码查看参考答案。

## 除了书，还能得到什么？

（1）Excel 2016 完全自学教程视频教程。

（2）10 招精通超级时间整理术视频教程。

（3）5 分钟学会番茄工作法视频教程。

（4）本书配套 PPT 课件。

如果你是一个新手，请先看"Excel 2016 完全自学教程视频教程"；如果还不会充分利用时间，请看"10 招精通超级时间整理术视频教程""5 分钟学会番茄工作法视频教程"。

以上资源，请扫描下方二维码，关注"博雅读书社"微信公众号，找到"资源下载"栏目，根据提示获取。

**看到不明白的地方怎么办?**

Excel Home 技术社区发帖交流，社区网址为 http://club.excelhome.net。

温馨提示：更多职场技能学习，也可以登录精英网（www.elite168.top）查看。

1

# 心中有数：让专业分析师告诉你何为数据分析

　　数据分析既创造了机遇又创造了商机。数据分析的人才需求每年都在增长，而每年的高校毕业生数量远远无法满足行业需求，现在入行做数据分析师恰逢其时；近年来，数据分析被运用到企业的发展战略中，为企业节约了成本、增加了利润。就连NBA在选拔球员时也离不开数据分析，NBA每支球队都有属于自己的数据分析部门，通过数据分析让比赛更具策略性。

　　激烈的数据人才争夺形势、以数据为驱动的高效运营策略都显示了数据的重要性。在这个时代，不懂数据的人就是"新文盲"。

## 请带着下面的问题走进本章

**1** 什么是数据分析？

**2** 数据分析是否需要科班出身？

**3** 数据分析是否有可套用的步骤和方法？

**4** 数据分析需要具备哪些基础理念？

**5** 从 0 开始，如何高效学习数据分析？

# 1.1 数据分析就是这么回事儿

"大数据"一词在网络中铺天盖地，已经不再是新鲜词汇。大部分人虽然都能认识到数据分析的重要性，但又说不出所以然。那么，数据分析的目的究竟是什么？分析的对象是什么？又有哪些分析类型呢？

## 1.1.1 数据分析的核心是什么

### 1 数据分析的意义

"数据"听起来很复杂，"分析"听起来很困难，把两者加起来，就构成了"数据分析"这样一个看起来高深又复杂的概念。

数据分析是指通过恰当的统计方法和可行的分析手段，首先对数据进行收集汇总，其次加工处理，最后对处理过的有效数据进行分析，从而发现现存的问题，找到可行的方案，得出有效的决策，帮助人们采取更科学的行动。

随着互联网时代的到来，各行各业的信息都出现了爆炸式增长。例如，电商行业中，网店每天产生流量、收藏量、转化率、客单价等数据；互联网行业中，每天产生各种互联网产品的用户使用数据；金融行业中产生的数据量更是数不胜数。因此，掌握数据分析的方法，合理地分析海量数据，已经迫在眉睫。

## ② 不要将思维局限于"数字"

数据并不局限于狭义上的"数字"，一切可分析的信息都能称为数据，包括文字、图形、行为方式。下图所示的是通过百度指数平台对关键词"外卖"的需求分析图谱，整张图没有一个数字，却能提供很多数字性信息。例如，网友对各外卖平台的信息搜索量从大到小依次是美团、百度、饿了么、糯米。在收集外卖平台的数据时，这张图的数据不应被忽视，因为它本身就是百度平台收集数据进行分析而产生的结果。

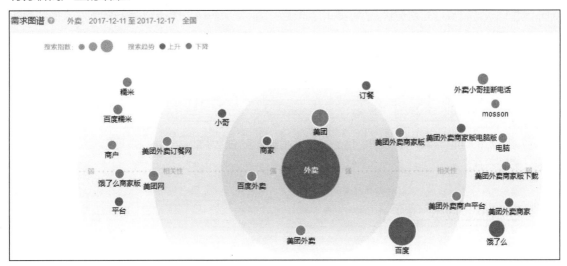

## ③ 数据分析类型

在统计学的领域内，又将数据分析分为描述性统计分析、探索性数据分析及验证性数据分析，如下图所示。描述性统计分析用来概括、表述事物的整体状况及事物间的关联和类属关系，探索性数据分析侧重于在数据之中发现新的特征，而验证性数据分析则侧重于已有假设的证实或证伪。

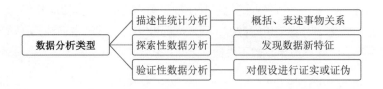

## 数据分析的实际应用

通过前面的学习可以明白，数据分析师就像是雕刻师，将一堆杂乱无章的数据进行精心打磨，挖掘出数据的价值。从理论上讲，数据分析有分析现状、分析原因、进行预测 3 个作用。

数据分析的 3 个作用之间是递进关系：首先可以分析当下的情况，如通过分析企业运营数据，判断运营现状；其次，当对现状有了了解和判断后，就可以进一步分析当下存在的问题，找到问题的根源所在；也可以分析当下运营良好的原因，找到企业能稳步发展的相关因素；最后，可以分析对策，再预测对策实施后的未来发展趋势。总而言之，数据分析的核心目的是保证事态向更理想的方向发展。

数据分析的理论看起来很深奥，但当将其运用到现实生活中时，就可以发现它实际上是"无所不能，无处不在"的。

## 1 控制企业成本

Suncorp-Metway 是澳大利亚一家提供普通保险、寿险和理财服务的多元化金融服务集团。该公司过去 10 年间的合并与收购，使客户群增长了 200%，这大大增加了管理客户群的复杂性和成本。如果管理不当，可能会降低公司的利润。IBM 公司为该公司提供了一套方案，此方案是在数据分析的基础上产生的。该方案使该公司开源节流，提高了利润。其中就包括通过客户数据分析，避免向同一家庭重复邮寄相同信函，从而降低了直接邮寄与运营成本。

由此可见，数据分析对控制企业成本、减少不必要的开支起到了积极作用。

## 2 留住核心客户

波兰电信公司（Telekomunikacja Polska）是波兰最大的语音和宽带固网供应商。该公司对客户进行细分，为此构建了一张"社交图谱"，分析客户数百万个电话的数据记录。"社交图谱"将公司用户分为"联网型""桥梁型"等多种类型。再根据客户的类型深入研究哪些客户是对公司最有价值的重点客户，并制订了客户挽留方案，从而成功降低了客户流失率。

## 3 精准进货

对于商家来说，库存积压是心头大患，尤其是有多种属性的商品。精准进货，保证每种属性的货都能卖完是减少库存成本的重要因素。淘宝平台之前发布了一项销售数据，如下图所示。中国女性购买最多的文胸尺码为 B 罩杯，购买占比达 41.45%，其中又以 75B 的销量最好；其次是 A 罩杯，购买占比达 25.26%；C 罩杯只有 8.96%。这样的数据为网店卖家提供了很好的参考，对文胸类商品的进货款式选择、营销策略等均有帮助。

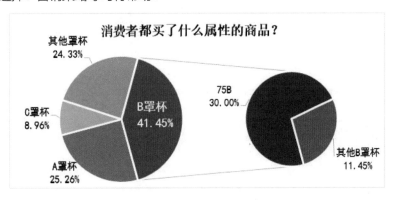

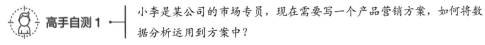 高手自测 1 —— 小李是某公司的市场专员，现在需要写一个产品营销方案，如何将数据分析运用到方案中？

扫描看答案

## 1.2 万变不离其宗，分析6步法

数据分析是手段不是目标，真正的目标是做出更好的决策。以目标为导向，按照步骤往下走，才不至于在分析过程中手忙脚乱。

### 1.2.1 不做无头苍蝇：目标导向

面对密密麻麻的数据和各种各样的工具，数据分析不知从何下手。如果数据分析的目的没有确定，就无法确定使用哪些数据和手段。

数据分析的第一步就是确定目标，目标犹如灯塔，可以给数据分析者一个方向，让分析者围绕一个核心开展分析工作。

例如，一位大型网店卖家，现在需要通过数据分析增加网店某款商品的转化率，确定这个目标后，就可以收集与转化率相关的数据，如下图所示，而不是像无头苍蝇那样将所有的网店数据都收集起来进行分析。

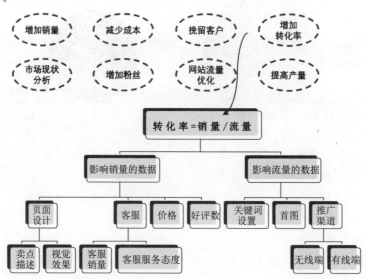

以目标为驱动的数据分析不仅可以保证信息收集的效率，还可以在数据分析时选择有效的分析方式和工具。下图所示为两个数据分析的思路，从这个思路中可以得到启发，数据分析的手段和工具是多种多样的，但是却各有用途。后面的章节中将对各种手段和工具的用途进行实际介绍，以便读者活学活用。

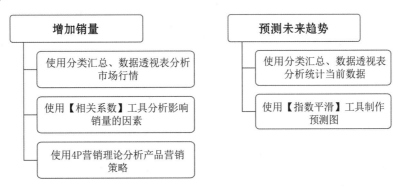

**不要空手套白狼：数据收集**

数据分析的前提是有数据，收集到相关数据才能进一步建立模型，发现数据的规律、特点和相关性，从而解决问题，实现预测。数据分析的目的、行业不同，数据收集的渠道也不相同，通常来说有以下 5 个渠道。

## 1 内部数据库

内部数据库是指企业、商家（包括各大中小型公司、事业单位和网店卖家）自成立以来建立起的数据库。例如，公司成立以来，会专门记录不同时间段产品的产量、销售和利润等数据；又如，不同平台的网店卖家，都可以通过后台数据看到网店不同日期、不同产品的销售数据。

## 2 互联网

当今是一个网络时代，很多网络平台会定期发布相关的数据统计。有效利用搜索引擎，可以快速收集数据,如电商类数据、舆情数据、金融业数据、房地产数据。下图为针对阿里巴巴进货平台的"女式风衣"类商品的销售属性数据。

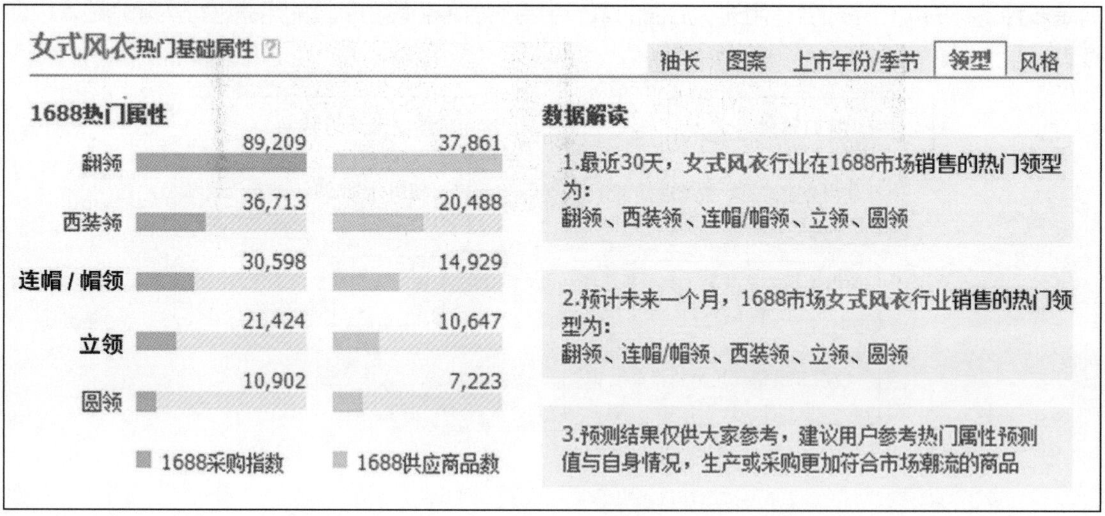

## 3 出版物

现在有许多出版物中都可以查找到相关的数据统计,如《中国统计年鉴》《中国社会统计年鉴》《世界发展报告》《世界经济年鉴》等统计类出版物。

## 4 市场调查

在统计数据时,如果经过网络、出版物等多方查阅都无法收集到数据,可以利用市场调查来进行统计而且其统计的数据还可以保证时效性和真实性。市场调查需要利用科学系统的方式进行记录、收集和整理相关的市场数据,如可以采用问卷调查、观察调查、走访调查等形式。

## 5 购买数据

随着信息时代的到来,每日数据呈现爆发式增长,现在已经有很多专业的数据机构,可以提供各行业、各种类数据获取服务。很多企业在进行数据分析时,为了节约时间成本,且保证数据的可靠性，会选择找专业机构购买数据服务。下图所示为专门分析新媒体数据的网站"清博指数"中提供的微信公众号回溯服务，用户付费后，就可以检测到某微信公众号的历史数据，从而判断这个公众号的成长过程。

## 1.2.3 不要急功近利：数据处理

成功收集到的原始数据往往比较杂乱，数据量也很大，此时需要对其进行数据处理。数据处理的目的在于提高数据质量，数据处理的手段包括对收集到的数据进行检查、清洗、转换、提取、分组、计算。经过处理的数据会更具准确性、更有规律，为数据分析打下基础。

数据处理可以避免后期数据分析时的不必要错误。例如，某化妆品公司在分析目标客户群体时，使用面对面问卷调查的方式收集到 5 000 位消费者的年龄数据。然而公司负责问卷调查的人员是年轻的男士，从心理学的角度来看，大部分女士被陌生的年轻男士询问年龄时会自动将年龄降低 2~5 岁。该公司数据分析师没有从逻辑的角度衡量问卷调查信息的真实性，直接进入数据分析阶段，导致分析结果中，目标客户年龄比实际年龄偏低。

数据处理还有助于在后期分析过程中，发现意料之外的惊喜。数据本身不会说话，分析师也并不能完全预料数据所呈现的规律特征。如果在数据处理时，对数据重点进行标注、对数据进行分组、求和、平均值等计算。在后期分析时，有时会有惊喜发现：原来 C 类客户消费额度高于平均值（在此之前，并没有重点关注 C 类客户的消费额度）。

数据处理的操作思路如下图所示，这将在后面的章节中进行详细讲解。

## 1.2.4 不要固守思维：数据分析

数据分析是关键性的步骤，需要对前期准备的数据，进行合理分析，提取出有用的信息，形成结论，做出最佳决策。

数据分析通常需要运用多种工具，如透视表、Excel 中的数据分析工具等。有时还需要借助专业的数据分析思维（如关联思维、对比思维）及常用的分析方法（如 PEST 分析法、4P 理论）。由此可见，数据分析最重要的是打开思维，不要局限于一个点，否则很难分析出更多的有用结论。前面讲过数据分析有 3 类目的，围绕某一个目的将思维打开，可以找到很多突破点，大体的思路如下图所示。

打开思维的秘密在于目的分解，目的分解在于找到数据分析的方法，避免在数据分析时不知从何下手。

## ① 在线教育用户规模研究

通过前期的数据收集和数据处理，得到了一份 2010—2017 年的在线教育用户数据表，现在需要分析在线教育的用户规模。不要让思维局限于"规模"二字，否则目光就会聚焦在数据表中最近年份的用户数量，从而只得出类似于"2017 年用户数量为 X 人"的分析结果。

对"规模"二字进行挖掘、联想，可以发现规模包含"数量规模"和"趋势规模"两个概念，再分别对这两个概念进行拆分，就很容易找到恰当的分析方法来进行数据分析，从而得出分析结论，具体思路如下图所示。例如，当目标拆分到"增长率趋势"时，就可以使用 Excel 计算每年的用户增长率，并且选择使用折线图来进行表现。

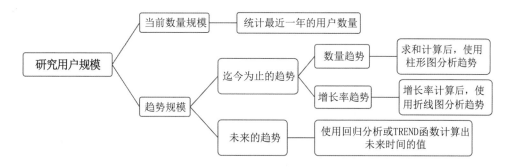

根据这样的分析思路，很容易做出如下图所示的丰富而具有说服力的数据分析结论。

中国在线教育用户规模调查分析

**2017年中国在线教育用户规模突破11 017万**

根据数据分析显示，2017年中国在线教育用户规模达到了11 017.3万人，预计未来几年在线教育用户规模将持续攀升。基于这样的趋势，公司大可加大在线教育产品的研发，增加优质产品的数量，吸引更多的用户。

## 2 网文读者的花费分析

对目的进行分解，不能将目光局限于目的，否则所收集到的数据可能不能完全满足拆分目标分析的需求。可以适当回顾手中所有的数据，思考一下"利用这样的数据，还可以分析出什么"，如此进行目的拆分，可以保证数据分析不脱离实际。

着眼于当下数据时，发散思维的方法可以从数据本身出发，寻找数据规律、数据最大值、最小值、比例等。具体案例如下。

现在有一份样本数量为1万人的网文读者消费数据，需要利用这份数据分析网友在网文阅读上的花费规律。"网友更喜欢将钱用在哪类网文上"属于网文阅读规律范畴，但是利用现在的数据，显然不能进行此目标的分析。结合目的和数据，可以做的分析方向如下图所示。

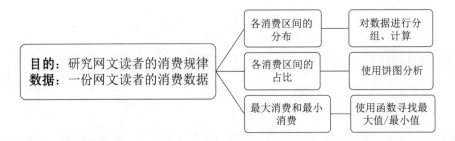

根据以上思路，对这份简单的网文读者消费调查数据进行3个方面的分析。对样本数据进行计算处理后，得到的图和表格如下图所示。从数量分布来看，网友在网文上的消费普遍偏低，消费在10元以下的网友数量最多；从比例分布来看，有82.1%的网友消费在百元以内；从数据最大值和最小值来看，网友最低花费0.5元，最高达到了1 958.5元。从这3个方面的分析结果，不仅可以看出网文读者的消费现状，还可以找到网友最容易接受的价格区间，有利于网文营销推广。

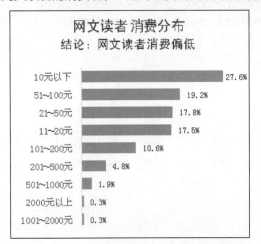

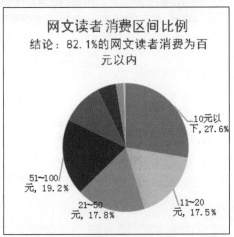

| | A |
|---|---|
| 1 | 网文读者消费（元） ▼ |
| 2 | 0.5 |
| 3 | 1.3 |
| 4 | 1.5 |
| 5 | 1.6 |
| 6 | 1.6 |
| 7 | 2.5 |
| 8 | 12.3 |
| 9 | 12.5 |

| | A |
|---|---|
| 1 | 网文读者消费（元） ↵ |
| 2 | 1958.5 |
| 3 | 1658.4 |
| 4 | 1265.3 |
| 5 | 63.5 |
| 6 | 59.8 |
| 7 | 56.8 |
| 8 | 54.7 |
| 9 | 26.5 |

## 1.2.5 不要无的放矢：数据展现

数据展现的目的在于将枯燥的数据转化成图表等更直观的形象。数据展现有两个作用：第一，帮助人们从抽象、枯燥的数据中发现规律；第二，在后期制作数据分析报告时，用直观的数据形象作为展现方式，帮助读者理解数据信息。

在数据分析过程中，将海量数据通过透视表、分类汇总等方式进行整理分析后，如果还要从充满数字的 Excel 中找到数据规律，通常会将数据转换成图表。

如左下图所示，单看表格中的数据，会发现"产品 A"每个季度的销量都是一样的，却很难直观地判断出"产品 A"四个季度的销量占比是渐渐下降的。但是将数据转换成如右下图所示的百分比堆积柱形图后，趋势便一目了然。

| 四个季度产品销量<br>（单位：万件） | | | | |
|---|---|---|---|---|
| 时间 | 产品A | 产品B | 产品C | 产品D |
| 1季度 | 99 | 66 | 52 | 15 |
| 2季度 | 99 | 102 | 15 | 42 |
| 3季度 | 99 | 72 | 67 | 52 |
| 4季度 | 99 | 84 | 36 | 132 |

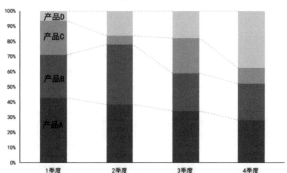

Excel 中的图表工具是数据展现的绝佳工具。例如，柱形图可以展现数据的大小对比、趋势起伏，折线图可以展现数据的发展趋势，饼图可以展现数据的构成比例，散点图可以展现数据的分布规律。除此之外，Excel 中还包括条形图、雷达图、面积图、矩阵图、漏斗图等。数据相同、分析的目的不同，所选择的图表也不同，这就是为什么数据展现要强调"有的放矢"。

同一种类的图表，根据分析的侧重点不同，也可以制作出多种形式。由此可见，利用图表来展现数据是一个需要系统学习的过程，为此第 7 章将专门讲解各类图表的选择原则、制作方法和实战应用。

## 1.2.6 不要有头无尾：数据报告

数据分析是过程不是结尾，数据分析的目的是通过对数据全方位的分析，来评估项目的可行性，以做出科学的决策，从而提高利润和降低风险。在企业中，领导是决策者，却往往不是数据分析者，数据分析者要让领导做出正确决策，就需要将数据分析结果逻辑清晰、直观有力地用报告的形式呈现在领导面前。换句话说，企业对项目的最终决策，都是建立在科学分析数据的基础上。数据分析报告是一个统一的标准，用来衡量项目实施的科学性和可行性。

一份专业的数据分析报告必定是"神形兼备"的，既要有完善的内容，又要选择合理的表达形式，让报告查阅者以轻松、高效的方式接收报告信息。专业数据分析报告的要点如下图所示，每个要点具体如何落地操作，将在本书最后一章进行详细讲解。

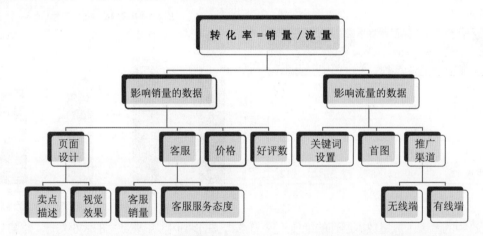

Excel 是数据分析的工具，却不是撰写报告的理想工具。如下图所示，通常情况下，使用 Word 和 PowerPoint 软件撰写静态报告，陈述数据分析结果；必要情况下，可以结合 Excel 动态数据制作动态报告，或者使用 VBA 语言直接制作动态 PPT 数据分析报告。

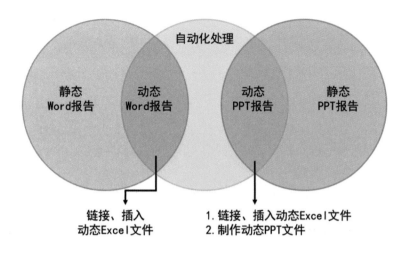

# ① Word 报告

当报告是由下级递交给上级查阅，或者要用作企业存档使用时，可以选择 Word 制作报告。Word 报告的特点是，可以详尽地叙述数据分析的整个过程，做到内容充实、没有遗漏。

用 Word 制作数据报告绝对不能长篇大论的文字堆积，而要讲究美观。在制作过程中，制作者需要掌握基本的流程技巧，首先梳理报告提纲，设置报告标题和正文样式，再按照提纲撰写报告。在写作过程中，必要时需要配上图表、图片、示意图等元素辅助说明，减少报告的枯燥感。

一份完整的 Word 报告，其结构框架如下图所示，主要以文字为主、图形为辅，从头到尾详尽地叙述数据分析的过程和结论。

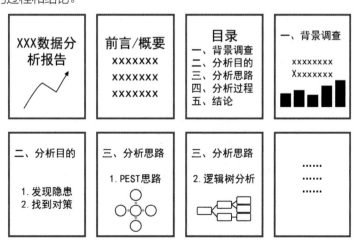

## 2　PPT 报告

当数据分析报告需要在会议、报告厅等公共场所演示时，PPT 报告是最佳选择。PPT 报告的特点是，可视化程度高、文字少，虽然不能详尽地记录所有数据分析的内容，但是能将分析的重点都记录下来，帮助观众在最短的时间内，明白报告的重点所在。也就是说，与 Word 报告相比，PPT 报告主要以图形为主、文字为辅。

下图所示为 PPT 报告的框架示例，报告中包括首尾页、目录页、章节过渡页和内容页。

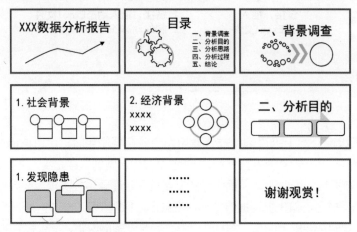

## 3　报告自动化

数据是变化的，不是一成不变的。因此静态的数据报告不能完全满足需求，需要结合动态的方式，展现即时数据和数据变化。

进行现状分析是数据分析的一大目的，"现状"二字带有强烈的即时性，今日的现状分析放到明日就不再是现状分析。在企业中，如果每日进行一次现状分析，既费时又费力。此时可以设置好数据报告模板，利用 Excel 的 VBA 语言执行重复化任务，自动根据日期选择源数据，从而更新报告。

在展示数据报告时，为了让观众明白数据分析的思路和过程，可以展示数据的变化过程。此时可以使用控件 + 函数，实现报告自动化，效果如下图所示，选择全国不同区域和不同销售人员，就可以快速查看到对应的数据。

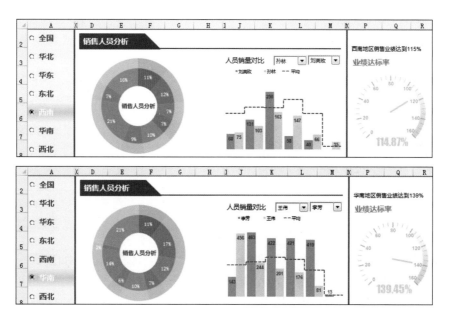

　　PPT 报告中可以插入、链接动态 Excel 表格，并且 PowerPoint 软件本身就可以使用 VBA 语言制作动态 PPT 数据报告。下图所示为 PPT 自动化报告示例，做好模板后，幻灯片中的图表会自动根据不同日期的源数据进行更新。

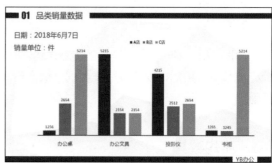

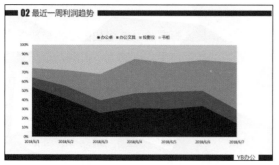

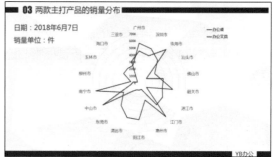

 高手自测 2 ┤ 小李是一名销售人员，现在需要分析季度销售数据，应该按照怎样的
分析步骤进行？

扫描看答案

# 1.3 具备数据分析的专业素养

一名优秀的数据分析师不仅要懂得专业的分析指标和术语，还应具备常用的数据分析理念。例如，同比与环比、比例与比率、逻辑树分析法、5W2H 分析法等，如果不能理解这些基础概念，甚至混淆它们，将会对后期数据分析造成阻碍。

## 1.3.1 扫除专业术语的障碍

数据分析涉及一些统计学中的专业术语，理解这些术语不仅有助于打开分析的思路，还能在后期完成数据分析后，规范地写作数据分析报告，体现分析者的专业性和严谨性，让业内人士刮目相看。

### 1 平均数

如下图所示，平均数表示的是一组数据的集中趋势量数，其计算方法是这组数据中所有数据之和除以这组数据的个数。在数据分析过程中，查看不同项目的数据与平均值的大小关系，是衡量项目数据好坏的重要指标。

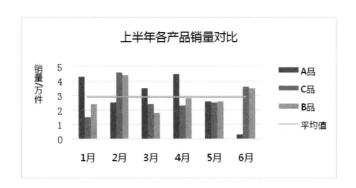

## ② 众数

众数是一组数据中出现次数最多的数值。在统计学中，众数代表着数据集中趋势。有时在一组数据中，可能存在多个众数。具有一个众数的数据集合称为单峰（Unimodal），具有两个众数的数据集合称为双峰（Bimodal），具有 3 个众数的数据集合称为三峰（Trimodal）。还有一种极端情况，如果数据集合中每个数值都只出现了一次，那么这组数据没有众数。

在数据分析中，众数是值得关注的统计量之一。通过分析数据值重复出现的次数，可以发现数据的特定规律。下图所示为市场营销人员统计的商品购物消费者的年龄数组，从中可以发现"25"岁出现的次数最多，即这组数据的众数是 25。那么可以初步推断，这款商品受到了 25 岁消费群体的青睐。众数还可以用来分析商品销售最多的尺码、单位中人数最多的工资数额、一个测试中出现次数最多的成绩。

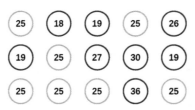

用众数来分析一组数据的规律，其优点是方便计算，众数出现的次数越高，代表性越强，越能说明问题。缺点是有局限性，如果数组中的众数出现不够频繁，就不能用众数来判断数据规律。

## ③ 中位数

一组数据按照大小顺序排列，处在最中间的数据（或中间两个数据的平均数）称为这组数据的中位数。与众数相同的是，中位数也能体现一组数据的集中趋势；不同的是，众数可以有多个，中位数只能有一个。

中位数的计算方法有两个步骤：①先将数据按照大小排列为 $X_1,X_2,X_3,X_4,X_5,\cdots,X_n$。②根据数组中数据奇偶个数进行计算。当数据个数为奇数时，中位数 $=X_{(n+1)}/2$；当数据个数为偶数时，中位数 $=(X_{(n/2)}+X_{(n/2+1)})/2$。

例如，现在对某企业 50 位员工的工资进行统计调查，得到的数据组如下表所示。表中的数据数量为 50，是偶数，那么中位数等于第 25 位数加上第 26 位数的和除以 2，即（4 000+4 500）/2=4 250。由此可见，该企业中，有一半员工的工资低于 4 250 元，有一半员工的工资高于 4 250 元。

| 月收入 | 3 000 | 3 500 | 4 000 | 4 500 | 5 000 | 5 500 | 5 800 | 6 000 |
|---|---|---|---|---|---|---|---|---|
| 人数 | 5 | 10 | 10 | 12 | 7 | 3 | 2 | 1 |

## ④ 绝对值与相对值

在进行数据分析时，将绝对值与相对值相结合进行分析是常用的一种分析模型。例如，分析 A 部门业务量时，先分析 A 部门在某时间段的业务量大小（绝对值），再将 A 部门与其他（B、C）部门的业务量大小比较（相对值），从而综合判断 A 部门的业务表现。

绝对值反映的是客观现象在特定时间段、指定环境条件下的规模数据指标，如"今年公司的营业额是 6 千万元""第三季度消费者人数为 10 万人"等。

相对值是将两个有关联的数据进行比较后得到的指标，反映的是数据间的客观关系。相对值可以用倍数、百分比、成数（表示一个数是另一个数的十分之几的数）来表示，如"今年上海地区的营业额是北京地区的 1.5 倍""第一季度 A 产品的销量比 B 产品多 10 万件"等。

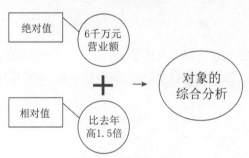

## 5　百分比与百分点

　　百分比也称为百分率或百分数，表示一个数是另一个数的百分之几，用百分号（%）来表示。而百分点指不同时间段百分比的变化幅度，1% 的百分比变化幅度为 1 个百分点。

　　百分比和百分点的概念容易在阐述数据分析结论时混淆，表示幅度变动不宜用百分比，而应该用百分点，如下图所示。

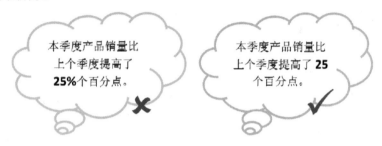

## 6　比例与比率

　　在统计学概念中，比例表示总体中部分数值与总体数值的比较，反映的是部分与整体的关系。而比率表示总体中一部分数值与另一部分数值的比较，反映的是部分与部分的关系。

　　例如，数码商场统计手机商品和 iPad 商品的销售数据，手机销量 /（手机销量 +iPad 销量）= 手机的销售比例，手机销量 /iPad 销量 = 手机与 iPad 的销量比率。

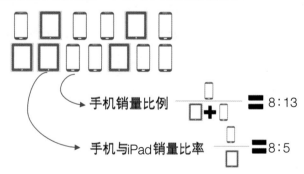

## 7  同比与环比

同比是指今年某个时期与去年相同时期的数据比较，如去年 6 月与今年 6 月相比、去年第一季度与今年第一季度相比、去年上半年与今年上半年相比。同比数据说明了本期发展水平与去年同期发展水平的相对发展速度。

环比是指某个时期与前一时期的数据比较，如今年 6 月与今年 5 月相比、今年第三季度与今年第二季度相比、今年下半年与上半年相比。环比反应的现象是逐渐发展的趋势和速度。

同比和环比的概念总是被混淆，要想准确区分，可以使用联想法。如下图所示，环比有一个"环"字，联想到圆环，将圆环的 A 段与 B 段进行对比，就是环比。

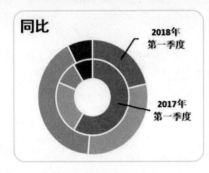
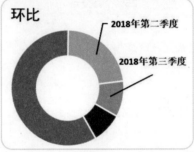

## 1.3.2  将5种分析模型植入脑海

模型是用来建立数据分析框架的工具。通常情况下，数据所使用的模型都是经过前人推敲总结出的经典模型，而不是自己臆想出来的模型。这些模型有助于分析者以全面的眼光看待问题，找到正确的分析方向。在众多模型中，营销管理类模型运用得最多，因为利用数据做出商业上的正确决策是数据分析应用的一大领域。

## 1  SWOT 模型

SWOT 模型又称态势分析法，该模型是 20 世纪 80 年代初由旧金山大学的管理学教授提出的，是一种能够较客观而准确地分析和研究一个单位现实情况的方法。

如下图所示，SWOT 模型中分为内部因素和外部因素。内部因素包括 S（Strengths，优势）和 W（Weakness，劣势）；外部因素包括 O（Opportunity，机会）和 T（Threats，威胁）。

SWOT 模型可以用来分析企业的内在条件，找到企业的优劣势及核心竞争力。在利用数据分析帮助企业制订战略时，该模型的使用频率较高。

在使用 SWOT 模型进行企业数据分析时，要通过数据精准定位企业的优势、劣势、机会和威胁，然后将内外因素相组合，形成战略。

| 内部环境S/W<br>外部环境O/T | S（优势） | W（劣势） |
|---|---|---|
| O（机会） | SO战略<br>发挥优势，利用机会 | WO战略<br>克服劣势，利用机会 |
| T（威胁） | ST战略<br>利用优势，回避威胁 | WT战略<br>减少劣势，回避威胁 |

## 2 PEST 模型

PEST 模型是指企业宏观环境的分析模型，其中，P 是政治（Politics）环境、E 是经济（Economy）环境、S 是社会（Society）环境、T 是技术（Technology）环境，如下图所示。该模型适合用来分析企业集团所处的客观背景。

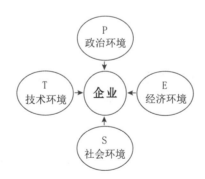

（1）政治环境

政治环境是指企业所在国家的政治制度，包括政府态度、法律和法规。

分析政治环境时，要关注的指标包括政治环境是否稳定、政策对企业是否友好、政府实行的经济政策是什么、政府与其他组织签订的贸易协议有哪些、税收制度如何、产业政策如何等。

（2）经济环境

经济环境包括宏观上国家整体的经济状况和微观上地区的经济水平。

分析经济环境时，需要关注的指标包括 GDP 及增长率、利率水平、财政货币政策、通货膨胀率、居民可支配收入水平、劳动成本、失业率和就业率、市场需求等。

（3）社会环境

社会环境是指国家或地区的文化背景、人口结构和规模、受教育程度、信仰和习俗、价值观、消费观等社会因素。

分析社会环境时，需要关注的指标包括地区人口规模、居民对商品的需求、居民教育程度、居民年龄分布、地区城市特点、居民富裕程度等。

（4）技术环境

技术环境是指企业拥有的生产技术及与市场上相关产业拥有的新技术、新工艺、新材料和技术发展趋势。

分析技术环境时，需要关注的指标包括新技术的发明与进展、国家支持项目、技术与成本的关系、技术与销售渠道的关系、技术传播和更新速度、专利保护情况等。

通过 PEST 模型规划数据分析思路，可以全面地分析企业所处的环境。以某奢侈品公司为例进行环境数据分析，可分析的方面如下图所示。

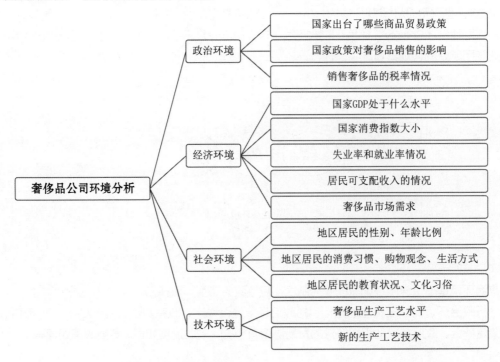

## 3  5W2H 模型

5W2H 模型又称为七问分析法，该模型简单、方便、容易理解，且富有启发意义，广泛应用于企业问题分析、决策措施寻找、疏漏问题弥补等情况的数据分析。该模型包括以下几个问题。

What——对象是什么？目的是什么？做什么工作？

Why——为什么要做？可不可以不做？有没有替代方案？

Who——谁？由谁来做？

When——何时？什么时间做？什么时机最适宜？

Where——何处？在哪里做？

How——怎样做？如何提高效率？如何实施？方法是什么？

How much——多少？做到什么程度？数量如何？质量水平如何？费用产出如何？

根据 5W2H 模型的指导，可以知道在具体进行数据分析时应该从哪些方面进行思考。下面以营销策略为目标分析对象，通过数据分析判断其可行性和效果。这时需要从营销策略的具体内容、方法、执行人员、时间、地点 / 渠道、方式、成本 / 利润几个指标开始建立分析框架，再将框架进行细化，形成数据化的指标，从而对营销策略进行客观的分析和评价。具体分析框架如下图所示。

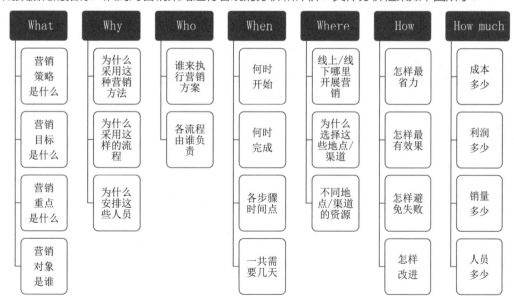

# 4  4P 营销模型

4P 营销理论模型是随着营销组合理论的提出而出现的，产生于 20 世纪 60 年代的美国。该模型常用于企业营销状况分析和商品销售策略分析。

4P 营销模型由 4 个要素构成，即产品（Product）、价格（Price）、渠道（Place）、宣传（Promotion）。

4P 营销模型是从管理决策的角度来分析商品的市场营销问题，其数据分析对象是商品的 4 项可控制因素，具体内容如下。

①产品（Product）：指企业向市场提供的各种有形和无形的产品。分析内容包括产品的品种、规格、包装、质量、卖点、品牌、售后服务等因素。

②价格（Price）：指企业在销售产品时制订的价格，包括基本价格、折扣价格、批发价格、付款方式等因素。

③渠道（Place）：指企业销售产品所选择的分销渠道和商品的流通方式。在互联网时代，渠道包括线上和线下两大渠道，具体包括渠道覆盖面、商品流转环节、中间商、网点设置、运输方式等因素。

④宣传（Promotion）：指企业使用的传播产品信息的方式，从而达到刺激消费者购物的目的。宣传方式包括线上和线下的推广方式，其中有广告的发放、线下地推人员促销、卖场促销、媒体宣传等因素。

利用 4P 营销模型对某企业商品销售进行分析，具体的分析模型如下图所示。

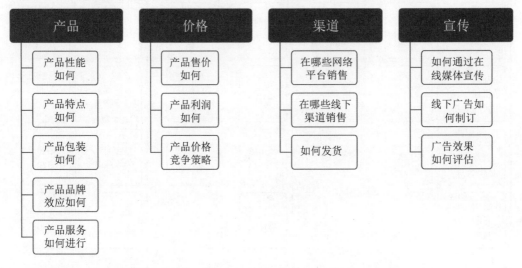

## 5　逻辑树模型

逻辑树模型又称为问题树、演绎树或分解树模型，是一种通用的分析模型，广泛适用于各种情况下的问题分析，其作用在于层层分解、追本溯源，找到问题的症结所在。

逻辑树的基本结构是，从最高层开始，逐步向下扩展分解。即将一个已知的大问题当成最高层，然后考虑与该问题相关的因素，每考虑到一个点，就添加一根"树枝"，以此类推，将每个问题都细化到最小处，最终形成一棵"逻辑树"。

逻辑树模型可以帮助分析师在数据分析时厘清思路，不再重复、混乱的思考。而且保证数据分析的全面性，不遗漏任何细枝末节。同时又能确定各环节的重要程度，做到主次分明、责任落实。

逻辑树分析模型框架如下图所示，关键在于寻找各问题之间的关联关系。

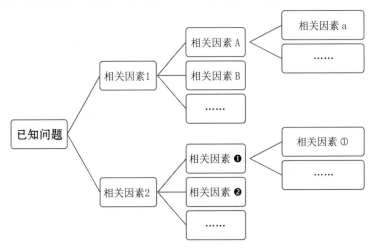

 **高手自测 3** ● 在数据分析常用的术语中，众数和中位数有什么异同点，分别有什么意义？

扫描看答案

**高手神器 ① 1**

### 3个学习数据分析的优秀网站

初次走入数据分析的世界，难免会找不到分析的思路，也不知从哪里开始。此时最高效的学习方法莫过于模仿，看行家是如何分析的、分析报告是如何做的，在模仿中受到潜移默化的影响，逐步成长为专业的数据分析师。

1. 艾瑞网——学习分析思路、报告撰写方法

艾瑞网是一个数据分析网站，其团队深入互联网等相关领域进行数据分析，为业内人士提供丰富的产业资讯、数据、报告、观点等内容。在艾瑞网中，可以看到专业的数据分析报告，从这些报告中可以学习其分析思路和规范报告的撰写方法。

如下图所示，在艾瑞网中选择【报告】选项卡，可以看到不同行业的不同数据报告。

如下图所示，在浏览艾瑞网报告时，要注意分析：该报告使用的是什么分析思路？该报告分析了哪些方面？由这些数据得出了什么结论？报告的排版形式如何？

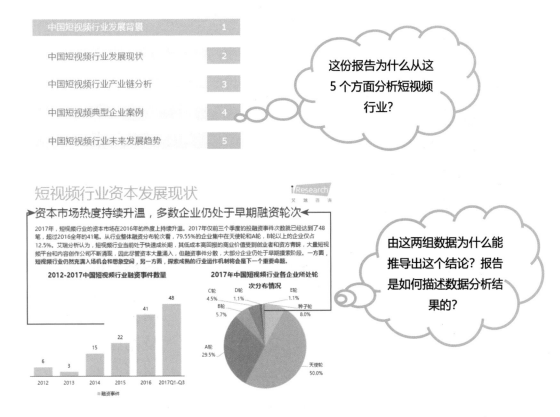

## 2. 网易数读——学习数据展现

网易数读通过深度挖掘数据，为读者提供数据新闻。网易数读的数据新闻不仅"用数据说话"，还借助图表、设计图等形式，让数据变得美观、有趣。其数据呈现方式十分值得借鉴。

如下图所示，进入网易数读的网页页面，可以看到国际、经济、政治等不同方面的数据新闻。

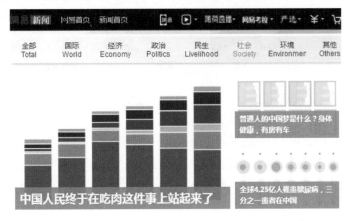

在网易数读的新闻页面，数据呈现方式十分讲究，效果如下图所示，即使是常见的柱形图、雷达图也制作得别出心裁，在图形细节、配色上均经过了精心的设计。要想制作出美观的数据报告，不妨学习一下网易数读的信息图设计。

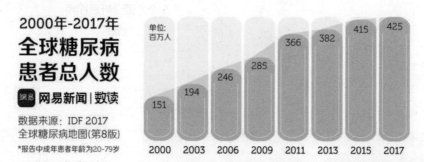

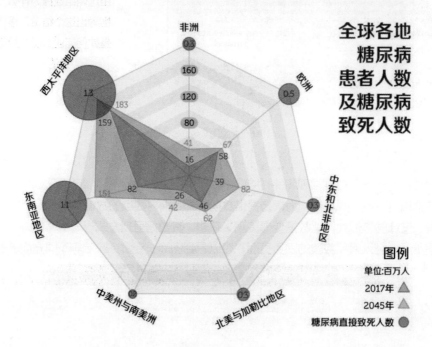

3.UED——学习数据分析在用户研究上的应用

阿里巴巴中文站 UED 是阿里巴巴集团资深的用户体验设计部门。在 UED 网站中，提供了关于用户体验设计及研究的数据资讯。其中包括如何通过数据分析来提升用户体验、解决用户需求，从而让数据分析在商业中得到实际运用。下图所示为 UED 网站中，通过数据分析提升订单列表页操作效率的一个思考模型。

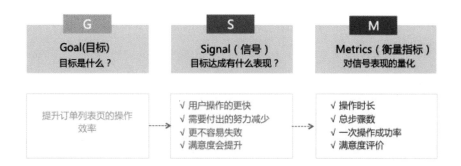

# GSM-从目标推导指标的思考模型

| G | S | M |
|---|---|---|
| **Goal(目标)**<br>目标是什么？ | **Signal（信号）**<br>目标达成有什么表现？ | **Metrics（衡量指标）**<br>对信号表现的量化 |

| 提升订单列表页的操作效率 | √ 用户操作的更快<br>√ 需要付出的努力减少<br>√ 更不容易失败<br>√ 满意度会提升 | √ 操作时长<br>√ 总步骤数<br>√ 一次操作成功率<br>√ 满意度评价 |

# 2

## 打牢基础：数据分析的11种思路+16个工具

　　数据分析是真实的技能，"可行的思路 + 可行的工具"成就科学合理的数据分析效果。

　　分析思路，看似虚无缥缈，其实很接地气。分析数据走势、对比大小、拆分因素等，每一条思路都是常识与专业的结合，是前辈整理的经典。何不静下心来，将思路装进脑海里？

　　如果说思路是程序，那么工具便是机器，程序驱动机器运转，工具实现数据分析。Excel绝对不仅是数据输入的表格，数据透视、图表、回归抽样分析等，你又懂多少？分析思路又应如何成功嫁接到这些工具上？

## 请带着下面的问题走进本章

**1** 数据分析，究竟有哪些分析思路？

**2** 数据分析的思路是否很复杂？有没有简单易懂却又行之有效的分析思路？

**3** 用 Excel 如何进行数据分析，具体需要结合哪些工具？

**4** 数据分析的思路有很多，这些思路是否可以用对应的分析工具来实现？

## 2.1 　熟记经典理论：不怕分析没思路

数据分析高手在进行数据分析时，能很容易地对数据进行分组、趋势预测、计算概率……他们是如何知道要选择哪些分析方法的呢？高手对各种分析思路已经了然于心，需要用时即可信手拈来。

学习数据分析思路前，先不要自己吓唬自己。大道至简，数据分析的思路都是最简单却最有用的方法。

### 2.1.1 　发现走势：预测的思路

预测对数据分析具有非常重要的作用，根据现在和过去的已知数据，对未来进行预测，减少对未来的不确定性，实现合理规划、理性决策的目的。利用数据对未来进行预测分析，虽然不能百分百的准确预测，但是有数据理论支撑的趋势预测是客观可靠的。

当数据分析的目的涉及未来决策时，就可以大胆使用预测的思路和方法，如企业明年的战略计划、销售计划等。

#### 1 　预测分析的要素

预测分析的实质是根据现在和过去的数据进行未来趋势预测，其中有 3 个关键点：一是数据在时间上的连续性，二是数据的数量，三是数据的全面性，如下图所示。时间点上的数据越多、连续性越高、全面性越好，预测结果越准确。

以销量预测为例，需要收集的数据是现在和过去连续时间段内的销量数据。但是这还不够，影响销量的因素是多种多样的。例如，1 月销量 5 000 件，价格为 20 元 / 件；2 月销量 6 000 件，价格为 20 元 / 件……此时要预测未来月份的销量，但是售价提高到 50 元 / 件，还能按照过去销量进行预测吗？当然不能。

因此，在使用预测思维进行数据分析时，要将目标分析对象最重要的影响因素列出来，查看所收集的数据中，是否包含了全面的分析数据。如下图所示，通过销量数据可以预测销量波动趋势，加上客流量数据可以预测客流量对销量的影响波动，再加上价格因素对销量的波动影响，三者综合，可得出更为客观的预测分析结果。

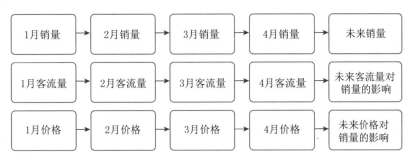

## 2 预测分析的运用

预测分析的思路可以为各类企业、政府等机构提供确定未来结果的信息，帮助各类机构权衡不同决策方向的效果，并提前采取预防措施。在实际运用中，预测分析的思路主要有以下几个方面的作用。

（1）决策管理

通过预测分析的方法让企业在制订决策前，系统地分析哪些决策最有可能在未来取得成功。在分析过程中，不断优化决策，并解决业务上的问题，实现更科学的客户管理、商品销售和渠道控制，使企业未来的盈利最大化。如今很多企业已经有了专门的数据分析团队，以数据为依据拟定未来的经营战略。

（2）绩效管理

在这个日新月异的时代，各行各业都在发展、变化。这样一个瞬息万变的环境，使企业的风险和不确定性增加。通过数据预测来管控未来绩效，是降低企业风险的一大措施。绩效管理对业务部门、财务部门和市场部门尤为重要。企业的这些相关部门应当具有前瞻性，使用数据预测的方法调整传统的业务模式，满足客户和投资者的需求。目前来看，采取数据预测分析的企业，在绩效管理方面的精准度更高，无论是财务团队还是业务团队，均能做出更合理的绩效考核标准。

（3）自适应管理

市场变化的脚步太快，今天客户喜欢线下体验，明天就更喜欢线上购物。未来变得无法预测，为了适应这种变化，企业各级管理人员需要利用过去的周期性数据预测未来模式，让生产模式和销售模式更好地适应客户的需求。

（4）成本控制

通过预测分析控制成本，这在制造业中被广泛应用。长久以来，制造业面临着生产过程中的材料成本、机器成本和人工成本的控制难题。如今，许多制造企业的生产管理人员、工程师和质检员都开始学习数据预测分析，并在设备维护、人员控制和材料成本的控制上取得了极大的进步。

（5）犯罪预防

对政府机构来说，维护城市的公共安全，保障执法人员的安全是重要的任务。在过去，犯罪行为很难被预测，只能依靠执法人员的个人直觉和有限的信息来完成任务。现在，各城市增加了监控设施、罪犯信息也被输入计算机统一管理，这些现代化的措施让与犯罪相关的数据收集更加便利，分析这些庞大的数据，不仅有助于了解过去发生了什么犯罪事实，还能帮助预测未来可能出现什么犯罪现象。其原理是，综合分析历史犯罪事实的档案数据、罪犯个人信息、地理位置、天气、日期等信息，从而确定哪些地区是犯罪高发区、哪类人群容易犯罪、哪类情况最可能触发犯罪，以达到实现犯罪预测的目的。

## 3  预测分析的主要方法

预测分析的方法有多种，如定性预测法、数学模型法、模拟模型法等。这些方法听起来似乎很复杂，可能会让非科班人员摸不着头脑，那么至少先将预测分析的基本分析思路装进脑海：列出并分析现有数据→寻找计算手段→得出结论。如下图所示，现有数据是每年的利润大小，只有一个变量，于是继续思考如何进行单变量的数据预测（借助网络查询），可以发现利用 TREND 函数就可以解决。

| 时间 | 利润（千万） |
| --- | --- |
| 2010年 | 2.16 |
| 2011年 | 3.22 |
| 2012年 | 3.45 |
| 2013年 | 3.36 |
| 2014年 | 4.12 |
| 2015年 | 4.6 |
| 2016年 | 4.5 |
| 2017年 | 4.32 |
| 2018年 | 5.16 |
| 2019年 | |
| 2020年 | |
| 2021年 | |

计算手段 →

B11 ▼ : × ✓ fx =TREND(B2:B10)

| | A | B |
| --- | --- | --- |
| 1 | 时间 | 利润（千万） |
| 2 | 2010年 | 2.16 |
| 3 | 2011年 | 3.22 |
| 4 | 2012年 | 3.45 |
| 5 | 2013年 | 3.36 |
| 6 | 2014年 | 4.12 |
| 7 | 2015年 | 4.6 |
| 8 | 2016年 | 4.5 |
| 9 | 2017年 | 4.32 |
| 10 | 2018年 | 5.16 |
| 11 | 2019年 | 2.634 |
| 12 | 2020年 | 3.590266667 |
| 13 | 2021年 | 3.95826963 |

在进行数据分析时，常常需要找到变量之间的关系，从而发现数据特征、找到异常数据，此时就需要使用交叉分析法。

## 1 两项关系的交叉

简单的交叉分析法建立在纵向分析法和横向分析法的基础上，从数据交叉的点出发，进行数据分析。例如，分析商品在不同城市的市场容量时，将商品销量作为横向变量，城市作为纵向变量，两者组合建立交叉表，从而确定不同城市的商品市场规模。

分析商品在不同城市的市场容量时，只涉及两个变量，为其建立交叉表相对比较容易。然而在实际案例中，数据项目往往有多项，此时分析者同样可以使用交叉分析的思路来厘清数据间的关系。

数据的交叉分析需要借助表格，表格的横向、纵向正好是两个维度，用来体现数据的交叉关系再合适不过。

左下图所示为某商店统计到的商品销售数据。初看表格中的数据，有日期、品类、销量、地区、售价、退货量共 6 个方面的信息，很难找到这些数据信息之间的关系。此时使用交叉分析思路，将表格中的数据两两组合，就可以得到一些交叉关系，如右下图所示。

| | A | B | C | D | E | F |
|---|---|---|---|---|---|---|
| 1 | 日期 | 品类 | 销量（件） | 地区 | 售价（元） | 退货量（件） |
| 2 | 6月3日 | 外套 | 15 | 昆明 | 226.5 | 0 |
| 3 | 6月3日 | 衬衫 | 42 | 上海 | 123.5 | 1 |
| 4 | 6月3日 | T恤 | 62 | 广州 | 69 | 2 |
| 5 | 6月3日 | 羽绒服 | 51 | 成都 | 478.5 | 1 |
| 6 | 6月3日 | 牛仔裤 | 42 | 重庆 | 159 | 5 |
| 7 | 6月3日 | 打底裤 | 52 | 杭州 | 88 | 1 |
| 8 | 6月3日 | 风衣 | 4 | 昆明 | 198 | 5 |
| 9 | 6月3日 | 保暖衣 | 52 | 上海 | 126 | 4 |
| 10 | 6月3日 | 棉衣 | 15 | 广州 | 158 | 5 |
| 11 | 6月4日 | 外套 | 42 | 昆明 | 226.5 | 2 |
| 12 | 6月4日 | 衬衫 | 62 | 上海 | 123.5 | 1 |
| 13 | 6月4日 | T恤 | 51 | 广州 | 69 | 0 |
| 14 | 6月4日 | 羽绒服 | 42 | 昆明 | 478.5 | 9 |
| 15 | 6月4日 | 牛仔裤 | 62 | 上海 | 159 | 1 |
| 16 | 6月4日 | 打底裤 | 52 | 广州 | 88 | 5 |
| 17 | 6月4日 | 风衣 | 25 | 昆明 | 198 | 5 |
| 18 | 6月4日 | 保暖衣 | 41 | 上海 | 126 | 6 |
| 19 | 6月4日 | 棉衣 | 52 | 广州 | 146 | 2 |
| 20 | 6月5日 | 外套 | 51 | 成都 | 226.5 | 0 |
| 21 | 6月5日 | 衬衫 | 42 | 重庆 | 123.5 | 1 |
| 22 | 6月5日 | T恤 | 45 | 杭州 | 69 | 4 |
| 23 | 6月5日 | 羽绒服 | 29 | 成都 | 478.5 | 1 |
| 24 | 6月5日 | 牛仔裤 | 65 | 重庆 | 159 | 0 |
| 25 | 6月5日 | 打底裤 | 84 | 杭州 | 88 | 2 |
| 26 | 6月5日 | 风衣 | 75 | 昆明 | 198 | 1 |
| 27 | 6月5日 | 保暖衣 | 85 | 上海 | 126 | 5 |
| 28 | 6月5日 | 棉衣 | 95 | 广州 | 197 | 0 |

日期&销量的关系

地区&销量的关系

地区&退货量的关系

地区&售价的关系

销量&售价的关系

需要注意的是，数据之间的交叉是建立在实际意义上的，如日期＆销量的交叉可以探寻不同日期下的销量变化。而在下面的案例中，如果店铺集中在一段时间内销售固定类型的品类，那么将日期＆品类数据交叉，则意义不大，因为这是已知的数据关系。

对数据进行交叉后，可以将数据重新列在表格中进行交叉分析。其中3个交叉组合如下图所示，每一个单元格中的数据都代表一个交叉点。例如，"广州"地区和"棉衣"的销量交叉值是"162"。

总而言之，通过数据交叉分析的思路，可以做到以下几点。

①厘清数据间的关系。

②快速分析每个交叉点的值。

③方便对数值进行求和计算。

④将注意力集中在目标数据项上。

**不同日期的商品销量**

| 日期 | 外套 | 衬衫 | T恤 | 羽绒服 | 牛仔裤 | 打底裤 | 风衣 | 保暖衣 | 棉衣 | 合计 |
|---|---|---|---|---|---|---|---|---|---|---|
| 6月3日 | 15 | 42 | 62 | 51 | 42 | 52 | 4 | 52 | 15 | 335 |
| 6月4日 | 42 | 62 | 51 | 42 | 62 | 52 | 25 | 41 | 52 | 429 |
| 6月5日 | 51 | 42 | 45 | 29 | 65 | 84 | 75 | 85 | 95 | 571 |
| 合计 | 108 | 146 | 158 | 122 | 169 | 188 | 104 | 178 | 162 | 1335 |

**不同地区的商品销量**

| 地区 | 外套 | 衬衫 | T恤 | 羽绒服 | 牛仔裤 | 打底裤 | 风衣 | 保暖衣 | 棉衣 | 总计 |
|---|---|---|---|---|---|---|---|---|---|---|
| 成都 | 51 | | | 80 | | | | | | 131 |
| 广州 | | | 113 | | | 52 | | | 162 | 327 |
| 杭州 | | | 45 | | | 136 | | | | 181 |
| 昆明 | 57 | | | 42 | | | 104 | | | 203 |
| 上海 | | 104 | | | 62 | | | 178 | | 344 |
| 重庆 | | 42 | | | 107 | | | | | 149 |
| 总计 | 108 | 146 | 158 | 122 | 169 | 188 | 104 | 178 | 162 | 1335 |

销量与地区的交叉点

**不同地区的商品退货量**

| 地区 | 外套 | 衬衫 | T恤 | 羽绒服 | 牛仔裤 | 打底裤 | 风衣 | 保暖衣 | 棉衣 | 总计 |
|---|---|---|---|---|---|---|---|---|---|---|
| 成都 | 0 | | | 2 | | | | | | 2 |
| 广州 | | 2 | | | | 5 | | | 7 | 14 |
| 杭州 | | | 0 | | | 3 | | | | 3 |
| 昆明 | 2 | | | 9 | | | 10 | | | 21 |
| 上海 | | 2 | | | 1 | | | 15 | | 18 |
| 重庆 | | 1 | | | 5 | | | | | 6 |
| 总计 | 2 | 3 | 2 | 11 | 6 | 8 | 10 | 15 | 7 | 64 |

## ② 多项关系的交叉

两项关系的二维表格还可以进行扩展，进而展现更丰富的维度。其方法是在表格的行列中分层放置多个维度，这需要借助Excel的数据透视表功能来提高分析效率。

如下图所示，将上面案例中的原始数据做成透视表，从而展示了商品不同品类的退货量、销量、售价与地区之间的关系，一共有4个数据项目。数据项目虽然多，却不显得混乱，通过单击折叠按钮，可以用"总—分"的视角来分析数据关系。例如，折叠按钮后，观察不同地区的总退货量和销量大小，找到退货量较大且销量较小的地区，再打开折叠按钮，分析是哪类商品出现了异常的退货量和销量。

然后再结合地区，分析这款商品为什么在这个地区的销售会出现异常。

该案例展示了交叉分析的另一个好处"杂而不乱"，使数据分析思路时刻保持条理性。

| 行标签 | 求和项:退货量（件） | 求和项:销量（件） | 求和项:售价（元） |
|---|---|---|---|
| 成都 | 2 | 131 | 1183.5 |
| 外套 | 0 | 51 | 226.5 |
| 羽绒服 | 2 | 80 | 957 |
| 广州 | 14 | 327 | 727 |
| T恤 | 2 | 113 | 138 |
| 打底裤 | 5 | 52 | 88 |
| 棉衣 | 7 | 162 | 501 |
| 杭州 | 3 | 181 | 245 |
| T恤 | 0 | 45 | 69 |
| 打底裤 | 3 | 136 | 176 |
| 昆明 | 21 | 203 | 1525.5 |
| 风衣 | 10 | 104 | 594 |
| 外套 | 2 | 57 | 453 |
| 羽绒服 | 9 | 42 | 478.5 |
| 上海 | 18 | 344 | 784 |
| 保暖衣 | 15 | 178 | 378 |
| 衬衫 | 2 | 104 | 247 |
| 牛仔裤 | 1 | 62 | 159 |
| 重庆 | 6 | 149 | 441.5 |
| 衬衫 | 1 | 42 | 123.5 |
| 牛仔裤 | 5 | 107 | 318 |
| 总计 | 64 | 1335 | 4906.5 |

## 2.1.3　验证结论：假设的思路

在统计学中，根据一定的假设条件由样本推断总体的一种方法称为假设检验法，用来判断样本与总体的差异。其原理是，先根据总体特征做出某种假设，然后通过抽样统计的方法，对假设做出接受或拒绝的推断。

### ① 基本思路

假设检验是统计学中的概念，单看概念比较难以理解，将概念运用到案例中，就很容易明白假设检验的思路要点了。

数据分析在实际运用时，会遇到这样的情况：目标分析对象的样本数量太大或无法获取全面，只能通过样本分析总体情况。例如，某大型网站进行了改版设计，现在需要调查改版是否影响了销量。于是统计了改版前后 15 天的销量数据，并做出假设，然后利用数据计算检验假设是否正确。

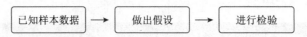

在假设分析的过程中需要构建两个假设，即原假设（H0）和备择假设（H1）。例如，本例中原假设和备择假设如下图所示。

## 2 检验方法

在前期假设分析过程中，确定了原假设和备择假设，接下来就需要选定统计方法来验证哪个假设是客观正确的。根据数据的类型和特点，可以选择 T 检验、Z 检验、卡方检验等方法。其中 T 检验和 Z 检验是比较常用的，也是利用 Excel 工具进行分析的两个方法。具体的使用方法将在第 3 节进行讲解。下面可以感受一下假设验证的结果。

下图所示为利用 Excel 的数据分析工具 t 检验计算出来的结果，从数据中只需要关注"P（T<=t）单尾"的数值。在计算时，设定默认值为 0.05，而计算后"P（T<=t）单尾"数值为 0.02，明显小于 0.05，说明两组数据之间存在显性关系，即改版确实影响了网店销量。

| 改版前销量（万件） | 改版后销量（万件） | | t-检验: 双样本等方差假设 | | |
|---|---|---|---|---|---|
| 5.3 | 6.1 | | | | |
| 2.6 | 2.3 | | | 变量 1 | 变量 2 |
| 3.4 | 5.6 | | 平均 | 2.906667 | 3.966667 |
| 2.6 | 3.2 | | 方差 | 0.876381 | 2.948095 |
| 3.5 | 5.5 | | 观测值 | 15 | 15 |
| 2.5 | 1.1 | | 合并方差 | 1.912238 | |
| 2.3 | 2.2 | | 假设平均差 | 0 | |
| 3.6 | 2.4 | | df | 28 | |
| 2.5 | 5.3 | | t Stat | -2.09926 | |
| 2.4 | 4.8 | | **P（T<=t）单尾** | **0.022467** | |
| 1.1 | 4.9 | | t 单尾临界 | 1.701131 | |
| 2.3 | 4.1 | | P（T<=t）双尾 | 0.044934 | |
| 3.5 | 4.3 | | t 双尾临界 | 2.048407 | |
| 2.6 | 6.2 | | | | |
| 3.4 | 1.5 | | | | |

## 2.1.4 ▷ 判断好坏：对比的思路

对□□□□□□□□□要目的，判断的主要方法之一便是依靠事物的对比。有对比才能□□□□□□数据项目，找到数据下滑或不符合标准的数据项目，以及最好和□□□□□□

对数□□□□□□□□则，那就是数据的单位和计算方法必须一致，否则就不是可以这□□□□□□时要找到统一的基准点，并且这个基准点要有意义。

如左下□□□□□□长率进行对比，错在数据的单位没有统一。

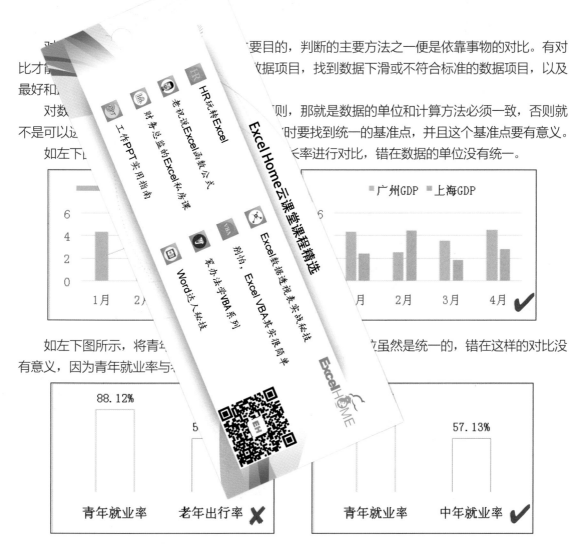

如左下图所示，将青□□□□□□□□虽然是统一的，错在这样的对比没有意义，因为青年就业率与□□

对比思路应该作为基本的数据分析思路存在于脑海中。其原则是，将相互联系的数据项进行比较，从数量上分析对象的规模、水平等情况的高低值。对比主要分为4个方面，即时间对比、空间对比、项目对比和标准对比。

## 1 时间对比

　　数据对比可以在时间的角度进行对比，主要包括同比、环比及连续时间段的对比。时间上的对比可以帮助发现不同时段的数据特征、找到数据表现优秀的时间点和数据表现较差的时间点，从而分析数据出现在这些时间点的原因。

　　下图所示为时间的同比对比，这是通过统计 1990 年和 2013 年 20~24 岁青年的死亡因素得出的结论。通过这组时间对比数据可以发现，随着时代的发展，"不安全性行为""亲密伴侣暴力""药物使用"等死亡因素上升，这与时代进步后，青年的选择性更开放有关。而"不安全的水""不安全的环境""洗手"等环境造成的死亡因素有所下降，由此可见，随着时代的进步，青年所处的环境确实更安全。

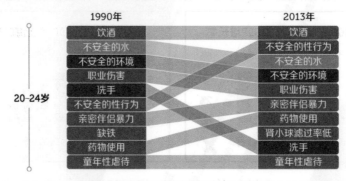

世界各国青年死亡的主要因素 | 网易数读

## 2 空间对比

　　在空间的角度进行数据对比，可以判断出不同空间的数据表现，从而找出表现最好或最差的空间，再进一步推导出结论。空间对比有如下图所示的 3 种方式。

| 同级别空间对比 | 先进/落后空间对比 | 更大/更小空间对比 |
| --- | --- | --- |

　　同级别是指在某一水平上，空间级别相同，如行政等级相同、消费水平相同。同级别空间对比可以帮助找出同类地区的差异。先进 / 落后空间对比是指与某一水平不同的空间进行对比，如与人口更多的地区进行对比、与教育环境更落后的地区进行对比。更大 / 更小空间对比是指与空间面积

更大 / 更小的地区进行数据对比。

下图所示为同级别空间对比，将世界的部分国家平均带薪年假天数进行对比。国家具有相同的行政级别，基于这一前提，他们是同等级别的。

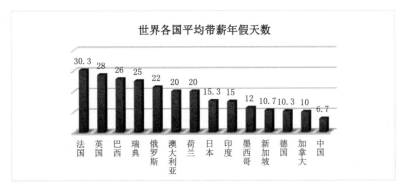

## 3 项目对比

项目对比可以分析不同项目之间的差异，如不同销售人员的业绩、不同子公司的利润、不同年龄段的消费水平。

例如，近年来外企在中国的业务越来越少，为了找到原因，对外企在中国业务的挑战进行分类调查研究，得到的结果如下图所示。从原因（项目）分类对比中可以发现，最大的挑战是法律法规执行不一致和劳动力成本增加的问题。

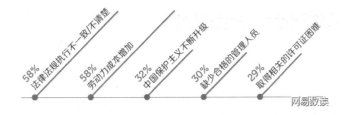

外企在中国业务面临最大的 5 个挑战

## 4 标准对比

数据对比还可以将不同的数据与标准值进行对比，从而发现对象是否符合标准值或偏离标准值多少，以进一步决定是否需要采取改进措施或吸取经验教训。如下图所示，标准通常有两类：一类是特定的标准，如经验标准、理论标准和平均标准；另一类是人为制定的规划标准，如公司规划、个人规划及第三方规划的标准。

将数据对象与标准值进行对比，可以判断数据是否在标准范围内。如下图所示，将销售部门各人员的销量数据与公司制订的目标销量数据进行对比，可以快速发现哪些销售员达标、哪些销售员没有达标，以及超标的销售员中，又在多大程度上超过了标准，从而衡量销售员的业绩水平。

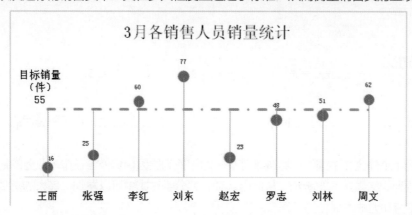

## 2.1.5 ▶ 万物归宗：分组的思路

数据分析不仅要研究数据在数值上的大小性质，还要深入分析数据的内在属性。此时就需要借助分组的思路。分组是指将数据按照一定的标准划分为若干组，每一组数据都有一个共同的特点，而且组与组之间有着明显的差别。

数据分组可以将大量、杂乱的数据按照一定的逻辑进行归类，便于数据组之间的对比，找出组与组之间的属性特征，以实现数据的深入分析。

数据分组的思路有以下 3 个关键点需要注意。

## 1　确定分组依据

　　数据分组的第一步是确定分组依据。同一份数据可以有多种分组方法，关键在于分组是否有实际意义、是否对分析有用。分组依据决定了数据分析的后期过程及结果。

　　分组依据要根据数据内容和数据分析的目的来进行，具体思路如下图所示。首先审视现有数据的内容包括哪几个方面，然后再结合分析目的确定分组依据。

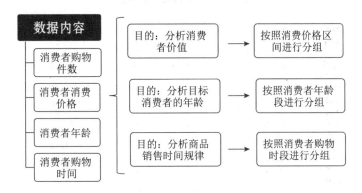

## 2　确定组距与组数

　　当确定了分组依据后，就可以着手开始进行数据分组了。将一份数据分为几组，取决于组距与组数的设置。

　　组距是指一组数据中最大值与最小值的差值。根据各组数据的组距是否相等，又可以分为等距数组和异距数组。如下图所示，通常情况下都会将数据划分为等距数组，此时数据的组数 =（所有数据中的最大值 − 所有数据中的最小值）/ 组距；特殊情况下，当数据分布不均匀，或者为了更好地归类数据时，可以将数据划分为异距数组。

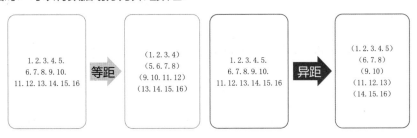

## 3 按规划对数据分组

当确定好分组依据、组距和组数后，开始为数据分组。分组后，为了明确数据组的特征、不遗漏重点信息，可以将本组数据的组距值、最大值、最小值、平均值等数据标注上去。如下图所示，对商品销售数据进行分组后，标注出了每组数据的平均销售件数。

### 1~3件（平均1.78件）

| 商品名称 | 价格 | 购买件数 | 购物金额 | 消费者年龄 | 购物时间 |
|---|---|---|---|---|---|
| 香水 | 588.89 | 2 | 1177.78 | 23 | 12:00 |
| 面霜 | 216.00 | 1 | 216 | 24 | 20:09 |
| 口红 | 125.80 | 2 | 251.6 | 23 | 13:26 |
| BB霜 | 159.80 | 2 | 319.6 | 24 | 15:00 |
| 粉底液 | 216.00 | 1 | 216 | 26 | 16:00 |
| 腮红 | 67.00 | 1 | 67 | 25 | 19:00 |
| 面霜 | 216.00 | 1 | 216 | 18 | 18:50 |
| 面霜 | 216.00 | 2 | 432 | 19 | 12:01 |
| 乳液 | 89.00 | 1 | 89 | 20 | 14:26 |
| 口红 | 125.80 | 2 | 251.6 | 15 | 14:50 |
| 润肤霜 | 68.80 | 2 | 137.6 | 26 | 20:34 |
| 口红 | 125.80 | 3 | 377.4 | 34 | 22:00 |
| 唇膏 | 59.00 | 3 | 177 | 26 | 17:00 |
| 唇膏 | 59.00 | 2 | 118 | 34 | 19:00 |

### 3~5件（平均4.9件）

| 商品名称 | 价格 | 购买件数 | 购物金额 | 消费者年龄 | 购物时间 |
|---|---|---|---|---|---|
| 乳液 | 89.00 | 5 | 445 | 25 | 8:24 |
| 唇膏 | 59.00 | 5 | 295 | 22 | 11:31 |
| 润肤霜 | 68.80 | 4 | 275.2 | 21 | 9:14 |
| 唇膏 | 59.00 | 6 | 354 | 24 | 19:00 |
| 润肤霜 | 68.80 | 4 | 275.2 | 35 | 16:00 |
| BB霜 | 159.80 | 4 | 639.2 | 36 | 15:00 |
| 口红 | 125.80 | 6 | 754.8 | 38 | 16:00 |
| 润肤霜 | 68.80 | 4 | 275.2 | 35 | 18:50 |
| BB霜 | 159.80 | 6 | 958.8 | 35 | 12:01 |
| 粉底液 | 216.00 | 5 | 1080 | 32 | 14:26 |

### 6件以上（平均7件）

| 商品名称 | 价格 | 购买件数 | 购物金额 | 消费者年龄 | 购物时间 |
|---|---|---|---|---|---|
| 腮红 | 67.00 | 7 | 469 | 34 | 14:50 |

## 2.1.6 查看比例：概率的思路

依靠数据分析判断未来事件，也就是通过数据计算判断未来事件出现的概率。因此，在分析过程中，将概念的思路融入进去，可以使分析结果更为全面。

在统计学中，概率也称可能性。在实际数据分析中，事件的概率比较复杂，不能只是单一地考虑某事件出现的可能性，而要根据事件的具体情况而定。

## 1 互斥事件的概率

当事件 A 和事件 B 只会发生其中一种时，这两种事件称为互斥事件，互斥事件的概率相加为100%。例如，企业人事在招聘人员时，某应聘者通过了面试，现在需要他自己决定是否来上班。那么企业人事在分析该应聘者是否会来上班时，只用分析他同意前来的可能性即可。如果这位应聘者同意来上班的概率为 60%，那么他不来上班的可能性就为 40%，如下图所示。

## 2 相互事件的概率

现实生活中，很多事件是相互关联和影响的，即事件 A 发生的可能性容易受到事件 B 的影响。在这种复杂的情况下，概率分析需要更全面地进行考虑，而不能独立地计算事件 A 发生的可能性或事件 B 发生的可能性，这称为相互事件。相互事件的概率思路如下。

事件 A 发生的可能性为 P（A），事件 A 和事件 B 同时发生的可能性为 P（A&B）。在事件 A 已经发生的前提下，事件 B 发生的概率为 P（A&B）/P（A），如下图所示。

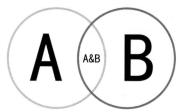

## 2.1.7 指标为王：平均的思路

关注数据的平均数，是数据分析的重要方法。使用平均数指标，可以了解数据的大体情况，也可以对比单项数据的表现。如下图所示，常用的平均数指标包括 4 种算数平均数、几何平均数、中位数和众数。

其中，算数平均数是最重要的指标，它代表了整体的综合水平，其计算方公式为：算数平均数 = 数据总值 / 数据总个数。

几何平均数是对各数据变量的连乘积开项数次方根，它的用途是对比率或指数进行平均计算，或者计算事件的平均发展速度。当事件总量等于所有阶段或所有项目数量的连乘积总和时，分析事件各阶段或各项目的普遍水平，就要使用几何平均数，而非算数平均数。

中位数和众数反映的是数据的集中趋势，在前面已讲过，这里不再赘述。

关注数据的平均数，有以下 3 个思考方向。

### 1 衡量事件的整体水平

关注平均数指标的第一个作用就是衡量事件的整体水平，如某地区的平均消费水平、某单位的平均工资、某类商品的平均销量，从而判断事件发展的现状。

### 2 比较事件的整体水平

将不同事件的平均数指标进行对比，如不同地区的平均消费水平对比、不同单位的平均工资对比，可以掌握不同事件的发展现状及规律。平均数指标的对比可以在很大程度上说明事件的不同，比事件的数据总和对比更有可信度。下图所示为 2016 年部分省份平均收入对比。

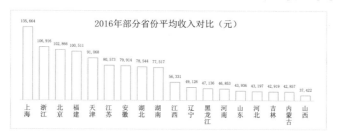

### ③ 比较部分的发展水平

将事件各组成部分的指标与平均数指标对比，可判断出各组成部分所处的发展水平和趋势，以进一步判断事件的组成部分是否符合要求、是否需要改进。例如，将企业的子公司平均业绩与企业的平均业绩进行对比，从而判断企业的子公司是否达标、是否需要整改；又如，将 A 省的平均收入水平与全国平均收入水平进行对比，可以判断出 A 省目前的经济发展状况。

## 2.1.8 客观评价：指标综合的思路

在数据分析中，对比分析、概率分析、平均分析都建立在比较单一的情况下，随着情况的复杂性加强，这类分析简单问题的思路似乎不再适用。如下图所示，评价企业员工是否优秀及优秀程度，发现他们各有所长，却又都有缺点。那么谁更优秀，如何判断？

使用综合指标的思路可以突破简单数据分析的局限性，针对情况复杂的对象进行分析。其核心思路是，将对象的不同表现作为项目列出，再按照一定的评分标准，对项目进行打分，最后将所有项目的分数综合起来进行分析，以此判断对象的数据表现。通过综合指标的方法，可以将对象的多方面因素纳入一个整体进行分析，从而全面、客观地进行评价。下面讲解综合指标的使用步骤，可以从中学习到指标综合法的精髓。

（1）确定指标

综合指标法的第一步便是确定分析对象所包含的指标有哪些，即需要根据哪些方面来判定对象的数据表现。指标是综合数据分析的基础，它的设置直接关系到数据分析结果。确定指标通常有以下 4 个基本原则，如下图所示。

①指标要有针对性，能从客观层面衡量对象的表现。例如，对企业进行综合分析，可以设置运营能力指标、偿债能力指标、获利能力指标、发展能力指标 4 个方面。这 4 个方面综合起来能体现企业的综合能力。反之，如果其中一项指标是新员工数量，就很不恰当，因为新员工数量不具有针对性，不能客观反映企业的综合能力。

②指标设置要齐全，要充分考虑能说明对象情况的不同层面，不遗漏重要评断依据。

③设置的指标要能收集到对应的数据，如此才能保证后续数据分析顺利进行。毕竟指标设置得再合理，无法收集到数据也是枉然。例如，偿债能力是衡量企业综合能力的一个指标，但如果无法获取到某企业的偿债能力，此时就应该考虑删除或替换指标。

④指标设立完成后，需要按照重要性对指标进行排序。整理好指标间的逻辑关系，有助于后面权重评分时有条不紊地进行。

例如，企业在评定市场部员工的优秀程度时，需要制订一份综合评分标准。如果综合评分表是不假思索地进行制作，效果如左下图所示。这份标准的错误是：选择了针对性不强的指标，"毕业院校"并不能直接体现市场部员工的工作能力；指标不全面，没有考虑到所有衡量市场部员工优秀与否的重要因素；指标重要性顺序不对，衡量员工优秀程度时，"销售业绩"明显比"与客户的关系"更重要。改进后，效果如右下图所示，此时指标显得更客观、全面。

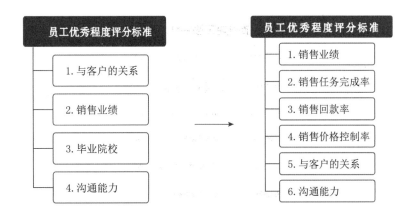

（2）收集指标数据/信息

列出对象的评判指标后，需要收集能反映指标水平的数据或相关信息。这里需要强调，并不是所有的指标都必须收集到纯粹的数据，收集能反映实际情况的文字和图形类信息也是可以的。例如，衡量应届毕业生是否能胜任工作的一个指标是"所学专业"，专业就需要用文字信息来代替，如"工程专业""信息专业"。

（3）确定指标权重

完成指标设置及指标数据/信息收集后，需要为每一项指标确定权重大小，即确定指标的重要程度。确定指标权重的方法有多种，如专家咨询法、主观经验法、多元分析法、德尔菲法、层次分析法等。很多分析法都涉及较为复杂的统计计算，下图所示为比较简单且常用的3种方法。

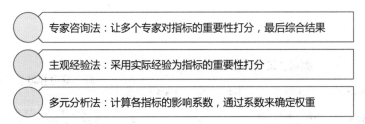

如果对测评对象十分熟悉且有把握，建议采用主观经验法，直接评定权重。例如，经验丰富的企业HR在选拔人才时，已经很清楚人才评定的各项标准，那么可以直接为各项指标设置权重。

如果对测评对象不够熟悉，且需要多位决策人拿主意，建议选择专家咨询法，即让不同的决策人独立对各项指标评定权重，最后综合在一起，形成一致意见。

当需要对指标的权重进行精确的权重评定时，可以将各指标看作变量，然后计算各变量与对象的相关系数，以此确定指标权重。具体计算方法可以参考本章后面的相关系数计算法，这里不再赘述。

通常情况下，对象的所有指标权重相加等于100%。下图所示为企业HR在选拔人才时设置的指标权重。其中面试者掌握的技能是最重要的考核标准，占到了60%的权重。

| 面试者王强评分 | | |
| --- | --- | --- |
| 人才选拔指标 | 数据/信息 | 权重 |
| 掌握技能 | 精通办公软件、文采好、会排版、会插画 | 60% |
| 毕业高校实力 | 浙江大学（211） | 20% |
| 所学专业 | 新闻传播专业 | 10% |
| 实习经历 | 新媒体运营半年经验 | 8% |
| 在校经历 | 校园广播站站长 | 2% |

（4）完成综合计算

完成指标的权重设置后，需要按照如下图所示的步骤完成对象的综合评分。

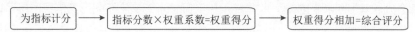

需要说明的是，指标的计分标准与权重一样，需要根据企业、机构的需求和实际情况来制订。其基本原则是，各指标的满分要相同。例如，HR在设置人才各指标的评分时，"掌握技能"的满分是100分，那么"毕业高校实力"等其他指标的满分也应该是100分。

完成计分标准设置后，就可以进行指标的分数评定了，完成分数评定后，将得分乘以相应权重，再将权重得分相加，等于对象的综合评分。下图所示为某企业对一位面试人员的评分内容，这位面试者的综合评分是97分。通过综合评分的方法，HR不再将目光单一地放在面试者的技能、专业等层面上，而是考察他的综合能力，为企业选拔综合素质强的人才。

| 面试者王强评分 | | | | | 注：评分标准 |
| --- | --- | --- | --- | --- | --- |
| 人才选拔指标 | 数据/信息 | 权重 | 得分 | 权重得分 | |
| 掌握技能 | 精通办公软件、文采好、会排版、会插画 | 60% | 95 | 57 | 办公软件、排版、绘画技能，每个技能得30分；文案技能、沟通技能，每个技能得5分；其他技能：不加分不扣分。 |
| 毕业高校实力 | 浙江大学（211） | 20% | 100 | 20 | 211大学得100分；985大学得50分；普通本科得30分；专科得20分。 |
| 所学专业 | 新闻传播专业 | 10% | 100 | 10 | 新闻传播专业100分；传媒专业80分；其他文科专业50分；理科专业30分。 |
| 实习经历 | 新媒体运营半年经验 | 8% | 100 | 8 | 文案类工作经验100分；沟通类工作经验80分；其他工作经验50分。 |
| 在校经历 | 校园广播站站长 | 2% | 100 | 2 | 校园媒体工作经验100分；学生会工作经验80分；其他校园活动50分；没有参加任何校园活动0分 |
| | | | | 97 | |

**追根溯源：杜邦分析的思路**

在数据分析中，如果想要找到问题产生的根本原因，厘清各因素间的关系，建议使用杜邦分析的思路。杜邦分析思路最早由美国杜邦公司使用，故名为杜邦分析法。最开始杜邦分析法是用来评价公司盈利能力和股东权益回报水平的，是从财务的角度评价企业绩效的经典方法。杜邦分析法能通过财务指标，系统地分析企业盈利水平，各指标间具有鲜明的逻辑结构关系。

## 1  杜邦分析的核心

杜邦分析的核心是将企业的权益净利率使用结构化的相关因素表现出来，并通过加减乘除等运算符号体现因素间的内在联系，有助于企业管理层更加清晰地看到权益资本收益率的决定因素、销售净利润率与总资产周转率、债务比率之间的相互关系。其结构如下图所示。

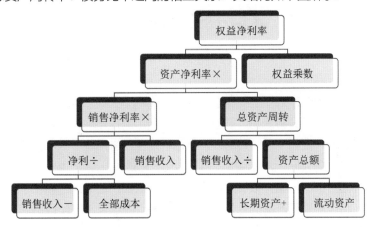

## 2  杜邦分析的广泛应用

杜邦分析的思路最早运用在企业资产分析方面，主要是找到项目的各项影响因素，并将其结构化地呈现，这种基本思路可以广泛应用于现代各行各业的数据分析中。

例如，分析公司的市场占有率下降的原因，找出决定占有率各项因素的内在关系，其结构示意如下图所示。市场占有率＝本公司用户数／所有公司用户数，然后往下层层分解，可以清晰地分析出市场中所有公司及所有业务占有的用户数情况。找出不同公司子业务的用户数变化，就能分析出为什么本公司的用户数出现了下降。例如，A公司的业务2拓展，使用户数增长了20%。相应地，其他公司的用户就会出现流失，这很有可能导致本公司的用户数下降。

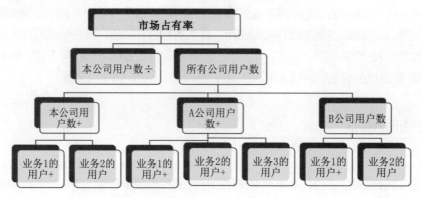

## 2.1.10　找到症结：漏斗分析的思路

寻找问题原因，找到多个环节中出纰漏最大的一步，建议使用漏斗分析的思路。

漏斗分析是流程式的数据分析思路，能够科学、全面、流程化地反映对象从开始到结束的各阶段状态，通过比较各状态，找到问题阶段所在，做出针对性改进措施。漏斗分析的思路被广泛应用于网站数据分析、电商数据分析、流量监控、目标转化等领域中。

下图所示为漏斗图分析的模型，该模型用来分析一款直播产品的用户转化率，目的是找到转化方向。在漏斗图中，将用户使用产品的完整流程呈现出来，并统计出各阶段的用户数。从漏斗图中可以发现，最开始所有的用户都激活了这款产品APP，但是最终只有21%的用户购买礼物。在这个过程中，用户损失最大的环节是进入直播间到开始互动的环节，损失率为35%，可见这款直播产品需要优化的环节在"开始互动"。

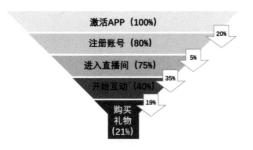

根据上面案例中的漏斗图模型，可以发现利用漏斗图思路进行数据分析时的一些要点。

①漏斗图适用于业务流程规范、有一定周期和环节的流程分析。如果数据本身不能呈现阶段性变化，那么可以考虑其他分析思路。

②漏斗图思路可以展现转化率趋势，即从一个阶段到下一个阶段之间，成功转化的用户数量，通过转化率来衡量用户的行为变化，为用户营销提供更科学的指导策略。

③漏斗图思路需要科学地分析原因。在企业的实际运转过程中，业务转化流程往往不会像理想中的那样简单，导致一个事件的原因可能有多个，这时漏斗图思路分析就会出现障碍。其解决方法是，在转化节点上，根据事件对转化效果的大小进行设置。

以市场营销为例，制订一套针对所有客户的营销方案，但是营销方式有 3 种，每一种都可能刺激客户购物。那么在利用漏斗思路进行问题分析时，就要比较让客户购物的最大原因是什么。如下图所示，线上运营营销方案覆盖了 90% 的客户，并且实现了最大比例的客户转化，可见线上运营才是让客户购物的主要原因。那么在制作完整的漏斗图时，这个环节可以是"实施营销方案（100%）→线上运营（90%）→客户购物（46%）"。

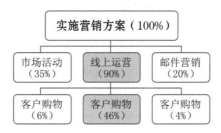

## 2.1.11 具有全局观：象限分析的思路

象限分析法又称波士顿矩阵法、产品系列结构管理法。这种数据分析思路在企业经营分析、市场策略中是一种行之有效的方法，能帮助决策者站在更高的视角，俯瞰整体情况，了解整个局势分布，找到不同项目的改进策略。

## 1 常规象限分析法

　　常规的象限分析法适用于两个因素相互作用的情况。例如，网站商品的销量情况，与商品的流量和收藏量有关，两者相互影响。在这两种因素的作用下，商品就会出现 4 种不同的类型，将商品数据放到象限图中，4 种商品结果如下图所示。

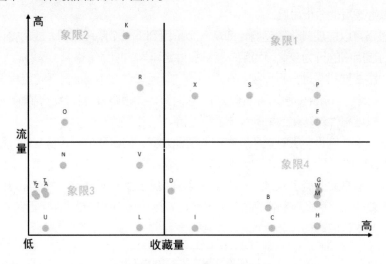

　　如果不使用象限分析的思路，仅仅将数十种，甚至上百种、上千种商品的流量和收藏量数据统计到 Excel 表中，抽象的数据很难让决策者一眼看出店铺商品的现状，更不要说快速找出不同商品的后续销售策略。但是有了象限图，决策者可以更直观地看出不同商品在销售中的优劣势，知道如何进行针对性的改进，从而提高店铺总的销售业绩。其思考方向如下。

　　①象限 1 为重点关注区。该象限中的商品是店铺中流量和收藏量都最大的商品。说明消费者对这些商品的关注度和满意度都比较高，属于重点营销商品。这类商品应该加大广告引流力度，增加曝光率，赢得更多的消费者关注，从而拥有更高销量。

　　②象限 2 为改进区。该象限中的商品属于流量好但是收藏量不好的商品。这类商品既然可以拥有较高的流量，说明商品对消费者是有吸引力的，但是收藏量不高，说明要么流量进入后就形成了购物转化，要么消费者浏览商品详情后，不感兴趣离开。针对第二种情况，可以进行改进，分析消费者不感兴趣的原因所在，是商品与想象不符合、还是卖点打造不够等，从而提高商品收藏量。

③象限 3 为选择性放弃区。该象限属于流量和收藏量都不够好的商品，说明这类商品对消费者的吸引力偏低。店铺运营者可以选择性地放弃这个区域的商品，或者是寻找替代商品。毕竟这个区域的商品要想得到改进，需要从两个方面入手，难度较大，要花费大量的人力和财力。

④象限 4 为改进区。该象限的商品属于流量低但是收藏量大的商品。这类商品没有流量优势，但是有收藏量优势，收藏量是衡量消费者购买欲望的重要指标，因此值得花精力去增加商品流量，从而提高销量。

总而言之，象限分析的思路可以广泛应用于多种营销管理、战略定位、产品规划、用户管理等数据分析领域，其优点是直观、全面、清晰、简便。

需要说明的一点是，象限分析并不要求四个象限的面积完全相等，需要根据实际情况来决定象限的交点为多少。例如，对于小型网店来说，流量大于 500 的商品就是优秀流量商品，而大网站的商品流量要超过 10 000 才能称为优秀。在这两种情况下，象限的区域划分标准自然不一样，大网站的 $Y$ 轴与 $X$ 轴的交点是 10 000，小网站就应该是 500。

## ② 象限分析法拓展

在常规象限分析法中，可以发现一个弊端，那就是只能从两个维度分析对象的情况。例如，上例网站商品的销量情况中，只能分析商品的流量和收藏量。可是流量和收藏量都好也不能百分之百说明商品的销量就会大，销量也是衡量商品是否有前途的重要因素。如何将销量的维度加入象限分析过程中，这就需要在常规象限分析的基础上进行拓展。常规象限分析用小圆点的 $X$、$Y$ 坐标来表示数据的两个维度，如果改变圆点的大小，就可以增加第三个维度，即用圆点大小来呈现销量大小。

增加大小维度的象限图效果如下图所示，此时可以从 3 个数据维度来分析不同的对象。圆点越大，代表销量越大，说明商品越有改进的价值。有了销量这个维度，数据分析将更加客观，也更有针对性。例如，象限 2 中，商品流量大，但收藏量低，通过圆点大小，可以清楚地知道，商品收藏量低是因为被购买了还是流失了消费者。圆点大的商品说明这款商品没有被收藏，而是被直接购买，那么这类商品也是重点关注对象，很有潜力，应该加大推广力度；圆点小的商品才是需要改进的商品，要分析为什么消费者没有收藏欲望（购买欲望）。又如，象限 4 的商品，原则上这个地方的商品可以放弃，但是有了销量维度，就可以发现一些流量和收藏量都不高，但是销量却相对较高的商品。这类商品很可能是因为没有机会曝光，所以无法获得流量优势，然而即使在这种不利的情况下，销量依然较好，说明这类商品只要流量条件足够，销量快速提升的可能性就很大。

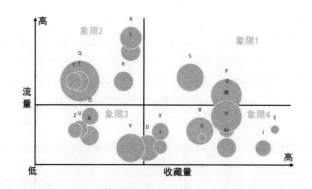

高手自测 4 ——→ 某公司产品销量下降，那么可以使用什么分析思路找出销量下降的原因？

扫描看答案

## 2.2 6个数据分析基本工具

在前面的内容中，读者已经对数据分析的思路有了一个大概的了解。但是数据分析的问题还没有解决，即如何使用实际的分析工具来实现这些分析思路。

数据分析的工具有许多种，不同的工具有不同的作用。为了让读者对分析工具有一个大概了解，以便在接下来的学习中明白自己"身在何处"，同时在遇到难题时，有一个解决问题的大致方向，本节将对常用的6种数据分析工具进行介绍。

### 2.2.1 海量数据的克星——数据透视表

数据透视表是一种交互式的表，可以对数据的不同项目进行快速统计，并且动态地改变数据的版面布置，以不同的角度来分析数据。这是透视表的基本概念，听起来比较抽象。下面来看一个实际的例子。

服务公司的货物销售数据量十分庞大，每天都会产生大量的销量数据，下图所示的仅仅只是销售数据的冰山一角。面对这样的海量数据，如何进行快速分析，如不同日期不同商品的销量、不同地区的销量、不同商品的售价波动情况、不同地区的退货量、不同销售员的总销量、不同销售员的退货总量。

| | A | B | C | D | E | F | G |
|---|---|---|---|---|---|---|---|
| 1 | 日期 | 品类 | 销量（件） | 地区 | 售价（元） | 退货量（件） | 销售员 |
| 2 | 12月1日 | 外套 | 15 | 昆明 | 226.50 | 0 | 王强 |
| 3 | 12月1日 | 衬衫 | 42 | 上海 | 123.50 | 1 | 李梅 |
| 4 | 12月1日 | T恤 | 62 | 广州 | 69.00 | 2 | 赵丽 |
| 5 | 12月1日 | 羽绒服 | 51 | 成都 | 478.50 | 1 | 王强 |
| 6 | 12月1日 | 牛仔裤 | 42 | 重庆 | 159.00 | 5 | 赵丽 |
| 7 | 12月1日 | 打底裤 | 52 | 杭州 | 88.00 | 1 | 李梅 |
| 8 | 12月1日 | 风衣 | 4 | 昆明 | 198.00 | 5 | 赵丽 |
| 9 | 12月1日 | 保暖衣 | 52 | 上海 | 126.00 | 4 | 王强 |
| 10 | 12月1日 | 棉衣 | 15 | 广州 | 158.00 | 5 | 李梅 |
| 11 | 12月2日 | 外套 | 42 | 昆明 | 226.50 | 2 | 赵丽 |
| 12 | 12月2日 | 衬衫 | 62 | 上海 | 123.50 | 1 | 赵丽 |
| 13 | 12月2日 | T恤 | 51 | 广州 | 69.00 | 0 | 李梅 |
| 14 | 12月2日 | 羽绒服 | 42 | 昆明 | 478.50 | 9 | 赵丽 |
| 15 | 12月2日 | 牛仔裤 | 62 | 上海 | 159.00 | 1 | 赵丽 |
| 16 | 12月2日 | 打底裤 | 52 | 广州 | 88.00 | 5 | 王强 |
| 17 | 12月2日 | 风衣 | 25 | 昆明 | 198.00 | 4 | 赵丽 |

将海量数据制作成数据透视表，可以通过选择字段的方式，快速切换数据版面，以不同的角度汇总商品数据。下图所示为不同日期下不同商品的销量。

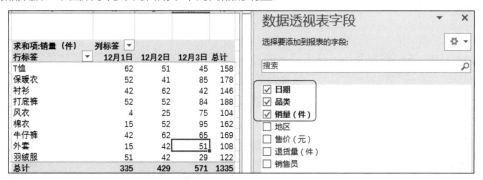

数据透视表还提供了交互工具，以便动态地查看数据，方法是利用【切片器】功能，如下图所示，选择需要查看的条件（王强销售员的相关数据），就能快速显示符合条件的数据。

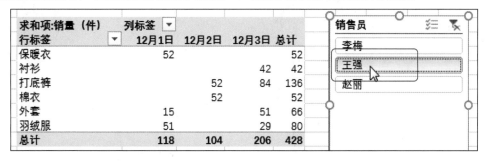

综上所述，Excel 的数据透视表是一个强大的工具，它不仅可以将海量数据制作成各种报表，并实现报表数据的快速切换，还可以对数据进行统计、排序和筛选。使用交互工具，如切片器、日程表，可以从项目名称和时间的角度动态地查看数据。

## 2.2.2 让抽象数据直观展现的"利器"——图表

数据分析少不了图表分析，图表不仅是后期制作数据报告时数据展现的重要形式，还能在数据分析过程中以直观的方式带给分析者"灵感"，使其发现数据中隐藏的信息量。

Excel 软件中包含的图表侧重于数据分析，可以在后期制作分析报告时使用。而 Excel 软件之外的一些网站、软件也可以制作图表，而且这些图表比较美观，更适合用在数据分析报告中。

### 1 Excel 图表

在 Excel 中，选中数据后，打开【插入图表】对话框，如下图所示，可以看到所提供的图表类型一共 15 种，每一种图表类型下，又细分为多种形式的图表。Excel 图表的种类如此丰富，基本能覆盖 90% 的数据分析需求。使用 Excel 图表要注意以下两点。

①可以将图表的格式设置好后，添加到【模板】中，方便下次快速调用。

②图表的呈现形式是多种多样的，通过调整布局元素的格式，可以制作出效果丰富的图表。因此制作图表时，不要形成固化思维，要多思考与数据相切合的呈现形式。

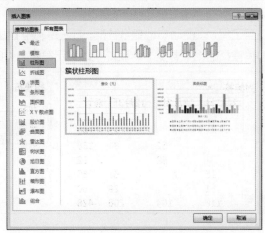

## 2 外部图表

Excel 不是专业的设计软件，在数据呈现上有一定的局限性，如果要追求更好的图表效果，可以借助一些外部辅助工具。使用这种方法，还可以帮助没有设计基础，并且不熟悉 Excel 图表编辑的用户快速完成图表制作。目前这类工具比较多，如数据观、ECharts、图表秀、图表网、百度图说等。下图所示为 ECharts 网站在线生成的数据图表，展示了复杂的关系网络。

## 2.2.3 ▶ 简单工具也能有大用处——条件格式

Excel 中提供了条件格式工具，该工具操作简单，能提高数据分析效率，适用于表格数据的分析，通过更改表格数据的格式，让分析者快速掌握表格数据的概况。【条件格式】工具的操作选项如右图所示。

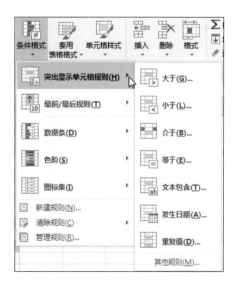

利用 Excel 的【条件格式】工具，可以完成以下操作。

①快速找出符合要求的数据。使用【突出显示单元格规则】菜单中的选项，可以快速找出符合一定数值范围的单元格数据，并为这些数据单元格填充底色突出显示。

②找出数值排名靠前、靠后的数据。利用【最前 / 最后规则】选项可以突出显示数值排名靠前多少位、靠后多少位的单元格数据。

③根据单元格数据大小添加长短不一的数据条，通过数据条的长度来快速判断单元格数据大小的分布，方法是使用【数据条】功能。

④根据单元格数据大小添加颜色深浅不一的数据条，通过数据条的颜色深浅来快速判断单元格数据大小的分布，方法是使用【色阶】功能。

⑤为单元格中不同类型的数据添加图标以示区分，方法是使用【图标集】功能。

⑥通过函数实现更复杂的数据突出显示功能。通过【新建规则】选项，可以编写函数，以实现更复杂的单元格数据显示。

## 2.2.4　麻雀虽小五脏俱全——迷你图

表格单元格中的数据可以帮助分析者清楚了解具体数值的大小，图表数据可以帮助分析者直观了解数据概况。如果既想了解具体数值，又要求查看数据概况，那就要使用迷你图。

迷你图是 Excel 提供的微型图表工具，可以在单元格中绘制图表。它虽然是微型的，但具有图表的大多数功能。通过【迷你图】工具，不仅可以在单元格中制作柱形图、折线图和盈亏图，还可以设置图表中的数据高点、低点和坐标轴等元素。【迷你图】保留了图表的主要功能，可谓是表格数据的优秀"伴侣"，两者相辅相成，让数据分析尽善尽美。下图所示的表格数据显示了每个业务员的具体销量，分析迷你图中的销量趋势，可以快速判断业务员在这段时间内的销售情况。

| 销售员 | 6月1日 | 6月2日 | 6月3日 | 6月4日 | 6月5日 | 6月6日 | 6月7日 | 销量趋势 |
|---|---|---|---|---|---|---|---|---|
| 小王 | 25 | 26 | 25 | 25 | 36 | 38 | 39 | |
| 小李 | 25 | 26 | 26 | 62 | 35 | 26 | 24 | |
| 小王 | 15 | 24 | 24 | 62 | 26 | 4 | 15 | |
| 小李 | 15 | 28 | 27 | 4 | 24 | 5 | 26 | |
| 小张 | 5 | 27 | 26 | 8 | 15 | 1 | 4 | |
| 小李 | 6 | 29 | 8 | 95 | 24 | 5 | 25 | |
| 小张 | 8 | 25 | 2 | 74 | 1 | 42 | 1 | |
| 小李 | 5 | 24 | 26 | 15 | 5 | 5 | 42 | |
| 小张 | 7 | 26 | 34 | 24 | 6 | 14 | 26 | |
| 小李 | 15 | 24 | 4 | 26 | 5 | 52 | 24 | |

表头：市场部业务员销售统计

## 2.2.5 数据归类统计利器——分类汇总

Excel 提供了分类汇总功能，也就是方便数据以不同的形式进行汇总。在数据分析时，如果需要统计不同数据项目的总和，以便对数据的总值有一个了解，同时又能对比各项目的总和大小，就可以使用分类汇总功能。

例如，在原始表格中包含多个项目，如产品名称、型号、销售部门、销量、日期、单价、销售额等。使用分类汇总功能，不仅可以汇总不同日期下，不同销售部门的商品销量、销售额，还可以汇总不同商品及其不同型号的销量、销售额。针对一份数据的不同汇总要求，均能快捷简便地实现。下图所示为汇总不同日期下销售额总值的效果。

| | 产品名称 | 型号 | 销售部门 | 销量 | 日期 | 单价（元） | 销售额（元） |
|---|---|---|---|---|---|---|---|
| 1 | | | | | | | |
| 2 | 打底裤 | L号 | A部 | 12 | 3月1日 | 52.5 | 630 |
| 3 | 羽绒服 | S号 | B部 | 15 | 3月1日 | 269.8 | 4047 |
| 4 | 棉衣 | L号 | A部 | 24 | 3月1日 | 126 | 3024 |
| 5 | 打底衫 | XL号 | C部 | 52 | 3月1日 | 25 | 1300 |
| 6 | 毛衣 | XXXL号 | A部 | 15 | 3月1日 | 42 | 630 |
| 7 | 衬衫 | M号 | A部 | 25 | 3月1日 | 52 | 1300 |
| 8 | 围巾 | S号 | B部 | 425 | 3月1日 | 41 | 17425 |
| 9 | 保暖衣女 | L号 | A部 | 59 | 3月1日 | 52 | 3068 |
| 10 | | | | | 3月1日 汇总 | | 31424 |

## 2.2.6 交互式数据可视化工具——Power BI

在互联网时代，随着大数据分析的热潮日益汹涌，各行业不仅需要数据分析，对数据的呈现方式、可视化程度要求更高。为了满足更多的人快速制作出形式多样、神形兼备的图表的需求，Power BI 应运而生。Power BI 以其绚丽的数据呈现功能、人性化的交互式分享、便捷的数据编辑功能吸引了一批又一批的用户。

Power BI 功能的亮点较多，下面介绍其主要功能，以方便读者在后期学习或实际运用时有侧重点地进行学习和研究。

## ① 多种类数据源获取

Power BI 支持多种类的数据源，包括文件类型的数据源（如 Excel、XML、CSV、文本等）、数据库类型的数据源（如 Access MSSQL、Oracle、BD2、Mysql 等）和外部数据源类型（如 R 脚本、Hadoop、Web 等）。它对数据的广泛支持，表明用户不用再担心数据文件格式导致数据可视化出现障碍的问题，最大限度地满足各行业需求。

## ② 便捷的数据编辑与共享功能

Power BI 有在线编辑工具，这意味着用户可以在任何地方进行数据的编辑与更改，并使用分享功能将数据发送到他人的邮箱，实现空间上的共享。如此一来，即使人们不在一个空间里，也能通过互联网进行数据分析与讨论，最后达成统一决策。

## ③ 强大的数据呈现方式

Power BI 最大的亮点就是数据的呈现方式，这在很大程度上帮助了没有设计基础的人员实现合理配色。同时还能根据数据源自动进行各个纬度的分析和展示，然后让使用者挑选对数据分析目标有价值的图表放到仪表盘中，让数据的呈现既丰富又专业，如下图所示。

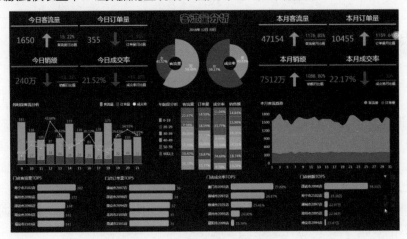

高手自测 5 ｜ 图表和迷你图很像，那么什么情况下应该选择图表，什么情况下应该
　　　　　　　｜ 选择迷你图呢？

扫描看答案

## 2.3 Excel 分析工具百宝箱

　　Excel 是使用广泛且容易上手的分析工具，在 Excel 中，将数据分析时使用频率较高的分析工具收纳到一个工具箱中，包括方差分析工具、相关系数分析工具等。本节介绍几种常用工具的作用及具体使用方法。

　　使用 Excel 的数据分析工具箱，需要进行加载，否则无法在软件工具栏列表中找到它。加载方法是，选择【文件】菜单中的【选项】选项，打开【Excel 选项】对话框，如左下图所示，然后在左侧窗格中选择【加载项】选项，再单击【转到】按钮。在打开的【加载项】对话框中选中【分析工具库】复选框，最后单击【确定】按钮即可，如右下图所示。

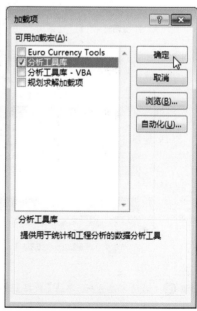

## 2.3.1 方差分析

Excel 工具库中的方差分析工具可以分析一个或多个因素在不同水平下对总体的影响。其使用方法比较简单，下面以单因素方差分析为例进行讲解。

某广告公司有 5 位设计师，为了客观地评估每个设计师作品的客户认可度，让 6 位评估者对设计师的作品进行打分，满分为 10 分。评估者在评估作品时，不能看到设计师的姓名，对每位设计师的作品进行 3 次评分。评分结果出来后，需要对这 6 位评估者给版面设计师的评分是否存在显著性差异进行分析，其步骤如下。

步骤 01　对统计到的数据进行处理，否则无法使用方差分析功能。下图第一张表所示为统计到的原始数据，并对数据进行平均分计算。然后将每位设计师对应的平均分复制到另一张表中，如下图第二张表所示。

| 版面设计师 | 评估次数 | 评估者A | 评估者B | 评估者C | 评估者D | 评估者E | 评估者F | 平均分 |
|---|---|---|---|---|---|---|---|---|
| 阿牛 | 1 | 8 | 10 | 6.5 | 9 | 4 | 9 | 7.8 |
| | 2 | 8.5 | 2.5 | 5.4 | 10 | 5 | 10 | 6.9 |
| | 3 | 6.5 | 3.5 | 6 | 5.6 | 5 | 9.5 | 6.0 |
| 昭昭 | 1 | 3.4 | 6.8 | 8 | 6.5 | 6 | 8.7 | 6.6 |
| | 2 | 5.6 | 4.6 | 8 | 8.7 | 6.5 | 6.8 | 6.7 |
| | 3 | 6.8 | 5.6 | 6.7 | 5.4 | 5 | 6.9 | 6.1 |
| 李天 | 1 | 5.6 | 9.8 | 5 | 6 | 5.5 | 5.4 | 6.2 |
| | 2 | 6.4 | 5.7 | 6 | 9 | 5.5 | 6.5 | 6.5 |
| | 3 | 7 | 6.5 | 9 | 8 | 5.6 | 4.6 | 6.8 |
| 曾躬 | 1 | 8 | 6 | 7 | 5 | 7 | 3.5 | 6.1 |
| | 2 | 9 | 9 | 6 | 4 | 6 | 5.8 | 6.6 |
| | 3 | 4.6 | 8 | 5 | 5 | 4 | 2.6 | 4.9 |
| 小林 | 1 | 5.5 | 5.7 | 8 | 8 | 5.9 | 2.3 | 5.9 |
| | 2 | 6.8 | 5.4 | 4.7 | 6 | 5.5 | 6.5 | 5.8 |
| | 3 | 7 | 6.4 | 8.9 | 5.7 | 6 | 4.8 | 6.5 |

| 阿牛 | 昭昭 | 李天 | 曾躬 | 小林 |
|---|---|---|---|---|
| 7.8 | 6.6 | 6.2 | 6.1 | 5.9 |
| 6.9 | 6.7 | 6.5 | 6.6 | 5.8 |
| 6.0 | 6.1 | 6.8 | 4.9 | 6.5 |

步骤 02　启动方差分析。单击【数据】选项卡下的【数据分析】按钮，打开【数据分析】对话框，选择【方差分析：单因素方差分析】选项，如左下图所示。

**步骤 03** 设置方差分析对话框。在【方差分析：单因素方差分析】对话框中，设置【输入区域】为步骤 01 中的第二张表所在的区域范围；因为该表数据每一列为一位设计师的平均得分组，所以在【分组方式】中选中【列】单选按钮；选中【标志位于第一行】复选框，可以显示设计师的姓名；【输出区域】可以设置为表格的任意空白处，如右下图所示。

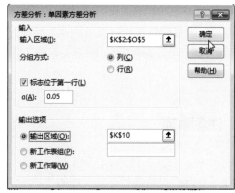

**步骤 04** 查看分析结果。最后得到的分析结果如下图所示。方差分析结果分为以下两部分。第一部分是总括部分，这里需要关注【方差】值的大小，值越小越稳定。从下图数据中可以看出，评估者在给设计师曾躬评分时最不稳定，方差值为 0.81，其次是给设计师阿牛的评分也不稳定，方差值为 0.75，说明这两位设计师的评分结果有较大的波动，为了客观起见，可以重新让评估者给这两位设计师评分。第二部分是方差分析部分，这里需要关注 P 值大小，P 值越小代表区域越大。如果 P 值小于 0.05，就有继续深入分析的必要。如果 P 值大于 0.05，说明所有组别都没有差别，不用进行深入分析和比较。在下图中，P 值为 0.339，大于 0.05，说明评估者对设计师作品进行评分时，不存在显著的差异，其评分结果是比较客观的。

方差分析：单因素方差分析

SUMMARY

| 组 | 观测数 | 求和 | 平均 | 方差 |
|---|---|---|---|---|
| 阿牛 | 3 | 20.66667 | 6.888889 | 0.751204 |
| 昭昭 | 3 | 19.33333 | 6.444444 | 0.111481 |
| 李天 | 3 | 19.51667 | 6.505556 | 0.08037 |
| 曾躬 | 3 | 17.58333 | 5.861111 | 0.817315 |
| 小林 | 3 | 18.18333 | 6.061111 | 0.125093 |

方差分析

| 差异源 | SS | df | MS | F | P-value | F crit |
|---|---|---|---|---|---|---|
| 组间 | 1.937889 | 4 | 0.484472 | 1.284757 | 0.339184 | 3.47805 |
| 组内 | 3.770926 | 10 | 0.377093 | | | |
| 总计 | 5.708815 | 14 | | | | |

数据分析是理性工作，某项因素对结果是否有影响、有多大影响都需要用数据说话。各项因素对结果的影响可以使用 Excel 的相关系数工具来进行分析，通过对比各项因素的相关系数来判断客观的影响力度。

## 1 注意事项

数据分析的对象虽然不仅仅局限于纯粹的数字类信息，但是 Excel 工具只能对数据类信息进行处理。因此在使用 Excel 分析工具时要灵活地将文字、图形类信息转化为数据信息。其方法是用数字代码来代替非数值类信息。

例如，某公司在研究公司的新媒体账号每天发布的内容对阅读量、转发量、当天涨粉量的相关因素影响时，对数据进行了统计，部分数据如左下图所示。

现在需要将表格中的标题类型和内容类型信息转换为数据。规定用数字代码"1"表示"噱头型"标题，用数字代码"2"表示"干货型"标题，以此类推。用代码"1"来表示"猎奇"内容，以此类推。转换后的表格结果如右下图所示。

| 标题类型 | 内容类型 | 插图数量 | 字数（千字） | 阅读量 | 转发量 | 当天涨粉量 |
|---|---|---|---|---|---|---|
| 噱头型 | 猎奇 | 2 | 2.5 | 9245 | 45 | 52 |
| 干货型 | 实用 | 3 | 3 | 12456 | 235 | 326 |
| 实在型 | 道理 | 5 | 3.1 | 6524 | 245 | 62 |
| 新闻型 | 猎奇 | 1 | 2.6 | 5261 | 74 | 52 |
| 平淡型 | 道理 | 4 | 3.4 | 5214 | 85 | 5 |
| 幽默型 | 趣事 | 2 | 2.3 | 5214 | 42 | 6 |
| 噱头型 | 趣事 | 5 | 2.6 | 2564 | 51 | 2 |

| 标题类型 | 内容类型 | 插图数量 | 字数（千字） | 阅读量 | 转发量 | 当天涨粉量 |
|---|---|---|---|---|---|---|
| 1 | 1 | 2 | 2.5 | 9245 | 45 | 52 |
| 2 | 2 | 3 | 3 | 12456 | 235 | 326 |
| 3 | 4 | 5 | 3.1 | 6524 | 245 | 62 |
| 4 | 1 | 1 | 2.6 | 5261 | 74 | 52 |
| 5 | 4 | 4 | 3.4 | 5214 | 85 | 5 |
| 6 | 3 | 2 | 2.3 | 5214 | 42 | 6 |
| 1 | 3 | 5 | 2.6 | 2564 | 51 | 2 |

## 2 使用方法

**步骤 01** 打开【数据分析】对话框，选择【相关系数】选项，如左下图所示。

**步骤 02** 在【相关系数】对话框中设置区域。设置【输入区域】为所有数据表区域。选中【逐列】单选按钮和【标志位于第一行】复选框。设置【输出区域】为一个空白的单元格，单击【确定】按钮，如右下图所示。

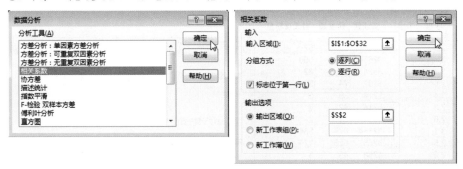

**步骤 03** 查看分析结果。在分析结果中，正数表示正相关，负数表示负相关。正数越大、负数越小就越说明相关性大。

如下图所示，"转发量"和"标题类型"的相关系数为 -0.60，是比较大的值。但是由于这里的"标题类型"数字使用的是代码，因此只能说明两者之间有较大的关系，并不能说明有负相关关系；而"阅读量"和"当天涨粉量"的相关系数为 0.87，说明两者呈正相关关系，即阅读量越大，涨粉量越大。

| | 标题类型 | 内容类型 | 插图数量 | 字数（千字） | 阅读量 | 转发量 | 当天涨粉量 |
|---|---|---|---|---|---|---|---|
| 标题类型 | 1 | | | | | | |
| 内容类型 | 0.158507221 | 1 | | | | | |
| 插图数量 | 0.074962723 | 0.388372198 | 1 | | | | |
| 字数（千字） | 0.179370401 | 0.152385087 | -0.031556949 | 1 | | | |
| 阅读量 | -0.536594718 | -0.329927461 | -0.149568221 | -0.020472229 | 1 | | |
| 转发量 | -0.599009749 | -0.020453157 | -0.093205442 | 0.041148701 | 0.795886517 | 1 | |
| 当天涨粉量 | -0.520902107 | -0.23632841 | -0.168258845 | -0.107887034 | 0.871639463 | 0.841720495 | 1 |

### 2.3.3 协方差

协方差工具可以分析变量因素对结果的影响，它与相关系数工具的使用方法类似，结果也很相似。两者的相同点都是研究变量对结果的影响，不同点是相关系数结果的取值范围为 -1~+1，而协方差则没有限定取值范围。

**步骤 01** 如下图所示，打开【协方差】对话框，设置计算条件。

**步骤 02** 查看结果。完成协方差计算后，查看返回结果，如下图所示。结果分析方法与相关系数类似，正数越大或负数越小时，都需要引起关注。在下图的结果中，当天涨粉量和阅读量的正值最大，说明两者呈正相关关系，阅读量越大，即当天涨粉量也越大。而阅读量和字数呈负相关关系，即字数越多，阅读量越少。

| | 字数（千字） | 阅读量 | 转发量 | 当天涨粉量 |
|---|---|---|---|---|
| 字数（千字） | 0.325015609 | | | |
| 阅读量 | -162.6668054 | 194251063.7 | | |
| 转发量 | 8.723413111 | 4124877.469 | 138279.0552 | |
| 当天涨粉量 | -11.68792924 | 2308526.144 | 59478.81582 | 36110.40999 |

## 2.3.4 指数平滑

在 Excel 工具箱中，指数平滑工具是通过加权平均的方法对未来数据进行预测，广泛应用于产量预测、销售预测和利润预测等方面。

### 1 基本思路

使用指数平滑工具需要具备一些统计学概念，但这些概念容易让新手摸不着头脑，从而无法正确使用指数平滑工具。下面对基本概念进行梳理，帮助新手快速明白使用该工具的要点。

从整体计算流程来看，使用 Excel 的指数平滑工具计算未来值的完整步骤如下图所示。

确定a值范围 → 用指数平滑工具进行计算，确定最佳a值 → 观察最佳a值下数据图表的波动趋势 → 根据波动的趋势线形状确定选择多少次指数平滑的计算方式 → 根据选择的平滑次数，用公式计算出未来值

理解了大的思路后，需要在实际操作中保证细节准确无误，其细节思路如下图所示。其中，阻尼系数 a 值的确定至关重要，这影响到数据预测的准确性。

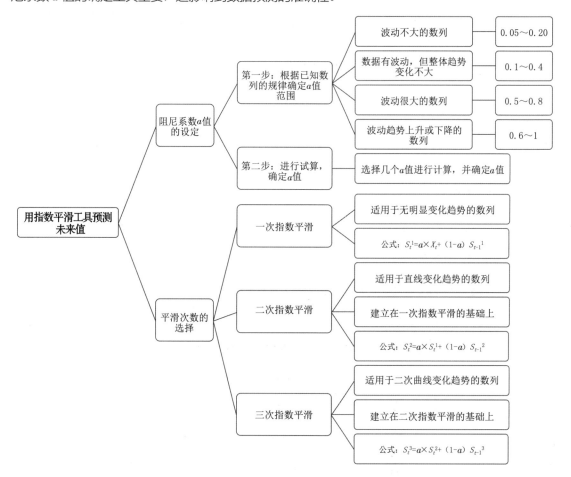

用指数平滑工具预测未来值

- 阻尼系数a值的设定
  - 第一步：根据已知数列的规律确定a值范围
    - 波动不大的数列 — 0.05～0.20
    - 数据有波动，但整体趋势变化不大 — 0.1～0.4
    - 波动很大的数列 — 0.5～0.8
    - 波动趋势上升或下降的数列 — 0.6～1
  - 第二步：进行试算，确定a值
    - 选择几个a值进行计算，并确定a值
- 平滑次数的选择
  - 一次指数平滑
    - 适用于无明显变化趋势的数列
    - 公式：$S_t^1 = a \times X_t + (1-a) S_{t-1}^1$
  - 二次指数平滑
    - 适用于直线变化趋势的数列
    - 建立在一次指数平滑的基础上
    - 公式：$S_t^2 = a \times S_t^1 + (1-a) S_{t-1}^2$
  - 三次指数平滑
    - 适用于二次曲线变化趋势的数列
    - 建立在二次指数平滑的基础上
    - 公式：$S_t^3 = a \times S_t^2 + (1-a) S_{t-1}^3$

使用指数平滑工具预测未来值时，要根据数列的趋势线条选择平滑次数。其中，无规律的曲线只需要用一次平滑即可，直线型趋势数据要用二次平滑，二次曲线数据要用三次平滑，如下图所示。

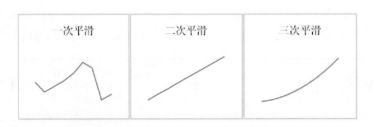

| 一次平滑 | 二次平滑 | 三次平滑 |
|---|---|---|

在确定平滑次数，并使用指数平滑工具进行计算后，就可以选择对应公式计算未来时间段的值。在 3 个平滑公式中：$a$ 表示阻尼系数。

例如，当已知 2000—2017 年的销量时，在以下 3 种情况下，2018 年的销量计算方法分别如下。

一次指数平滑：2018 年的销量$^{(一次)}$=$a$×2017 销量实际值＋（1－$a$）×2017 年的销量预测值$^{(一次)}$。

二次指数平滑：2018 年的销量$^{(二次)}$=$a$×2018 年的销量$^{(一次)}$＋（1－$a$）×2017 年的销量预测值$^{(二次)}$。

三次指数平滑：2018 年的销量$^{(三次)}$=$a$×2018 年的销量$^{(二次)}$＋（1－$a$）×2017 年的销量预测值$^{(三次)}$。

## ② 使用方法

在明白了指数平滑的计算思路后，下面来看一个实际例子。已知某企业 2000—2017 年的销量，现在需要预测 2018 年的销量。

步骤 **01** 判断阻尼系数范围。观察下图所示的数据，发现数据波动较大，但是整体趋势是上升的，那么初步判断系数取值范围为 0.1~0.4。

步骤 **02** 试算阻尼系数。确定阻尼系数的范围后，选择范围中的值进行试算，看哪个计算趋势与实际值最接近。这里选择 $a$=0.1、$a$=0.3、$a$=0.4 进行试算。其中 $a$=0.1 时的计算方法如下图所示。

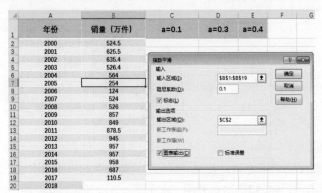

步骤 **03**　确定阻尼系数。如下图所示，对比 3 个取值情况下的图表输出情况，3 张图的趋势区别不大，但是第一张图，即阻尼系数为 0.1 时，预测值和实际值的趋势线最为接近，说明选择 0.1 为阻尼系数时，预测误差最小。

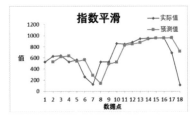 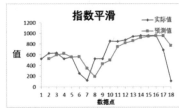 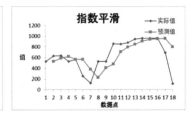

步骤 **04**　判断是否需要进行二次、三次指数平滑。由于步骤 03 中的趋势线是无规律的曲线波动，不是直线，也不是二次曲线。因此这里确定不需要进行二次、三次指数平滑计算。

步骤 **05**　选择公式计算 2018 年的销量。下图所示为阻尼系数为 0.1 时的计算结果，选择公式 $S_t^1 = a \times X_t + (1-a)S_{t-1}^1$ 计算 2018 年的销量，等于 0.1×110.5+（1-0.1）×714.088，最后结果为 653.73。该数值便是 2018 年的销量预测值。

| | A | B | C |
|---|---|---|---|
| 1 | **年份** | **销量（万件）** | **a=0.1** |
| 2 | **2000** | **524.5** | #N/A |
| 3 | **2001** | **625.5** | 524.5 |
| 4 | **2002** | **635.4** | 615.4 |
| 5 | **2003** | **526.4** | 633.4 |
| 6 | **2004** | **564** | 537.1 |
| 7 | **2005** | **254** | 561.31 |
| 8 | **2006** | **124** | 284.731 |
| 9 | **2007** | **524** | 140.0731 |
| 10 | **2008** | **526** | 485.60731 |
| 11 | **2009** | **857** | 521.960731 |
| 12 | **2010** | **849** | 823.4960731 |
| 13 | **2011** | **878.5** | 846.4496073 |
| 14 | **2012** | **945** | 875.2949607 |
| 15 | **2013** | **957** | 938.0294961 |
| 16 | **2014** | **957** | 955.1029496 |
| 17 | **2015** | **958** | 956.810295 |
| 18 | **2016** | **687** | 957.8810295 |
| 19 | **2017** | **110.5** | 714.0881029 |
| 20 | **2018** | | |

　　如果进行一次指数平滑计算后，发现趋势线是直线，那么就需要继续进行二次指数平滑。方法如下图所示，此时的输入区域就变成了一次指数平滑后的结果区域。后面的计算方法与一次指数平滑类似，这里不再赘述。

同样的道理，如果进行一次指数平滑计算后，发现趋势线是二次曲线，就需要进行二次和三次指数平滑，第三次指数平滑的输入区域为二次指数平滑的计算结果区域。

| | A | B | C | D | E |
|---|---|---|---|---|---|
| 1 | 年份 | 销量（万件） | 一次指数平滑 a=0.1 | 二次指数平滑 a=0.1 | |
| 2 | 2000 | 524.5 | #N/A | | |
| 3 | 2001 | 625.5 | 524.5 | | |
| 4 | 2002 | 635.4 | 615.4 | | |
| 5 | 2003 | 526.4 | 633.4 | | |
| 6 | 2004 | 564 | 537.1 | | |
| 7 | 2005 | 254 | 561.31 | | |
| 8 | 2006 | 124 | 284.731 | | |
| 9 | 2007 | 524 | 140.0731 | | |
| 10 | 2008 | 526 | 485.60731 | | |
| 11 | 2009 | 857 | 521.960731 | | |
| 12 | 2010 | 849 | 823.4960731 | | |
| 13 | 2011 | 878.5 | 846.44960073 | | |
| 14 | 2012 | 945 | 875.2949607 | | |
| 15 | 2013 | 957 | 938.0294961 | | |
| 16 | 2014 | 957 | 955.1029496 | | |
| 17 | 2015 | 958 | 956.810295 | | |
| 18 | 2016 | 687 | 957.8810295 | | |
| 19 | 2017 | 110.5 | 714.0881029 | | |
| 20 | 2018 | | | | |

指数平滑

输入
输入区域(I): $C$3:$C$19
阻尼系数(D): 0.1
☐ 标志(L)

输出选项
输出区域(O): $D$3
新工作表组(P):
新工作簿(W)
☑ 图表输出(C)   ☐ 标准误差

确定
取消
帮助(H)

## 2.3.5 移动平均

Excel 中的移动平均工具和指数平滑工具一样，也是计算未来值的一种工具，通过分析变量的时间发展趋势进行预测。其计算原理是，通过时间的推进，依次计算一定期数内的平均值，形成平均值时间序列，从而反映对象的发展趋势，实现未来值预测。用移动平均工具计算未来值的思路如下图所示。

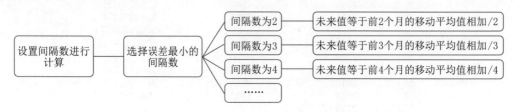

从思路中可以看出，用移动平均工具计算未来值，关键在于间隔数的设置。间隔数表示在求平均值时所取平均值的个数，如间隔数为 3，表示取前 3 个数的平均值。

用移动平均工具计算未来值的具体操作步骤如下。

**步骤 ①** 设置间隔计算平均值。现有一份2000—2017年的推广成本数据，需要预算2018年的成本费用。打开【移动平均】对话框，设置数据区域，并设置【间隔】为"2"，如下图所示。用同样的方法，计算出间隔数为3和4时的平均值。

| | A | B | C | D | E | F | G |
|---|---|---|---|---|---|---|---|
| 1 | 时间 | 推广成本（万元） | 间隔=2 | 间隔=3 | 间隔=4 | | |
| 2 | 2000年 | 0.5 | | | | | |
| 3 | 2001年 | 1.1 | | | | | |
| 4 | 2002年 | 1.3 | | | | | |
| 5 | 2003年 | 1.4 | | | | | |
| 6 | 2004年 | 1.5 | | | | | |
| 7 | 2005年 | 1.6 | | | | | |
| 8 | 2006年 | 2.1 | | | | | |
| 9 | 2007年 | 2.6 | | | | | |
| 10 | 2008年 | 2.5 | | | | | |
| 11 | 2009年 | 2.6 | | | | | |
| 12 | 2010年 | 3.5 | | | | | |
| 13 | 2011年 | 3.4 | | | | | |
| 14 | 2012年 | 2.9 | | | | | |
| 15 | 2013年 | 2.5 | | | | | |
| 16 | 2014年 | 2.6 | | | | | |
| 17 | 2015年 | 3.5 | | | | | |
| 18 | 2016年 | 4.4 | | | | | |
| 19 | 2017年 | 4.9 | | | | | |
| 20 | 2018年 | | | | | | |

移动平均对话框：
输入
输入区域(I)：$B$1:$B$19
☑ 标志位于第一行(L)
间隔(N)：2
输出选项
输出区域(O)：$C$2
新工作表组(P)：
新工作簿(W)
☑ 图表输出(C)　□ 标准误差
确定　取消　帮助(H)

**步骤 ②** 确定最佳间隔数。3种间隔设置情况下的移动平均值计算结果如下图所示，从图中可以明显看出最左边间隔数为2时，误差最小。

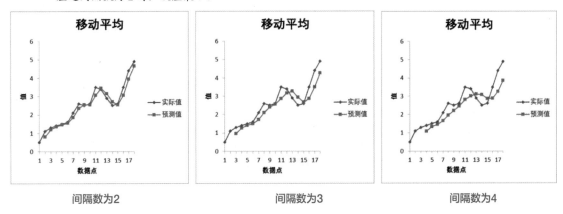

间隔数为2　　　　　间隔数为3　　　　　间隔数为4

**步骤 ③** 计算未来值。当确定平均间隔数为2后，就可以利用计算出来的移动平均值数据计算2018年的成本费用了。方法是用2016年和2017年的移动平均值数据之和除以2，即（3.95+4.65)/2=4.3,如下图所示。

| | A | B | C |
|---|---|---|---|
| 1 | 时间 | 推广成本（万元） | 间隔=2 |
| 2 | 2000年 | 0.5 | #N/A |
| 3 | 2001年 | 1.1 | 0.8 |
| 4 | 2002年 | 1.3 | 1.2 |
| 5 | 2003年 | 1.4 | 1.35 |
| 6 | 2004年 | 1.5 | 1.45 |
| 7 | 2005年 | 1.6 | 1.55 |
| 8 | 2006年 | 2.1 | 1.85 |
| 9 | 2007年 | 2.6 | 2.35 |
| 10 | 2008年 | 2.5 | 2.55 |
| 11 | 2009年 | 2.6 | 2.55 |
| 12 | 2010年 | 3.5 | 3.05 |
| 13 | 2011年 | 3.4 | 3.45 |
| 14 | 2012年 | 2.9 | 3.15 |
| 15 | 2013年 | 2.5 | 2.7 |
| 16 | 2014年 | 2.6 | 2.55 |
| 17 | 2015年 | 3.5 | 3.05 |
| 18 | 2016年 | 4.4 | 3.95 |
| 19 | 2017年 | 4.9 | 4.65 |
| 20 | 2018年 | 4.3 | |

## 2.3.6 描述统计

在进行数据分析时，面对一组数据，通常要先对数据进行基本的描述统计，了解数据的概况，从而发现更多的内部规律，方便选择下一步分析方向。对数据进行描述统计，需要描述的方面包括数据的频数分析、集中趋势分析、离散程度分析、数据分布等。对数据进行多方面的描述分析，可以用 Excel 的描述统计工具一次性完成，具体操作步骤如下。

步骤 01 分析设置。某公司通过微店引流销售商品，现统计了一年（12 个月）中微信文章阅读量、收藏量及购物量的数据。如下图所示，打开【描述统计】对话框，设置数据区域，并选中【汇总统计】复选框。

| | A | B | C | D | E | F |
|---|---|---|---|---|---|---|
| 1 | 日期 | 阅读量 | 收藏量 | 购物量（件） | | |
| 2 | 1月 | 124514 | 516 | 514 | | |
| 3 | 2月 | 245164 | 624 | 526 | | |
| 4 | 3月 | 326547 | 528 | 854 | | |
| 5 | 4月 | 265472 | 487 | 758 | | |
| 6 | 5月 | 326548 | 957 | 957 | | |
| 7 | 6月 | 524625 | 1012 | 845 | | |
| 8 | 7月 | 625487 | 1245 | 658 | | |
| 9 | 8月 | 846578 | 2624 | 748 | | |
| 10 | 9月 | 954875 | 5215 | 957 | | |
| 11 | 10月 | 625487 | 4257 | 854 | | |
| 12 | 11月 | 1124578 | 5947 | 859 | | |
| 13 | 12月 | 1254648 | 6254 | 1267 | | |
| 14 | | | | | | |
| 15 | | | | | | |

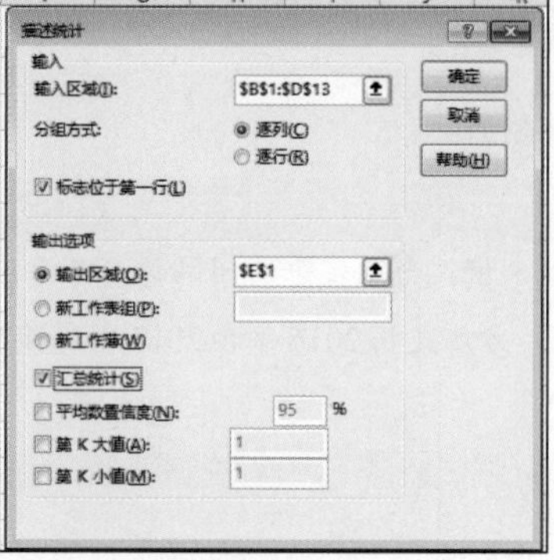

描述统计对话框：
输入
输入区域(I)：$B$1:$D$13
分组方式：● 逐列(C) ○ 逐行(R)
☑ 标志位于第一行(L)

输出选项
● 输出区域(O)：$E$1
○ 新工作表组(P)：
○ 新工作簿(W)
☑ 汇总统计(S)
□ 平均数置信度(N)：95 %
□ 第 K 大值(A)：1
□ 第 K 小值(M)：1

确定　取消　帮助(H)

步骤 **02** 查看统计结果。此时便根据数据生成了描述统计结果，如右图所示，图中显示了阅读量、收藏量、购物量的数据概况，包括平均数、中位数、最大和最小值等描述统计结果。

| 阅读量 | | 收藏量 | | 购物量（件） | |
|---|---|---|---|---|---|
| 平均 | 603710.3 | 平均 | 2472.167 | 平均 | 816.4167 |
| 标准误差 | 106981.9 | 标准误差 | 662.8981 | 标准误差 | 58.83947 |
| 中位数 | 575056 | 中位数 | 1128.5 | 中位数 | 849.5 |
| 众数 | 625487 | 众数 | #N/A | 众数 | 854 |
| 标准差 | 370596 | 标准差 | 2296.347 | 标准差 | 203.8259 |
| 方差 | 1.37E+11 | 方差 | 5273207 | 方差 | 41544.99 |
| 峰度 | -0.97569 | 峰度 | -1.28319 | 峰度 | 1.275488 |
| 偏度 | 0.507698 | 偏度 | 0.765402 | 偏度 | 0.522993 |
| 区域 | 1130134 | 区域 | 5767 | 区域 | 753 |
| 最小值 | 124514 | 最小值 | 487 | 最小值 | 514 |
| 最大值 | 1254648 | 最大值 | 6254 | 最大值 | 1267 |
| 求和 | 7244523 | 求和 | 29666 | 求和 | 9797 |
| 观测数 | 12 | 观测数 | 12 | 观测数 | 12 |

## 2.3.7 排位与百分比排位

在进行数据分析时，通常需要分析各数据的排名情况。例如，对销售数据进行分析时，面对成百上千种商品的销量数据，要想按照销量从大到小的排名进行分析，就可以使用 Excel 分析工具中的排位与百分比排位工具来完成。

使用排位与百分比排位工具分析数据，会生成一个数据表，表中包含销量数据中各数据的顺序排位和百分比排位，目的是分析各对象数值的相对位置关系，具体操作步骤如下。

步骤 **01** 分析设置。某网店在统计每日销售数据时，针对不同的商品统计了一份销量数据，现在需要分析销量数据的排名。如下图所示，打开【排位与百分比排位】对话框，设置数据区域。

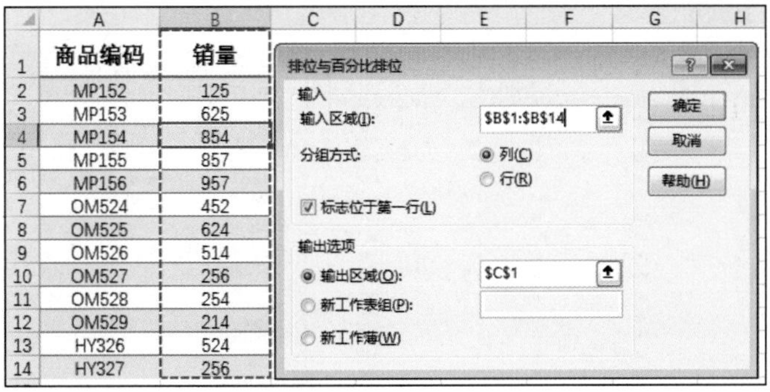

**步骤 02** 查看分析结果。如下图所示,使用排位与百分比排位功能后,会生成一个数据表。其中,【点】表示该商品在原表格中的位置点数;【排位】表示对应商品的销量排位;【百分比】表示对应商品的销量百分比排位。例如,销量为957的商品,在表格中是第5个位置;销量为957的商品,百分比为100.00%,表示它的销量数值大小超过了100%的商品。又如,销量为857的商品,百分比为91.60%,表示它的销量数值大小超过了91.6%的商品。

| | A | B | C | D | E | F |
|---|---|---|---|---|---|---|
| 1 | 商品编码 | 销量 | 点 | 销量 | 排位 | 百分比 |
| 2 | MP152 | 125 | 5 | 957 | 1 | 100.00% |
| 3 | MP153 | 625 | 4 | 857 | 2 | 91.60% |
| 4 | MP154 | 854 | 3 | 854 | 3 | 83.30% |
| 5 | MP155 | 857 | 2 | 625 | 4 | 75.00% |
| 6 | MP156 | 957 | 7 | 624 | 5 | 66.60% |
| 7 | OM524 | 452 | 12 | 524 | 6 | 58.30% |
| 8 | OM525 | 624 | 8 | 514 | 7 | 50.00% |
| 9 | OM526 | 514 | 6 | 452 | 8 | 41.60% |
| 10 | OM527 | 256 | 9 | 256 | 9 | 25.00% |
| 11 | OM528 | 254 | 13 | 256 | 9 | 25.00% |
| 12 | OM529 | 214 | 10 | 254 | 11 | 16.60% |
| 13 | HY326 | 524 | 11 | 214 | 12 | 8.30% |
| 14 | HY327 | 256 | 1 | 125 | 13 | 0.00% |

## 2.3.8 回归

Excel 中的回归分析工具是通过对数据使用"最小二乘法"的直线拟合来执行线性回归分析。其作用是,分析目标数据是如何受到一个或多个变量影响的。例如,分析商品的销售金额是如何受到客户的年龄、性别、身高等因素影响的,就可以通过回归分析确定其变量对目标数据的影响权重大小,并使用该结果对未来的数据做出预测。具体的操作步骤如下。

**步骤 01** 分析设置。下图所示为一家服装店的数据统计,现在需要分析客户的年龄、身高、体重、性别对客户最终消费金额的影响。打开【回归】对话框,在【Y值输入区域】输入客户消费金额的数据区域,即因变量区域,在【X值输入区域】输入4项因变量数据区域,并选中【标志】复选框,在【输出选项】栏设置【输出区域】。

**步骤 02** 查看结果。完成分析后，其结果如下图所示。

| SUMMARY OUTPUT | | | | | | | | |
|---|---|---|---|---|---|---|---|---|
| **回归统计** | | | | | | | | |
| Multiple R | 0.830671407 | | | | | | | |
| R Square | 0.690014986 | | | | | | | |
| Adjusted R Square | 0.552243868 | | | | | | | |
| 标准误差 | 138.673571 | | | | | | | |
| 观测值 | 14 | | | | | | | |
| | | | | | | | | |
| **方差分析** | | | | | | | | |
| | df | SS | MS | F | Significance F | | | |
| 回归分析 | 4 | 385254.51 | 96313.62751 | 5.008415396 | 0.021103449 | | | |
| 残差 | 9 | 173073.2335 | 19230.35928 | | | | | |
| 总计 | 13 | 558327.7436 | | | | | | |
| | | | | | | | | |
| | Coefficients | 标准误差 | t Stat | P-value | Lower 95% | Upper 95% | 下限 95.0% | 上限 95.0% |
| Intercept | 1896.680067 | 1189.661863 | 1.594301814 | 0.14533271 | -794.5220383 | 4587.882172 | -794.5220383 | 4587.882172 |
| 客户年龄 | 34.99129006 | 28.62134745 | 1.222559145 | 0.252545284 | -29.75469609 | 99.73727621 | -29.75469609 | 99.73727621 |
| 客户身高（厘米） | -5.429783845 | 5.185183638 | -1.047172911 | 0.322326968 | -17.15948415 | 6.299916463 | -17.15948415 | 6.299916463 |
| 客户体重（千克） | -19.0977374 | 5.434219901 | -3.514347551 | 0.006573556 | -31.39079687 | -6.804677926 | -31.39079687 | -6.804677926 |
| 客户性别（1为男，2为女） | -142.7611971 | 134.4906764 | -1.061495123 | 0.31611798 | -447.000244 | 161.4778499 | -447.000244 | 161.4778499 |

图中的结果分为 3 个部分，需要关注的数据如下。

（1）回归统计

Multiple R 表示自变量和因变量之间的相关系数，在 −1~1 之间，绝对值越靠近 1 表示相关性越强，在上图的结果中绝对值为 0.8306，说明这 4 项因素对客户最终消费金额影响很大。

R Square：表示自变量导致因变量变化的程度。自变量为一个时需要重点关注。

Adjusted R Square：表示自变量对因变量变化的百分比程度。自变量为多个时需要重点关注，在本例中，应该更关注此值。

标准误差：用来衡量拟合程度的大小，该值越小，说明拟合程度越好。

观测值：表示自变量的数据个数，在本例中，每个自变量有 14 个。

（2）方差分析

在这部分的结果中，主要关注 Significance F 值，以统计常用的 0.05 显著水平为界限。这里的值为 0.02，小于 0.05，则检验通过，说明整体回归方差显著有效。换句话说，该值衡量的是整个回归模型的有效度。

（3）回归参数表

Coefficients：表示回归系数。

标准误差：误差值越小，表明参数的精确度越高。

P-value：衡量的是两个变量之间的关系有效度。

## 2.3.9　抽样

在数据分析时，当样本数据太多，只需要抽取部分数据代表整体数据进行分析时，为了保证所抽取的结果没有人为的选择偏好，可以用 Excel 的抽样工具进行数据样本抽取。

抽样数据以所有原始数据为样本来源，从中创建一个样本数据组。抽样的方法有两种：一种是周期抽取，适合于原始数据呈周期性趋势分布时使用；另一种是随机抽取，适合于原始数据数量太多时使用。这两种方法都能保证抽取的样本具有代表性。下面以随机抽样的方法为例进行讲解。

步骤 01　抽样设置。某企业需要分析今年生产的商品数据，由于商品较多，不能全部分析，因此选择抽取 10 种商品进行分析。如左下图所示，在打开的【抽样】对话框中进行抽样设置。

步骤 02　查看抽样结果。最后成功抽取的 10 个样本数据如右下图所示。这 10 个样本完全随机抽取，不存在人为因素的偏差，可以代表整体商品进行分析。

Excel 工具中有 t- 检验和 z- 检验工具，两者都是用来验证推论的工具。其中 t- 检验工具用于推论差异发生的概率，以分析两个对象之间是否存在差异，从而进行数据验证。z- 检验通常用于样本数较多时的检验（样本数大于 30），通过正态分布理论来推断对象之间差异发生的概率，从而验证对象是否存在差异。

在实际运用中，t- 检验的使用频率较高，一共有 3 种检验方式，下面以【t- 检验：平均值的成对二样本分析】方法为例进行讲解。

【t- 检验：平均值的成对二样本分析】是常用的检验方法，适用于检测条件改变之前和改变之后的数据差异。例如，对商品价格上升前和上升后的数据进行检验，以分析价格上升是否影响了销量。具体操作步骤如下。

**步骤 01** 分析设置。某企业改变了商品定价策略，将在销售的 19 款商品提升了价格。现在需要分析价格提高是否影响了销量，做 H0 假设为价格提高对销量有影响，H1 假设为价格提高对销量没有影响。如下图所示，在打开的【t- 检验：平均值的成对二样本分析】对话框中进行设置。

**步骤 02** 分析结果。检验结果如下图所示，从平均值来看，提高价格后，销量平均值上升，从 P 值来看，小于 0.05，说明 H0 假设成立。提高价格对销量有影响，价格提高后，销量也提高了。

| t-检验: 成对双样本均值分析 | | |
|---|---|---|
| | 提高价格前销量（件） | 提高价格后销量（件） |
| 平均 | 277.7368421 | 388.7368421 |
| 方差 | 7844.315789 | 28705.64912 |
| 观测值 | 19 | 19 |
| 泊松相关系数 | 0.185529913 | |
| 假设平均差 | 0 | |
| df | 18 | |
| t Stat | -2.748817033 | |
| P(T<=t) 单尾 | 0.006602814 | |
| t 单尾临界 | 1.734063607 | |
| P(T<=t) 双尾 | 0.013205628 | |
| t 双尾临界 | 2.10092204 | |

 **高手自测 6** 小李需要使用如下图所示的数据分析商品在各地的总销量，应该使用什么数据分析工具？

扫描看答案

| | A | B | C | D | E | F | G |
|---|---|---|---|---|---|---|---|
| 1 | 商品编码 | 销量（件） | 地区 | 销售员 | 售价（元） | 销售额（元） | 日期 |
| 2 | KH514 | 52 | 上海 | 王丽 | 56.5 | 2938 | 3月1日 |
| 3 | KH515 | 62 | 北京 | 赵强 | 51.9 | 3217.8 | 3月2日 |
| 4 | KH516 | 85 | 天津 | 李明 | 52.6 | 4471 | 3月3日 |
| 5 | KH517 | 561 | 上海 | 赵强 | 52.9 | 29676.9 | 3月4日 |
| 6 | KH518 | 85 | 河北 | 赵强 | 98 | 8330 | 3月5日 |
| 7 | KH519 | 74 | 广州 | 王丽 | 94 | 6956 | 3月6日 |
| 8 | KH520 | 95 | 北京 | 李明 | 98 | 9310 | 3月7日 |
| 9 | KH521 | 101 | 天津 | 赵强 | 75 | 7575 | 3月8日 |
| 10 | KH522 | 256 | 北京 | 赵强 | 85 | 21760 | 3月9日 |
| 11 | KH523 | 352 | 天津 | 王丽 | 7 | 2464 | 3月10日 |
| 12 | KH524 | 415 | 上海 | 李明 | 4 | 1660 | 3月11日 |
| 13 | KH525 | 241 | 河北 | 李明 | 85 | 20485 | 3月12日 |
| 14 | KH526 | 521 | 广州 | 王丽 | 74 | 38554 | 3月13日 |
| 15 | KH527 | 526 | 北京 | 李明 | 8 | 4208 | 3月14日 |
| 16 | KH528 | 524 | 天津 | 王丽 | 563.5 | 295274 | 3月15日 |
| 17 | KH529 | 521 | 上海 | 王丽 | 68.9 | 35896.9 | 3月16日 |
| 18 | KH530 | 425 | 天津 | 李明 | 67.9 | 28857.5 | 3月17日 |
| 19 | KH531 | 526 | 上海 | 李明 | 66.5 | 34979 | 3月18日 |
| 20 | KH532 | 524 | 北京 | 王丽 | 64.3 | 33693.2 | 3月19日 |
| 21 | KH533 | 524 | 天津 | 李明 | 67.4 | 35317.6 | 3月20日 |

 **高手神器②**

## 提高Excel分析效率的工具——方方格子

Excel 是容易上手的数据分析工具，但其功能有局限性，即有操作不便的地方。此时可以通过安装插件来解决问题，使 Excel 数据分析更加灵活。

这里介绍一个插件工具——方方格子，包括上百个实用功能，如文本处理、批量输入、删除工具、合并转换、重复值工具、数据对比、高级排序、颜色排序、合并单元格排序、聚光灯、宏收纳箱等。

下图所示为方方格子中的众多工具，可以帮助提高数据分析时的效率，尤其能帮助 Excel 新手解决数据分析时的难题。例如，【高级文本处理】工具中的【删除空格】功能，在数据分析过程中，空格的存在很可能影响分析结果，使用此功能可以一键解决问题。

方方格子还考虑到 Excel 操作时的一些不便，并提供了解决方法。例如，表格数据太多时会使人眼花缭乱，此时可以使用【聚光灯】功能帮助数据阅读，效果如下图所示。有了聚光灯功能定位数据，再也不会出现数据混淆的情况。

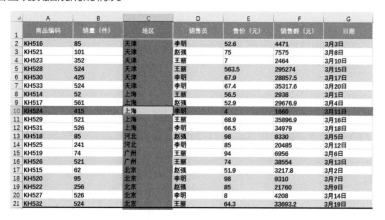

在方方格子插件中，还有专门的【数据分析】功能模块，其中的【统计与分析】菜单如左下图所示。使用这些分析功能，可以提高分析效率，帮助新手解决难题。如右下图所示，使用【对数值进行划分级别】功能，可以设定评级标准，从而快速分析一组数据中，哪些数据合格、哪些数据不合格。这样的功能解决了新手不会函数输入的问题。

# 3

# 从0开始：正确建立自己的数据表

数据表尚未建立完成就急着数据分析，犹如隔空建楼，结局只有一个——轰然倒塌。

数据分析时要脚踏实地，首先要使用 Excel 认真输入数据（或从系统导出数据，或从第三方获取数据），再系统地学习数据输入时的基本操作及技巧，学会使用现代化工具，如 Excel 易用宝、金数据、问卷星等，轻松、快速收集信息，实现数据的高效统计。让原始数据表呈现出最专业、严谨的水准，是高手赋予数据分析的唯美开端。

**1** 数据表建立，就是在 Excel 表格中输入数字这么简单吗？

**2** 要如何建立规范的 Excel 数据表，才能避免后期数据分析时出现错误？

**3** 网络数据量太大，又分散，去哪里找专业又权威的特定数据呢？

**4** 没有数据，只能进行调查统计，这么大的工作量如何能既快速又高效地解决？

# 3.1 高手点拨：让你少走弯路

建立数据表是数据分析的第一步，也是最容易掉以轻心的步骤。建立数据表不仅仅是将数据输入表格，否则后期会因为一些表格"陷阱"导致分析失误。因此，在输入数据前，有必要系统地了解 Excel 操作常识与技巧，从实操的层面提高数据分析的准确性和效率。

## 3.1.1 5项表格操作要点，你是否都会

Excel 是一个强大、功能多样的数据分析工具，从数据输入的层面来说，懂得工作区、视图的基本操作，以及数据输入后常用到的调整操作，是数据输入的必备常识。

### 1 区分工作表与工作簿

"工作表"与"工作簿"常常被人混淆。"工作簿"是指一个 Excel 文件，其中可以包含多个"工作表"。在数据输入时，根据实际需要，可以将数据输入不同的工作表中，并为工作表命名或添加颜色以示区分。在 Excel 文件中输入数据的开始步骤如下图所示。

左下图所示为一份名为"行政数据"的工作簿文件，其中包括名为"绩效考核表""员工信息表"的工作表，分别用来存放绩效和员工信息相关的数据。"员工信息表"的工作表添加了标签颜色，表示引起关注。单击【新工作表】按钮，可以增加工作表。

如右下图所示，右击工作表名称后，会弹出一个菜单，在菜单中包括了对工作表的删除、重命名、添加标签颜色等操作。

## 2 学会调整视图大小

Excel 表格中输入大量数据后，如果想要放大数据看细节怎么办？数据输入完成后，想要看一下数据全貌怎么办？其方法就是调整视图大小，让视图呈现最佳需求效果。

视图的缩放有两种方式：一种是在界面右下方，拖动【缩放】滑块进行缩放，如左下图所示；另一种是按住【Ctrl】键再滑动鼠标中间的滚轮调节大小，如右下图所示。在实际工作中，使用第二种方式更便捷。

## ③ 增加 / 删除单元格

在表格中输入了多组数据后，突然发现需要增加一组数据，此时就需要用到增加单元格的操作。其操作步骤是，将鼠标指针放到行的上方或列的左边，当鼠标指针变为黑色箭头时单击，就会选中整行或整列，如左下图所示。然后右击选中的行或列，在弹出的快捷菜单中选择【插入】选项，就会在行的上边或列的左边插入一行或一列空白单元格，如右下图所示。如果选择【删除】选项，就会删除选中的列或行。

## ④ 学会冻结窗格

数据分析经常面对海量数据，当 Excel 表格中输入了数百行数据时，看不到表的第一行数据名称怎么办？当需要某列重要信息固定显示时怎么办？解决方法是使用【冻结窗格】功能，它可以保持表格某行 / 某列数据固定显示。

冻结窗格一共有 3 种方式，冻结拆分窗格、冻结首行和冻结首列，后两种比较好理解，下面讲解如何冻结拆分窗格。如左下图所示，希望第 11 行数据保持显示，因此选中第 12 行的第一个单元格，选择【视图】选项卡下【冻结窗格】下拉菜单中的【冻结拆分窗格】选项。结果如右下图所示，即使拖动表格滑块，第 11 行及以上的数据都会被冻结，保持显示。

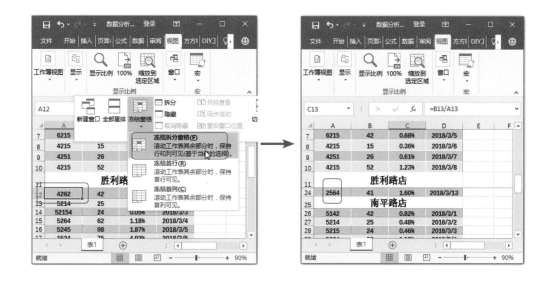

## ⑤ 单元格合并与取消合并

为了使表格数据显得更有逻辑性，通常需要用到【合并单元格】功能。如下图所示，表中的数据均属于"销售A部"的销量数据，因此需要合并"A2：A5"单元格区域。选中该区域，选择【合并后居中】下拉菜单中的【合并单元格】选项即可。选择【取消单元格合并】选项则可以取消合并单元格。

需要注意的是，为了方便后期数据分析，在前期输入数据时，应尽量减少单元格的合并。如果原始数据中本来就有很多合并的单元格，就可能需要取消合并单元格，方便后期分析。具体细节将在数据透视表章节中进行详细讲解，这里只需要了解此功能即可。

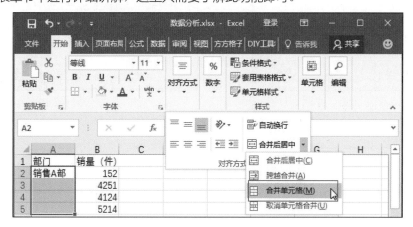

## 3.1.2 Excel高手会使用的5个绝招

Excel 软件有许多操作技巧，一个技巧的知识缺漏就可能需要耗费几个小时来解决问题。下面介绍 5 个常用的、功能强大的技巧。

### ① 定位功能

Excel 定位功能十分强大，可以以不同的条件快速定位到目标数据内容。方法是按【Ctrl+G】组合键，打开【定位】对话框，如左下图所示。然后在【定位条件】对话框中，选择需要的定位方式，如定位有错误的公式、定位空值单元格等，如右下图所示。

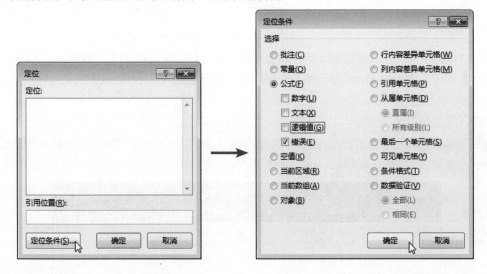

### ② 复制功能

建立数据库时，如果数据太多，就需要使用能提高效率的方法。例如，将【复制】功能用得"出神入化"就可以节省不少时间。

（1）拖动复制

如果输入的内容是序列性的，如1,2,3…或1,3,5…及需要输入相同的内容，就可以使用拖动复制的方法来完成。如左下图所示，输入第一行的"时间"和"部门"后，时间需要呈序列显示，部门则是相同的。这时可以选中"1月"和"A部"单元格，将鼠标指针放到单元格右下方，按住鼠标左键不放往下拖动。完成复制的效果如右下图所示，时间呈序列复制，而"A部"则进行了相同内容的复制。完成复制后，可以单击按钮，调整复制方式。

（2）输入时复制

在输入数据时，需要在不连续单元格内输入相同的内容，可以用另外的复制方法。如下图（左）所示，在"性别"列按住【Ctrl】键选中需要输入"男"的单元格。然后在其中一个单元格中输入"男"，如下图（中）所示。最后按【Ctrl+Enter】组合键，此时选中的单元格中都输入了"男"，如下图（右）所示。

## 3 粘贴功能

Excel复制粘贴有多种形式，尤其是复制带公式、格式的数据时，需要灵活使用【粘贴】功能。

合理使用【粘贴】功能，可以在使用第三方数据表时，快速将数据复制粘贴到自己的数据表中。

其方法是，复制数据后，选择【粘贴】菜单中的【选择性粘贴】选项，打开【选择性粘贴】对话框，如左下图所示。在这里可以组合设置粘贴方式，如图中的选项设置表示要粘贴非空单元格的数据，并且转置粘贴。转置的意思是行列互换，将原来是以列排列的数据粘贴成以行排列，效果如右下图所示。

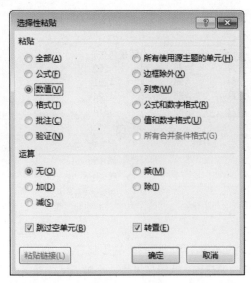
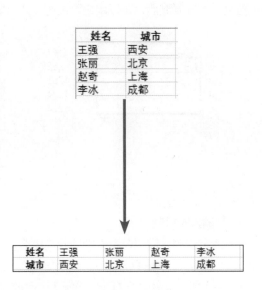

## ④ 重复上一步功能

在 Excel 中按【F4】键能重复上一步功能。例如，为某单元格设置了字体、颜色、缩进等格式，再切换到另外的工作表中，选中需要进行相同设置的单元格，按【F4】键，就自动重复相同的操作了。

## ⑤ 分列功能

在建立数据表时常遇到这样的情况：所获得的数据与实际需要的数据呈现方式有出入。例如，原始数据中地址列为"云南省昆明市官渡区"，但实际需要省份数据、城市数据、区域数据都单独成列。这种类似的情况都可以使用【分列】功能进行解决。

如左下图所示，分列的方式可以是某种分隔符号，也可以是固定的宽度。分隔符号的选择也十分多样，如右下图所示，可以选择以【Tab】键、分号、逗号等形式为数据分列。如果没有需要的分隔符号，也可以手动输入分隔符，如在【其他】中输入中文逗号。

新手最容易犯的10个错误

在使用 Excel 建立数据表时，养成规范、良好的制表习惯至关重要，这不仅有益于后期数据分析的顺利进行，而且能体现专业素质。下面介绍一些新手容易犯的规范上的错误。

## 1 随意插入空格

很多新手在制表时容易随意插入空格，认为这样可以更有条理地显示数据，如右图所示。事实上，这样的空格完全没有添加的意义，并且会导致数据表无法使用【分类汇总】和【透视表】功能分析数据。

| | A | B | C |
|---|---|---|---|
| 1 | 产量（件） | 车间 | 日期 |
| 2 | 1254 | A车间 | 1月 |
| 3 | 2154 | A车间 | 1月 |
| 4 | 5214 | A车间 | 1月 |
| 5 | 2514 | A车间 | 1月 |
| 6 | | | |
| 7 | 2514 | B车间 | 1月 |
| 8 | 2154 | B车间 | 1月 |
| 9 | 2624 | B车间 | 1月 |
| 10 | 1542 | B车间 | 1月 |
| 11 | 1254 | B车间 | 1月 |

## 2 数值和单位放在一个单元格内

制作数据表时，给数据添加单位是一个好的习惯，但是如何添加单位就体现了专业性。如右图所示，将数据和单位放在一个单元格内，虽然表面上看起来没有问题，但是却导致单元格内不是纯数据，无法进行计算。

| 商品 | 销量 | 销售员 |
|---|---|---|
| 上衣 | 55件 | 王丽 |
| 长裤 | 101条 | 张强 |
| 裙子 | 75条 | 刘琦 |
| 鞋子 | 89双 | 赵丽 |

## 3 数据格式不对应

在 Excel 中，不同类型的数据都有不同的格式，如日期数据有对应的日期格式、文本数据有对应的文本格式。格式设置关系到后期的统计分析能否正确进行，如下图所示，选中日期数据，在【数字】下拉菜单中可以看到其格式是【文本】格式，这就是一个格式上的错误。

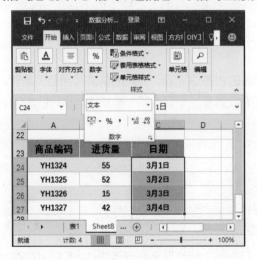

## 4 插入空格对齐文字

单元格中文字长度不一致，如姓名，有两个字和三个字的。为了让文字显示对齐，使用添加空格的方法是错误的，如左下图所示，在两个字的姓名中间加入空格，强行对齐。正确的设置方法是，选中需要对齐的单元格区域，单击【开始】选项卡下【数字】组中的对话框启动器 ⌐，打开【设置单元格格式】对话框，如右下图所示，设置【水平对齐】为【分散对齐（缩进）】。

| 商品 | 销量（件） | 销售员 |
|------|-----------|--------|
| 上衣 | 55 | 王　丽 |
| 外套 | 62 | 刘东一 |
| T恤 | 42 | 刘　琦 |
| 背心 | 51 | 赵　丽 |

## ⑤　数据记录和汇总混合输入

在制作数据表时，为了方便查看数据汇总，有的新手会在原始数据记录表中进行汇总，导致数据记录和汇总记录混合，如下图所示。虽然表格中按照每 5 天进行了一次"小计"计算，但是却破坏了数据输入的规律，影响后面数据分析。更何况，这样的汇总完全可以使用【透视表】功能快速查看。

| 日期 | 网页流量（个） | 商品转化量（件） |
|------|-------------|---------------|
| 2018/6/1 | 1524 | 52 |
| 2018/6/2 | 5214 | 41 |
| 2018/6/3 | 5214 | 52 |
| 2018/6/4 | 5214 | 62 |
| 2018/6/5 | 2514 | 52 |
| 小计 | 19680 | 259 |
| 2018/6/6 | 2514 | 42 |
| 2018/6/7 | 2524 | 5 |
| 2018/6/8 | 1254 | 441 |
| 2018/6/9 | 1254 | 52 |
| 2018/6/10 | 1254 | 66 |
| 小计 | 8800 | 606 |

## ⑥　不必要的工作表划分

一个 Excel 文件可以建立多张工作表，于是新手就容易分表输入数据，导致后期数据合并统计困难。尤其是连续时间段的数据，更不应该分表输入。如下图所示，两张表格中的数据字段完全一样，只是因为时间不同就分表输入。其实完全可以加一列"时间"，将表合并输入。

## 7 插入多行标题

Excel 中数据输入过多后，向下拖动窗口滑块，会看不到标题行。此时部分新手的解决方法是插入多行标题，方便查看数据对应的名称，如下图所示。插入多行标题会导致数据的类型出现混乱，不方便数据统计分析。要想保持标题行不消失，可以使用前面讲过的【冻结窗格】功能。

| | A | B | C | D | E | F |
|---|---|---|---|---|---|---|
| 1 | 日期 | 广告费用（元） | 人工成本（元） | 商品售价（元） | 销量（件） | 利润（元） |
| 2 | 6月1日 | 526 | 150 | 152 | 56 | 7836 |
| 3 | 6月2日 | 524 | 150 | 165 | 75 | 11701 |
| 4 | 6月3日 | 152 | 150 | 187 | 84 | 15406 |
| 5 | 6月4日 | 415 | 150 | 198 | 85 | 16265 |
| 6 | 6月5日 | 526 | 100 | 159 | 95 | 14479 |
| 7 | 6月6日 | 324 | 100 | 158 | 75 | 11501 |
| 8 | 6月7日 | 152 | 100 | 158 | 84 | 13020 |
| 9 | 6月8日 | 154 | 150 | 156 | 85 | 12956 |
| 10 | 6月9日 | 214 | 150 | 187 | 101 | 18523 |
| 11 | 6月10日 | 152 | 150 | 198 | 152 | 29794 |
| 12 | 6月11日 | 632 | 200 | 159 | 124 | 18884 |
| 13 | 6月12日 | 957 | 200 | 187 | 152 | 27267 |
| 14 | 6月13日 | 854 | 200 | 198 | 154 | 29438 |
| 15 | 日期 | 广告费用（元） | 人工成本（元） | 商品售价（元） | 销量（件） | 利润（元） |
| 16 | 6月14日 | 562 | 150 | 159 | 126 | 19322 |
| 17 | 6月15日 | 42 | 150 | 159 | 215 | 33993 |
| 18 | 6月16日 | 15 | 150 | 158 | 421 | 66353 |
| 19 | 6月17日 | 42 | 150 | 187 | 524 | 97796 |
| 20 | 6月18日 | 62 | 100 | 198 | 154 | 30330 |
| 21 | 6月19日 | 52 | 150 | 159 | 125 | 19673 |
| 22 | 6月20日 | 58 | 150 | 187 | 254 | 47290 |
| 23 | 6月21日 | 754 | 150 | 198 | 264 | 51368 |
| 24 | 6月22日 | 524 | 150 | 159 | 524 | 82642 |
| 25 | 6月23日 | 124 | 100 | 159 | 254 | 40162 |
| 26 | 6月24日 | 264 | 100 | 158 | 425 | 66786 |

## 8 滥用单元格合并

滥用单元格合并是常见的 Excel 错误，合并后的单元格不仅在使用【透视表】【分类汇总】功能时受限，在使用函数计算数据时也会有局限性。如下图所示，加了一列"利润统计"，以 7 天为周期对利润进行求和计算。如此一来，表格的后续操作将受到限制。解决方法是删除这一列，使用

【透视表】功能查看利润的统计数据。

| 日期 | 广告费用（元） | 人工成本（元） | 商品售价（元） | 销量（件） | 利润（元） | 利润统计 |
|---|---|---|---|---|---|---|
| 6月1日 | 526 | 150 | 152 | 56 | 7836 | |
| 6月2日 | 524 | 150 | 165 | 75 | 11701 | |
| 6月3日 | 152 | 150 | 187 | 84 | 15406 | |
| 6月4日 | 415 | 150 | 198 | 85 | 16265 | 90208 |
| 6月5日 | 526 | 100 | 159 | 95 | 14479 | |
| 6月6日 | 324 | 100 | 159 | 75 | 11501 | |
| 6月7日 | 152 | 100 | 158 | 84 | 13020 | |
| 6月8日 | 154 | 150 | 156 | 85 | 12956 | |
| 6月9日 | 214 | 150 | 187 | 101 | 18523 | |
| 6月10日 | 152 | 150 | 198 | 152 | 29794 | |
| 6月11日 | 632 | 200 | 159 | 124 | 18884 | 156184 |
| 6月12日 | 957 | 200 | 187 | 152 | 27267 | |
| 6月13日 | 854 | 200 | 198 | 154 | 29438 | |
| 6月14日 | 562 | 150 | 159 | 126 | 19322 | |
| 6月15日 | 42 | 150 | 159 | 215 | 33993 | |
| 6月16日 | 15 | 150 | 158 | 421 | 66353 | |
| 6月17日 | 42 | 150 | 187 | 524 | 97796 | |
| 6月18日 | 62 | 100 | 198 | 154 | 30330 | 346803 |
| 6月19日 | 52 | 150 | 159 | 125 | 19673 | |
| 6月20日 | 58 | 150 | 187 | 254 | 47290 | |
| 6月21日 | 754 | 150 | 198 | 264 | 51368 | |

## 9　颜色设计不合理

Excel 表格可以针对不同单元格设置填充颜色、文字颜色、边框颜色。没有设计基础的新手在制作表格时，很容易为了标新立异，彰显自己的用心制作，让表格的颜色搭配不合理。这其中有两个主要"雷区"：第一，底色与文字颜色太接近，导致文字显示不清；第二，颜色太刺眼，不能直视。如下图所示，该表格标题行文字显示不清，红色底色刺眼。在不知填充什么颜色的情况下，建议不设置底色填充，至少能保证数据清晰可见，也可以使用 Excel 的【套用表格格式】功能为表格设计合理的配色。

| 日期 | 广告费用（元） | 人工成本（元） | 商品售价（元） |
|---|---|---|---|
| 6月1日 | 526 | 150 | 152 |
| 6月2日 | 524 | 150 | 165 |
| 6月3日 | 152 | 150 | 187 |
| 6月4日 | 415 | 150 | 198 |
| 6月5日 | 526 | 100 | 159 |
| 6月6日 | 324 | 100 | 159 |
| 6月7日 | 152 | 100 | 158 |
| 6月8日 | 154 | 150 | 156 |
| 6月9日 | 214 | 150 | 187 |
| 6月10日 | 152 | 150 | 198 |
| 6月11日 | 632 | 200 | 159 |
| 6月12日 | 957 | 200 | 187 |
| 6月13日 | 854 | 200 | 198 |

## 10  一个单元格输入多行数据

在单元格中输入数据时，按【Alt+Enter】组合键可以换行，但是该功能不能随意使用。通常情况下，只用于标题行。在输入数据时，要避免在一个单元格中输入多行数据。因为 Excel 是以单元格为单位计算的，一个单元格中有多个数据会引起计算错误。如右图所示，将一个店 3 天的销量数据输入一个单元格中，正确的做法是输入 3 个单元格中。

**三个主店三天销量统计**

| 门店 | 销量（件） | 销售员 |
|---|---|---|
| A店 | 2515<br>1245<br>2514 | 李丽 |
| B店 | 1254<br>1245<br>3265 | 刘强 |
| C店 | 2154<br>2615<br>2154 | 赵奇 |

 **高手自测 7** —— 下图所示的数据统计表格是否有不规范的地方？为什么？

扫描看答案

| 日期 | 商品型号 | 广告费用（元） | 人工成本（元） | 商品售价（元） | 销量（件） | 利润（元） |
|---|---|---|---|---|---|---|
| 1-7日 | KY154 | 526 | 150 | 152 | 56 | 7836 |
| | KY155 | 524 | 150 | 165 | 75 | 11701 |
| | KY156 | 152 | 150 | 187 | 84 | 15406 |
| | KY157 | 415 | 150 | 198 | 85 | 16265 |
| | KY158 | 526 | 100 | 159 | 95 | 14479 |
| | KY159 | 324 | 100 | 159 | 75 | 11501 |
| | KY160 | 152 | 100 | 158 | 84 | 13020 |
| 合计 | | 2619 | 900 | 1178 | 554 | 90208 |
| 7-14日 | KY161 | 154 | 150 | 156 | 85 | 12956 |
| | KY162 | 214 | 150 | 187 | 101 | 18523 |
| | KY163 | 152 | 150 | 198 | 152 | 29794 |
| | KY164 | 632 | 200 | 159 | 124 | 18884 |
| | KY165 | 957 | 200 | 152 | 152 | 27267 |
| | KY166 | 854 | 200 | 198 | 154 | 29438 |
| | KY167 | 562 | 150 | 159 | 126 | 19322 |
| 合计 | | 3525 | 1200 | 1244 | 894 | 156184 |
| 14-21日 | KY168 | 42 | 150 | 159 | 215 | 33993 |
| | KY169 | 15 | 150 | 158 | 421 | 66353 |
| | KY170 | 42 | 150 | 187 | 524 | 97796 |
| | KY171 | 62 | 100 | 198 | 154 | 30330 |
| | KY172 | 52 | 150 | 159 | 125 | 19673 |
| | KY173 | 58 | 150 | 187 | 254 | 47290 |
| | KY174 | 754 | 150 | 198 | 264 | 51368 |
| 合计 | | 1025 | 1000 | 1246 | 1957 | 346803 |

## 3.2  3 个步骤掌握数据表建立方法

数据分析是手段不是目标，真正的目标是做出更好的决策。以目的为导向，按照步骤操作，才不至于在分析过程中"手忙脚乱"。

## 3.2.1 学会给数据"取名"

建立数据表的第一步便是正确地为数据命名，数据的名称在 Excel 表中称为字段，后期数据分析计算均是以字段为依据进行的。由此可见，命名不规范可能导致后续分析出现混乱。

数据命名有 3 个要点，如下图所示。

为数据命名首先要做到言简意赅，能用两个字概括清楚的，不用3个字。例如，一组车间产量数据，可以命名为"产量（件）"，就不要命名为"XX 企业车间产量（件）"。

一份合格的数据，一定要有规范的单位，同样的数据、不同的单位，其数据含义也不相同。由于单位不可以和数据放在同一单元格中，因此在命名时，可以将单位放在括号中，或者放在"/"后面。在为数据命名时，有一个注意事项：数据超过 3 位时，尽量选择更大的单位，方便阅读和统计。例如，销售额数据是 5 位数，使用"万元"为单位，而非"元"，可避免数字位数太多引起的阅读困难。当然，数据的小数也要相应地进行移动，如下图所示。

不同的行业有不同的标准规范和习惯用语，在为数据命名时首先要考虑使用专业术语，如金融行业的"汇报利率""专家报价""价格趋势分离"等。在没有专业术语的情况下，要选择大家都惯用的通用书面语，如统计员工信息时，使用"性别"来记录员工性别，而不是使用"男女""Sex"（除非是英语国家的数据分析，否则使用中文）。选择通用语，还有一层意义，在企业内部做数据分析时，优先选择企业的通用语，而非地区、国家的通用语。例如，某企业为商品的销售额数据命名为"金额/元"，那么在数据输入时，最好遵从这一企业规范。这样做也方便将企业的其他表格统计到一起，而不会出现字段有出入的情况。

综上所述，正确地为数据命名需要注意以上 3 点，其案例效果如下图所示。在这张表格中已经完成了数据命名，接下来只需要按照名称在下方单元格中输入数据即可。

| | A | B | C | D | E | F | G |
|---|---|---|---|---|---|---|---|
| 1 | 日期 | 商品型号 | 广告费用（元） | 人工成本（元） | 商品售价（元） | 销量（件） | 利润（元） |
| 2 | | | | | | | |
| 3 | | | | | | | |

一张合理的数据表是后期数据分析的基础，数据表的建立需要输入数据，输入数据的方法主要有数据表输入、外部表导入和网页数据导入3种。

## 1 数据表输入

在表格中输入数据是常见的数据输入法。在前面讲解了如何为数据命名，命名后就可以在下方单元格中输入数据。一张便于分析的数据表主要有4个要点，如下图所示，其中后面3个要点均在前面内容中进行过讲解。下面重点讲解如何制作一维表。

| 一维表 | 由字段和数据组成 | 没有合并单元格 | 不在中间统计数据 |
|---|---|---|---|

一维表和二维表记录的数据一样，只是记录方式不同。左下图所示为二维表，分为横向和纵向两个维度，横向是销量，纵向是商品名称。二维表有两个缺点：一是记录的数据项目有限，如左下图的表中无法再添加"销售员"项目的数据；二是不方便使用【透视表】功能分析。

一维表只有一个维度，但是可以记录多项数据。如右下图所示，表格中的数据只有纵向维度，包括商品名称、时间和销量3个项目。如此一来，如果想添加"销售员"项目也很方便，直接在后面添加一列数据即可。

| 商品 | 时间 | 销量（件） |
|---|---|---|
| 办公桌 | 1月 | 2514 |
| 笔记本 | 1月 | 2154 |
| 定制笔 | 1月 | 2651 |
| 投影仪 | 1月 | 4215 |
| 书架 | 1月 | 4264 |
| 办公桌 | 2月 | 5264 |
| 笔记本 | 2月 | 2547 |
| 定制笔 | 2月 | 2545 |
| 投影仪 | 2月 | 2514 |
| 书架 | 2月 | 1245 |
| 办公桌 | 3月 | 1254 |
| 笔记本 | 3月 | 6245 |
| 定制笔 | 3月 | 8547 |
| 投影仪 | 3月 | 548 |
| 书架 | 3月 | 652 |

| 商品 | 1月（销量/件） | 2月（销量/件） | 3月（销量/件） |
|---|---|---|---|
| 办公桌 | 2514 | 5264 | 1254 |
| 笔记本 | 2154 | 2547 | 6245 |
| 定制笔 | 2651 | 2545 | 8547 |
| 投影仪 | 4215 | 2514 | 548 |
| 书架 | 4264 | 1245 | 652 |

如果不小心将一维表的数据输成了二维表，无须删除重新输入，可以使用工具将其转换为一维表。同样地，如果收到一份二维表数据，也可以用相同的方法进行转换，具体操作步骤如下。

**步骤 01** 添加工具。选择【文件】菜单中的【选项】选项，打开如下图所示的【Excel 选项】对话框，切换到【自定义功能区】选项卡下。从【不在功能区中的命令】列表框中选择【数据透视表和数据透视图向导】选项，并添加到右边的功能区。最后单击【确定】按钮，如下图所示。

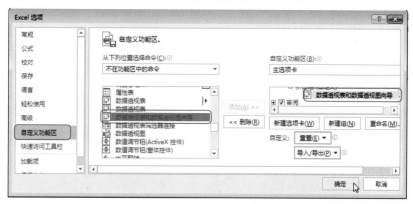

**步骤 02** 设置向导1。添加工具后，打开【数据透视表和数据透视图向导】界面，如左下图所示，选中【多重合并计算数据区域】单选按钮，单击【下一步】按钮。

**步骤 03** 设置向导2a。到了该步骤后，选中【创建单页字段】单选按钮，单击【下一步】按钮，如右下图所示。

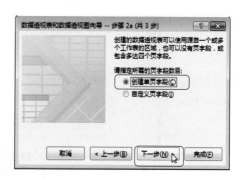

**步骤 04** 设置向导2b。到了该步骤，选择二维表区域，单击【下一步】按钮，如下图所示。

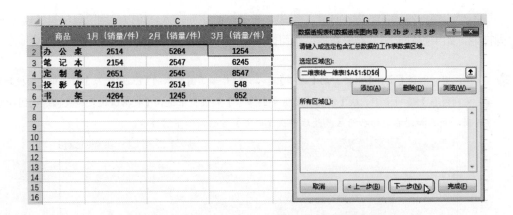

**步骤 05** 设置向导3。到了该步骤，选中【新工作表】单选按钮，单击【完成】按钮，如下图所示。

**步骤 06** 调整数据表显示。此时就完成了新表的转换，但是需要调整显示状态。如下图（左）所示，取消选中【行】和【列】复选框。然后在表格中双击求和项的数值如下图（中）所示。最后呈现的表格效果如下图（右）所示，二维表被成功转换为一维表。

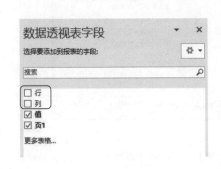

## 2 外部表格导入

在制作数据表时，并不是所有的数据都需要输入。如果有现成的数据文档，如财务部门统计的 Excel 文档、市场部门统计的客户调查 txt 文档，都可以直接导入 Excel 数据表中，具体操作步骤如下。

**步骤 01** 选择【自文本】导入方式。如右图所示，单击【数据】选项卡下【获取外部数据】组中的【自文本】按钮。

**步骤 02** 设置导入向导 1。在弹出的文件夹中选择需要导入的文本文档。如右图所示，在导入向导 1 界面中，根据文本特点选择文件类型，这里选中【分隔符号】单选按钮。如果不知道如何选择，可以对照下方的文件预览，选择能正常显示的文件和类型。然后单击【下一步】按钮。

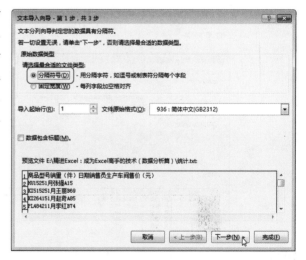

**步骤 03** 设置导入向导 2。接着进入导入向导 2 界面，如下图所示，选择适合的分隔符号，这里选中【Tab 键】复选框，该符号能让下方的数据预览正常显示。然后单击【下一步】按钮。

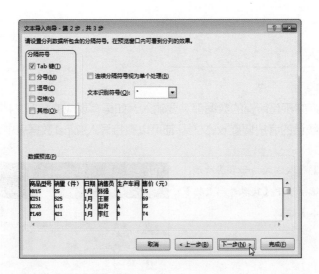

步骤 04  设置导入向导3。打开导入向导3界面，选中【常规】单选按钮，单击【完成】按钮，如左下图所示。

步骤 05  导入数据。此时进入【导入数据】对话框，在表格中选择一个区域作为数据区域，单击【确定】按钮，
如右下图所示。

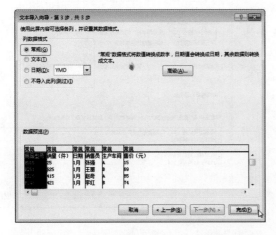

步骤 06  完成导入。此时便完成了文本数据的导入，效果如下图所示。

| ⿻ | A | B | C | D | E | F |
|---|---|---|---|---|---|---|
| 1 | 商品型号 | 销量（件） | 日期 | 销售员 | 生产车间 | 售价（元） |
| 2 | HU15 | 25 | 1月 | 张强 | A | 15 |
| 3 | KI51 | 525 | 1月 | 王丽 | B | 69 |
| 4 | KI26 | 415 | 1月 | 赵奇 | A | 85 |
| 5 | PL48 | 421 | 1月 | 李红 | B | 74 |

## ③ 网页数据导入

在统计数据制作数据表时，经常会遇到网页中的数据。可以使用导入方法将网页中的数据快速添加到 Excel 中，并且通过【刷新】功能获取最新数据，具体操作步骤如下。

**步骤 01** 选择【自网站】导入方式。如下图所示，选择【数据】选项卡下【获取外部数据】组中的【自网站】选项。

**步骤 02** 导入数据。在打开的【新建 Web 查询】对话框中，在【地址】文本框中粘贴需要导入的数据网址。单击黄色箭头图标➡，然后单击【导入】按钮，如下图所示。

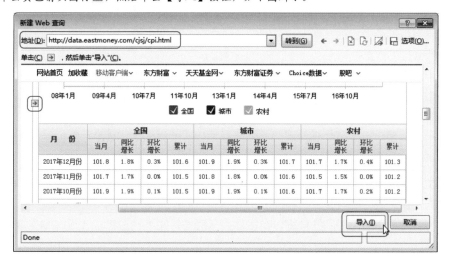

**步骤 03** 完成导入。此时再选择导入数据的表格区域，即可导入数据。完成导入的数据效果如左下图所示，右击数据，在弹出的快捷菜单中选择【刷新】选项，可以刷新数据。也可以选择菜单中的【数据范围属性】选项，打开如右下图所示的【外部数据区域属性】对话框，选中【允许后台刷新】复选框，让数据保持刷新。

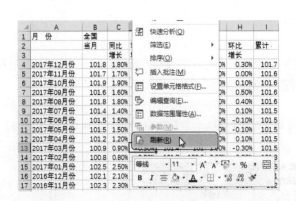

## 3.2.3 学会调整数据类型

在 Excel 表格中输入数据后，需要查看数据类型是否正确，避免后期分析时，因为类型错误而出现失误。表格数据类型包括常规型、数值型、货币型、日期型等。从这些类型的名称就可以看出该类型适合什么样的数据。

在表格中，常用到的类型有以下几种。

①数值型：适用于表示数字数据，如"4562""7152"等。数值型数据可以设置小数位数和使用千位分隔符。

②货币型：适用于表示货币的数据。与数值型类似，不同的是，货币型数据前面会添加货币符号，如"￥1 542"。

③日期型：适用于表示日期的数据，有多种表示形式，如"2012年3月14日""2012年3月"，只需根据日期的长短进行恰当选择即可。

④时间型：适用于表示时间的数据，有多种表示形式，如"13:50""1:30 PM"等，根据需要选择即可。

⑤百分比：适用于表示百分比的数据，可以设置小数位数，如"3.25%""95%"等。

⑥文本：适用于文本型数据，如"北京""上海"等。

为表格数据设置数据类型，既可以在输入数据前事先设置单元格的数据类型，也可以在数据输入后再设置数据类型。设置数据类型的方法有两种：一种是在菜单中直接选择，这种方法只能设置默认类型，没有多种选择；另一种是在【设置单元格格式】对话框中进行设置，这种方法可以灵活选择。下面讲解日期型数据和数值型数据的设置方法。

（1）设置日期型数据

如下图所示，选中 A 列的数据，单击【开始】选项卡下【数字】组中的下拉按钮▾，在弹出的下拉列表中选择【长日期】选项，即可将这列数据调整为日期型数据。

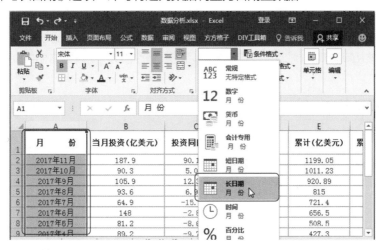

（2）设置数值型数据

选中 B 列的数据，单击【数字】组中的对话框启动器按钮，打开【设置单元格格式】对话框，在【分类】列表框中选择【数值】选项，并设置【小数位数】为【2】，如下图所示。单击【确定】按钮后关闭对话框，即可完成这列数据类型的设置。

## 3.2.4 学会修改表格格式

这是一个追求完美的时代，正确记录数据不代表让数据"好看"。尤其是数据表需要与他人共享分析时，更应该从审美和人性化的角度考虑如何调整表格格式，使其更方便被浏览。

### 1 掌握格式调整原则

数据分析的原始表格要想美观，需要如下图所示的原则来考虑。

①干净：表格是否干净与颜色有很大关系，颜色是第一视觉感觉。其原则是保证颜色统一，不选用太多的颜色，尽量选择类似色或同一种颜色作为表格填充色。

②易阅读：让表格更人性化、更容易阅读有 4 个要点。第一，要保证数据显示清晰，即数据的字体不能太小不方便辨认，也不能太大显得粗犷。字体颜色要与底色形成对比，如白底黑字、黑底白字；第二，单元格中的数据要对齐显示，不能同一列单元格中，有的单元格数据是左对齐，有的单元格数据是右对齐；第三，为了区别行与行之间的数据，可以为相邻两行的单元格设置深浅不一的底色填充，以增加层次感，方便阅读；第四，数据不能挤在一起，因此需要有间距，即增大单元格的行高和列宽，如下图所示。

| 月　份 | 当月投资(亿美元) | 投资同比增长 | 环比增长 | 累计(亿美元) | 累计同比增长 |
| --- | --- | --- | --- | --- | --- |
| 1月 | 187.90 | 90.18% | 108.08% | 1199.05 | 5.37% |
| 2月 | 90.30 | 5.00% | -14.73% | 1011.23 | -2.70% |
| 3月 | 105.90 | 12.30% | 13.14% | 920.89 | -3.20% |
| 4月 | 93.60 | 6.97% | 44.22% | 815 | -5.10% |
| 5月 | 64.90 | -15.82% | -56.15% | 721.4 | -6.50% |
| 6月 | 148.00 | -2.82% | 82.27% | 656.5 | -5.40% |
| 7月 | 81.20 | -8.66% | -8.97% | 508.5 | -6.20% |
| 8月 | 89.20 | -9.72% | -31.96% | 427.3 | -5.70% |
| 9月 | 131.10 | 1.63% | 50.69% | 338.1 | -4.50% |
| 10月 | 87.00 | -3.89% | -27.50% | 207 | 8.10% |
| 11月 | 120.00 | -10.90% | -1.72% | 120 | -9.20% |
| 12月 | 122.10 | -0.19% | 23.58% | 1260.01 | 4.10% |

数据均居中对齐

数据显示清晰

增加行高

相邻行底色有层次

## 2 学会一键格式调整法

　　学习了前面的知识，是否感觉到表格格式调整太过复杂，既要注意颜色还要注意字体、间距等。这里有一个简单的方法，可以使用系统预置的格式，实现一键调整，具体操作步骤如下。

**步骤 01**　选择样式。单击【开始】选项卡下【套用表格格式】按钮，从下拉列表中选择一种表格样式，如下图所示。

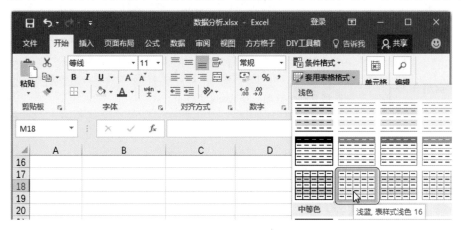

**步骤 02**　选择数据区域。在打开的【套用表格式】对话框中，选择表格中的数据区域，如下图所示。

**步骤 03**　查看完成格式设置的表。完成格式设置后的表如下图所示，此时数据已经转换为"表"的格式，这种格式有多种好处，极大地方便了后期数据分析。例如，插入数据时，公式可以增加自动填充、自动筛选功能。如果不需要数据为"表"的功能，可以单击【表格工具 - 设计】选项卡下【工具】组中的【转换为区域】按钮，将"表"转换为普通区域。

| 月 份 | 当月投资(亿美元) | 投资同比增长 | 环比增长 | 累计(亿美元) | 累计同比增长 |
|---|---|---|---|---|---|
| 1月 | 187.90 | 90.18% | 108.08% | 1199.05 | 5.37% |
| 2月 | 90.30 | 5.00% | -14.73% | 1011.23 | -2.70% |
| 3月 | 105.90 | 12.30% | 13.14% | 920.89 | -3.20% |
| 4月 | 93.60 | 6.97% | 44.22% | 815 | -5.10% |
| 5月 | 64.90 | -15.82% | -56.15% | 721.4 | -6.50% |
| 6月 | 148.00 | -2.82% | 82.27% | 656.5 | -5.40% |
| 7月 | 81.20 | -8.66% | -8.97% | 508.5 | -6.20% |
| 8月 | 89.20 | -9.72% | -31.96% | 427.3 | -5.70% |
| 9月 | 131.10 | 1.63% | 50.69% | 338.1 | -4.50% |
| 10月 | 87.00 | -3.89% | -27.50% | 207 | 8.10% |
| 11月 | 120.00 | -10.90% | -1.72% | 120 | -9.20% |
| 12月 | 122.10 | -0.19% | 23.58% | 1260.01 | 4.10% |

 高手自测 8 · 在进行数据收集时,有的同事给的是 Excel 文件,有的是网页中的数据,这两种数据要如何放到一个 Excel 文件中?

扫描看答案

# 3.3 找不到数据源怎么办?

数据表制作不能没有数据源,那么数据从哪里来?在前面讲过 5 种数据收集的方式,其中来源于企业内部数据库、出版物、市场调查、数据购买这 4 种方式比较固定。而来源于互联网的数据是覆盖范围最广的,渠道也比较丰富。本节主要介绍各行业互联网数据的收集渠道。

## 3.3.1 电商类数据寻找

随着互联网时代的到来,电子商务飞速发展。很多电商从业者都需要从数据分析的角度了解如何更好地销售商品、运营店铺。

## 1  卖家工具

淘宝是电子商务行业巨头，要想了解淘宝市场的数据，可以利用卖家工具中专业的数据管理工具。如右图所示，在【卖家地图】中，有【营销＆数据管理】类型的数据，其中包括了【生意参谋】【钻石展位】等工具。这些工具可以帮助电商从业人员获得淘宝店铺及市场相关的数据，基本可以满足所有的数据分析需求。

## 2  淘宝排行榜

大多网络数据只有网店卖家才可以查看，但是阿里指数不是网店卖家也可以查看。除此之外，还可以使用淘宝排行榜查看相关数据。如下图所示，在淘宝排行榜中，显示了淘宝中各类商品的排行榜单。

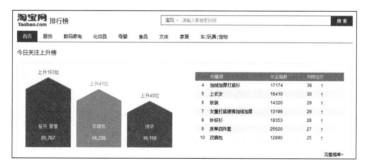

## 3.3.2  互联网类数据寻找

如今的互联网数据呈爆发式增长状态，正确并快速地找到互联网数据是分析互联网业态的捷径。互联网数据可以从下图所示的网站渠道进行寻找。

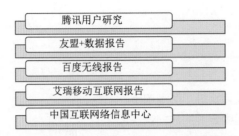

①腾讯用户研究：CDC（Customer Research & User Experience Design Center，腾讯用户研究与体验设计部）致力于提升腾讯产品的用户体验，探索互联网生态体验创新，提供互联网用户相关数据。

②友盟＋数据报告：其数据报告来源于对应用程序每一次启动的挖掘和分析，可以充分展现移动应用的使用细节、发展状况及行业整体趋势，为移动应用行业提供准确、全面、深入的数据观察。

③百度无线报告：来源于每日数亿次的用户无线搜索请求的数据跟踪与挖掘，不仅涵盖了目前移动终端发展态势，还包括移动用户行为的趋势分析。

④艾瑞移动互联网报告：该网站整合互联网数据资讯，融合互联网行业资源，提供电子商务、移动互联网、网络游戏、网络广告、网络营销等行业内容，为互联网管理营销市场运营人士提供丰富的产业数据。

⑤中国互联网络信息中心（CNNIC）：该网站提供了互联网发展相关咨讯，在该网站中可以查询到互联网发展类数据。

## 3.3.3 金融类数据寻找

数据分析在金融业中的应用比较广泛，可以找到权威金融数据的网站如下图所示。

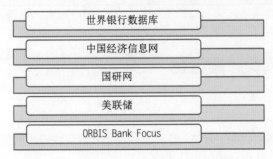

①世界银行数据库：该网站提供了世界银行数据，并且所有数据免费使用，用户可以方便地查找和下载世界银行数据。

②中国经济信息网：该网站信息覆盖比较广泛，包括各行业的金融数据、国际金融数据、互联网金融数据等，方便调查和研究中国金融经济数据。

③国研网：该网站中提供了宏观经济和行业分析等方面的数据资源，并提供了个性化数据服务，可以获得专业性较强的数据信息。

④美联储：作为美国的中央银行，行使制定货币政策和对美国金融机构进行监管等职责。在美联储网站中，提供了银行和货币相关的金融数据，十分权威。

⑤ ORBIS Bank Focus：该网站是全球银行与金融机构的分析库，提供全球各国银行及金融机构的经营分析数据。每家银行报告中包含最长达 8 年的财务数据、各银行世界与本国排名、银行个体评级及国家主权评级。对于上市银行与各类上市金融机构，则另提供其详细的银行股价数据、阶段走势分析、收益率、市盈率、股息及贝塔系数等重要分析指标。Bankscope 为用户配置了多项高级统计分析、快速图形转换及数据下载功能，同时也提供了各项银行财务分析比率与评级指标的详细公式与定义。

 高手自测 9 ——→ 小刘新开了一家网店，他可以通过什么渠道搜索到相关数据从而分析网店的销售情况？

扫描看答案

 高手神器 ③

## 数据源太分散怎么办？ ——使用Excel易用宝轻松收集几千个文件的数据

易用宝是 Excel 功能扩展工具，可以有效提升 Excel 的操作效率。针对 Excel 软件在数据处理与分析过程中的多项常用需求，Excel 易用宝集成了数十个功能模块，从而让烦琐或难以实现的操作变得简单可行，甚至能够一键完成。例如，在对工作表进行合并时，如果不懂得编程，很难快速完成，但是如果使用易用宝，可以批量合成不同文件中的工作表，具体操作步骤如下。

步骤 **01** 执行合并工作簿命令。安装易用宝后，选择【工作簿管理】下拉菜单中的【合并工作簿】选项，如下图所示。

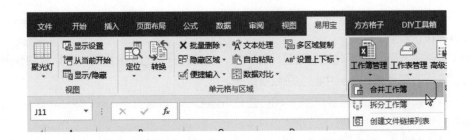

步骤 02 选择需要合并的工作簿。在打开的【易用宝 -
合并工作簿】对话框中，单击【选择文件夹】
右侧的下拉按钮，如右图所示，就可以打开文
件夹，选择需要合并的工作簿。完成工作簿选
择后，单击【合并】按钮即可执行【合并】命令。

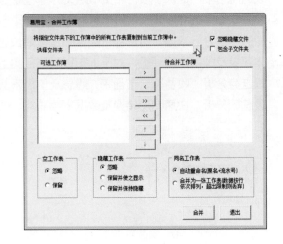

 高手神器④

## 如何快速实现调查统计——金数据创建在线调查表

在统计数据时，需要自制调查问卷收集信息，如果所有信息都亲自调查并手动输入，会十分麻烦。
此时可以使用金数据，在线制作调查问卷，并轻松收集统计数据。

金数据是人人都可以使用的在线表单工具，可以快速创建问卷调查、活动报名、信息登记、考
试测评等表单，方便用户自动化收集整理数据，既节约工作时间，又能提高工作的便捷性。

使用金数据制作在线调查表有以下3种方式。

方式一：使用模板创建调查表。

金数据提供了多种分类的在线表单，只需要选择符合需求的表单，进行表单预览、数据预览和
报表预览后，单击【选用】按钮，就可以成功在所选模板的基础上创建一个调查表。下图所示为粉
丝意见反馈表单模板。

方式二：创建空白表单。

如果金数据提供的在线模板不能满足需求，可以创建空白表单，通过更具个性化的调查表收集、整理特定类型的数据。

下图所示为创建空白表单的方法，只需要将左边需要的字段拖动到中间的编辑栏中，然后在右边对字段内容进行编辑即可。

方式三：从 Excel 导入数据。

如果已经在 Excel 表中创建好了调查表，那么可以直接将表格数据导入金数据，通过金数据发布表格，从而实现在线问卷调查，如下图所示。

无论以上述哪种方式创建调查表，均可以在线发布表单，从而以网址分享、微信分享等方式，让他人在线填写调查问卷，方便数据的统计与收集。下图所示为表单发布的界面。

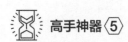 **高手神器⑤**

## 用问卷星快速获得市场调查报告数据

问卷星是一个在线测评、调查系统，任何人都可以使用问卷星自主设计调查问卷，让人们通过网络参与问卷调查，从而快速收集到调查数据，具体操作步骤如下。

**步骤 01** 进入创建页面。进入问卷星网站中，单击【创建问卷】按钮，如左下图所示。

步骤 **02** 选择问卷类型。进入问卷创建页面后，有多种类型的问卷选择，选择【问卷调查】的类型，单击【创建】按钮，如右下图所示。

步骤 **03** 选择模板。如下图所示，单击【立即创建】按钮，可以创建一个全新的调查问卷；单击下方的【选择模板】→【创建】按钮，可以通过模板来创建问卷。使用模板创建问卷会更加方便，这里建议选择后者。

步骤 **04** 编辑模板。进入问卷调查模板后，可以依次编辑每一个问卷调查题目，如下图所示，单击【编辑】按钮，即可自由编辑问题内容和答案选项。

步骤 **05** 发布问卷。完成调查问卷编写后，单击【发放问卷】按钮，出现如下图所示的界面，此时可以复制链接，或者通过微信、微博、QQ等方式发布调查问卷，实现问卷数据的快速统计。

# 4

# 充分准备：数据清洗与加工

　　数据清洗与加工在整个数据分析过程中占用的时间比例高达 60% 以上。处理后的数据不仅能提高准确性，还能减少因为出现错误而回头检查的时间。

　　数据清洗是对原始数据的再审视。使用 Excel 的正确操作，不仅可以发现并处理原始数据表中的重复值、默认值、错误值，还可以纠正数据的格式。

　　数据加工是对原始数据的变形。充分利用 Excel 功能，可以对数据进行计算、转换、分类、重组，将理论付诸实践，帮助分析者发现更有价值的数据形式。

## 请带着下面的问题走进本章

**1** 如果没有数据清洗，可能会出现什么后果？

**2** 只有数据清洗，没有数据加工可以吗？

**3** 数据加工符合了哪些数据分析的思想？

**4** 不同的数据加工方式，分别包含了怎样的思考流程？做这样的思考，是否加快了数据加工的学习效率？

# 4.1 数据加工处理的必要性

数据加工是指对收集到的原始数据表进行进一步的处理，使原始数据更符合分析需求。之所以要进行数据加工，是因为一份符合分析质量的数据，需要具备准确性、完整性和一致性，而收集到的初始数据，很难具备这 3 个特征。

如果不事先进行数据处理，会有什么后果？

如下图所示，左边是未经加工处理的原始数据，数据中有 3 个错误：一是"7 月 32 日"的数据多余（7 月没有 32 日）；二是出现了"–25"销量，销量不可能为负；三是出现了"0"销量，事实上这家公司每天都会有销量，所以"0"值是一个错误值。

按照错误的数据进行平均值计算，结果为"37"，而进行数据加工处理后，平均值为"41"。两者看起来只相差 4，似乎不是一个大的数量级。但是如果这次平均值计算的目的是估算全年的销量，那么按照错误值计算的结果为 37×365=13 505 件，而正确值的计算结果为 14 965。两者相差 1 460 件，这就不是一个小数目了。

| 日期 | 销量（件） | 日期 | 销量（件） |
|---|---|---|---|
| 7月25日 | 25 | 7月25日 | 25 |
| 7月26日 | 51 | 7月26日 | 51 |
| 7月27日 | 42 | 7月27日 | 42 |
| 7月28日 | 52 | 7月28日 | 52 |
| 7月29日 | 62 | 7月29日 | 62 |
| 7月30日 | 42 | 7月30日 | 42 |
| 7月31日 | 51 | 7月31日 | 51 |
| 7月32日 | 42 | 8月1日 | 52 |
| 8月1日 | 52 | 8月2日 | 51 |
| 8月2日 | 51 | 8月3日 | 42 |
| 8月3日 | 42 | 8月4日 | 25 |
| 8月4日 | –25 | 8月5日 | 26 |
| 8月5日 | 26 | 8月6日 | 51 |
| 8月6日 | 51 | 8月7日 | 42 |
| 8月7日 | 42 | 8月8日 | 23 |
| 8月8日 | 0 | 8月9日 | 25 |
| 8月9日 | 25 | 平均值 | 41 |
| 平均值 | 37 | | |

数据分析的目的是预测和做出策略，试想如果在本案例中，通过平均值计算出全年的销量，是为了合理订购生产原料、制订生产计划、拟定未来一年的人事计划，那么所涉及的因素就非常多了。1 460 件的销量误估，就像蝴蝶的翅膀，轻轻煽动就会引起一场可怕的风暴。

在实际工作中，数据加工处理工作可能占到 70% 左右的工作量，这并不是浪费时间。进行加工处理后的数据能够提升后续分析的准确率，减少因错误而返工的处理时间。

**高手自测 10** → 下面两份数据分别是原始数据和处理后的数据，对比一下，看看有什么区别？

扫描看答案

### 加工处理前

| 月　份 | 消费者信心指数 | | | 消费者满意指数 | | | 消费者预期指数 | | |
|---|---|---|---|---|---|---|---|---|---|
| | 指数值 | 同比增长 | 环比增长 | 指数值 | 同比增长 | 环比增长 | 指数值 | 同比增长 | 环比增长 |
| 2017年11月份 | 121.3 | 11.69% | -2.10% | 116.3 | 11.51% | -1.77% | 124.6 | 11.75% | -2.35% |
| 2017年10月份 | 123.9 | 15.58% | 4.47% | 118.4 | 15.40% | 4.13% | 127.6 | 15.79% | 4.68% |
| 2017年09月份 | 118.6 | 0.13 | 3.40% | 113.7 | 13.47% | 3.18% | 121.9 | | 3.66% |
| 2017年08月份 | 114.7 | 8.62% | 0.09% | 110.2 | 8.46% | -0.18% | 117.6 | 8.59% | 0.17% |
| 2017年9月 | 114.60 | 7.30% | 1.15% | 110.4 | 7.92% | 1.75% | 117.4 | 6.92% | 0.86% |
| 2017年06月份 | 113.3 | 10.11% | 1.16% | | 9.49% | 0.56% | 116.4 | 10.33% | 1.48% |
| May-17 | 112 | 12.22% | -1.23% | 107.9 | 13.34% | -0.83% | 114.7 | 11.58% | -1.46% |
| 2017年04月份 | 11340% | 0.12 | 2.16% | 108.8 | 13.93% | 2.45% | 116.4 | 11.17% | 1.93% |
| 2017年03月份 | 111 | 11.00% | -1.42% | 106.2 | 11.91% | | 114.2 | 10.44% | -1.72% |
| 2017年02月份 | 112.6 | 7.85% | 3.11% | 107.3 | 6.55% | 2.78% | 116.2 | 8.70% | 3.38% |
| 2017年1月 | 109.2 | 5.00% | 0.74% | 104.4 | 4.09% | 0.68% | 112.4 | 5.44% | 0.81% |
| 2016年12月份 | 10840% | | -0.18% | 103.7 | 3.08% | -0.58% | 111.5 | 5.39% | 0.00% |
| 2016年11月份 | 108.6 | 4.32% | 1.31% | 104.3 | 4.09% | 1.66% | 111.5 | 4.60% | 1.18% |

### 加工处理后

| 月　份 | 消费者信心指数 | | | 消费者满意指数 | | | 消费者预期指数 | | |
|---|---|---|---|---|---|---|---|---|---|
| | 指数值 | 同比增长 | 环比增长 | 指数值 | 同比增长 | 环比增长 | 指数值 | 同比增长 | 环比增长 |
| 2017年11月份 | 121.3 | 11.69% | -2.10% | 116.3 | 11.51% | -1.77% | 124.6 | 11.75% | -2.35% |
| 2017年10月份 | 123.9 | 15.58% | 4.47% | 118.4 | 15.40% | 4.13% | 127.6 | 15.79% | 4.68% |
| 2017年09月份 | 118.6 | 13.38% | 3.40% | 113.7 | 13.47% | 3.18% | 121.9 | 13.29% | 3.66% |
| 2017年08月份 | 114.7 | 8.62% | 0.09% | 110.2 | 8.46% | -0.18% | 117.6 | 8.59% | 0.17% |
| 2017年07月份 | 114.6 | 7.30% | 1.15% | 110.4 | 7.92% | 1.75% | 117.4 | 6.92% | 0.86% |
| 2017年06月份 | 113.3 | 10.11% | 1.16% | 108.5 | 9.49% | 0.56% | 116.4 | 10.33% | 1.48% |
| 2017年05月份 | 112 | 12.22% | -1.23% | 107.9 | 13.34% | -0.83% | 114.7 | 11.58% | -1.46% |
| 2017年04月份 | 113.4 | 12.28% | 2.16% | 108.8 | 13.93% | 2.45% | 116.4 | 11.17% | 1.93% |
| 2017年03月份 | 111 | 11.00% | -1.42% | 106.2 | 11.91% | -1.03% | 114.2 | 10.44% | -1.72% |
| 2017年02月份 | 112.6 | 7.85% | 3.11% | 107.3 | 6.55% | 2.78% | 116.2 | 8.70% | 3.38% |
| 2017年01月份 | 109.2 | 5.00% | 0.74% | 104.4 | 4.09% | 0.68% | 112.4 | 5.44% | 0.81% |
| 2016年12月份 | 108.4 | 4.53% | -0.18% | 103.7 | 3.08% | -0.58% | 111.5 | 5.39% | 0.00% |
| 2016年11月份 | 108.6 | 4.32% | 1.31% | 104.3 | 4.09% | 1.66% | 111.5 | 4.60% | 1.18% |

## 4.2 数据处理第一步：数据清洗

数据处理的第一步是数据清洗，目的是将多余的、错误的数据清洗出去，留下有价值的数据。数据清洗借助 Excel 工具来进行，能保证清洗效果准确且高效。

在统计数据过程中，同一份数据可能由于渠道的不同而进行了多次统计，在输入数据时，可能因为操作失误重复输入数据。种种原因造成数据表中的数据存在重复现象，删除重复数据是数据清洗的首要任务。数据去重有以下3种方法。

## 1 用删除重复项功能

删除重复项是 Excel 提供的数据去重功能，可以快速删除重复项，具体操作步骤如下。

**步骤 01** 执行删除重复值命令。如右图所示，需要删除重复统计的商品数据，单击【数据】选项卡下【数据工具】组中的【删除重复值】按钮。

**步骤 02** 设置删除条件。此时会弹出【删除重复值】对话框。在该对话框中，应该选择有重复数据出现的列，且这样的重复没有意义。例如，"流量""销量"列不应该选择，因为流量和销量数据相同是正常的，这样的重复是有意义的。而"商品编码"列数据重复，就表示重复统计了商品数据。因此选中【列 A】复选框，取消选中【数据包含标题】复选框，最后单击【确定】按钮，如右图所示。

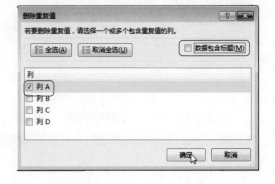

步骤 03 确定删除重复值。完成数据重复值删除后，会弹出如右图所示的对话框，单击【确定】按钮，确定删除重复值。

步骤 04 查看删除效果。如右图所示，执行【删除重复值】命令后，表格中编码重复商品（包括编码号、流量、销量、转化率）的所有数据均被删除，十分方便。

| 商品编码 | 流量 | 销量（件） | 转化率 |
|---|---|---|---|
| 125465 | 21542 | 250 | 1% |
| 214524 | 12451 | 674 | 5% |
| 214254 | 12546 | 1214 | 10% |
| 124156 | 32654 | 2154 | 7% |
| 321546 | 24514 | 254 | 1% |
| 265412 | 52614 | 978 | 2% |
| 124561 | 52641 | 1500 | 3% |
| 326542 | 62451 | 894 | 1% |
| 124587 | 25146 | 264 | 1% |
| 412546 | 19845 | 459 | 2% |
| 521542 | 52152 | 789 | 2% |
| 621542 | 62451 | 258 | 0% |
| 625415 | 62451 | 1245 | 2% |
| 2612458 | 26425 | 2154 | 8% |

## 2 排序删除重复项

除了使用 Excel 工具的删除重复项功能删除重复数据外，还可以通过排序的方法删除重复项。通过排序删除重复项，适用于需要人工判断无用重复项的数据。例如，删除重复员工信息，员工姓名相同可能是巧合，也可能是重复数据，这需要人工判断，不能让系统直接删除重复项。

排序删除重复项的原理是，将数据内容相同的信息排列在一起，可以一眼看出哪些数据是重复的，哪些数据不是重复的，其操作步骤如下。

步骤 01 排序。在进行表格数据去重时，对有重复数据的列进行排序，且数据重复无意义。如右图所示的表格中，对"员工姓名"列进行排序，而不是"学历"列，因为学历重复很正常，不能作为数据是否重复的判断标准。右击【A1】（"员工姓名"）单元格，在弹出的快捷菜单中选择【排序】→【升序】选项。

步骤 **02** 删除重复数据。员工姓名经过排序后，姓名相同的会排列在一起，此时可以快速找到重复数据，判断是否需要删除。如果需要删除，则选中这些数据并右击，在弹出的快捷菜单中选择【删除】选项，如下图所示。

步骤 **03** 设置删除方式。Excel 删除单元格的方式有多种，这里选中【下方单元格上移】单选按钮，让下方有数据的单元格上移，弥补被删除的单元格。

## ③ 条件格式删除重复项

使用排序的方法删除重复项有一个问题，当数据是一串编码时，依然难以看出重复的编码。那么用条件格式可以自动找出重复的数据，并手动删除，具体操作步骤如下。

步骤 **01** 执行条件格式命令。选中需要删除重复值的数据列，如左下图所示，这里选中 A 列数据，选择【开始】选项卡下【条件格式】下拉菜单中的【突出显示单元格规则】选项，再选择级联菜单中的【重复值】选项。

步骤 **02** 删除重复值。此时 A 列数据中，重复的商品编码被填充上红色底色，按住【Ctrl】键，依次选中这 3 个单元格并右击，在弹出的快捷菜单中选择【删除】→【表行】选项，即可删除这 3 行重复数据。

 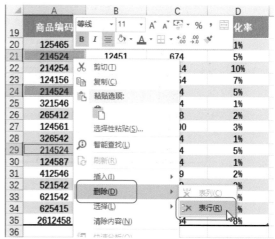

## 4.2.2 ▶ 3种方法处理默认值

数据去重是基本的数据清洗步骤，此时数据依然可能存在问题，如有默认值和数据记录错误，因此需要进行深度数据检查。

### ① 一步找出默认值

在记录数据时，一旦数据量增加，难免出现数据默认。大多数情况下，默认的数据会以空白单元格显示。此时不仅需要将默认数据检查出来，还要选择合理的处理方式，将默认数据对数据分析的影响降到最小。

首先是寻找默认数据，方法是利用 Excel 的定位功能，具体操作步骤如下。

**步骤 ❶** 打开【定位】对话框。如下图所示，数据表中存在空值。按【Ctrl+G】组合键，打开【定位】对话框，单击对话框中的【定位条件】按钮。

| | A | B | C | D |
|---|---|---|---|---|
| 1 | 商品编码 | 流量 | 销量（件） | 转化率 |
| 2 | 125465 | 21542 | 250 | 1% |
| 3 | 214254 | 12546 | 1214 | 10% |
| 4 | 124156 | | 2154 | |
| 5 | 321546 | 24514 | 254 | 1% |
| 6 | 265412 | 52614 | 978 | 2% |
| 7 | 124561 | 52641 | | 0% |
| 8 | 326542 | 62451 | 894 | 1% |
| 9 | 124587 | 25146 | 264 | 1% |
| 10 | 412546 | 19845 | 459 | 2% |
| 11 | 521542 | | 789 | |
| 12 | 621542 | 62451 | 258 | 0% |
| 13 | 625415 | 62451 | 1245 | 2% |
| 14 | 2612458 | 26425 | 2154 | 8% |

**步骤 02** 设置定位条件。在【定位条件】对话框中，选中【空值】单选按钮，单击【确定】按钮，如左下图所示，表示需要寻找表格中的空值单元格。

**步骤 03** 查看结果。执行空值定位条件后，表格中所有是空值的单元格都被查找出来，效果如右下图所示。

| | A | B | C | D |
|---|---|---|---|---|
| 1 | 商品编码 | 流量 | 销量（件） | 转化率 |
| 2 | 125465 | 21542 | 250 | 1% |
| 3 | 214254 | 12546 | 1214 | 10% |
| 4 | 124156 | | 2154 | |
| 5 | 321546 | 24514 | 254 | 1% |
| 6 | 265412 | 52614 | 978 | 2% |
| 7 | 124561 | 52641 | | 0% |
| 8 | 326542 | 62451 | 894 | 1% |
| 9 | 124587 | 25146 | 264 | 1% |
| 10 | 412546 | 19845 | 459 | 2% |
| 11 | 521542 | | 789 | |
| 12 | 621542 | 62451 | 258 | 0% |
| 13 | 625415 | 62451 | 1245 | 2% |
| 14 | 2612458 | 26425 | 2154 | 8% |

## ② 3种方法处理默认值

默认数据和重复数据不一样，重复数据直接删除即可，但是默认数据却不能直接删除，一般有3种处理方法，如下图所示。

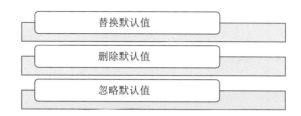

替换默认值可以用平均数替换，如一组销量数据有默认值，用平均销量来进行替换；也可以用回归分析后的数据模型替换，如连续时间段内的销量数据有默认值，通过数据预测回归分析法，计算出默认值进行替换；还可以检查为什么这里的值默认，找到正确的数据进行替换，如员工的工龄数据默认，通过查询企业人事资料，将正确值补上。

删除默认值是指删除包括默认值在内的一组数据，样本数据充足时可以这样做。如果样本数据量很大，也可以选择忽略默认值。

在这3种方法中，替换默认值是最常用的方法，通常会用平均值进行替换。如何一次性替换所有的默认值，其具体操作步骤如下。

**步骤 01** 计算平均值。在表格中用平均值计算公式计算出数据的平均值，并用定位法定位空值，此时表格中的默认值单元格处于选中状态，如下图（左）所示。

**步骤 02** 输入平均值。保持空值选中状态，输入平均值"34170"，如下图（中）所示。

**步骤 03** 完成所有默认值替换。按【Ctrl+Enter】组合键，此时所有选中的空值单元格都被填充上了平均值，效果如下图（右）所示。

注：【Ctrl+Enter】组合键能对选中的单元格进行批量数据输入。

| 商品编码 | 销量 | 商品编码 | 销量 | 商品编码 | 销量 |
|---|---|---|---|---|---|
| 125465 | 21542 | 125465 | 21542 | 125465 | 21542 |
| 214254 | 12546 | 214254 | 12546 | 214254 | 12546 |
| 124156 | | 124156 | 34170 | 124156 | 34170 |
| 321546 | 24514 | 321546 | 24514 | 321546 | 24514 |
| 265412 | 52614 | 265412 | 52614 | 265412 | 52614 |
| 124561 | | 124561 | | 124561 | 34170 |
| 326542 | | 326542 | | 326542 | 34170 |
| 124587 | 25146 | 124587 | 25146 | 124587 | 25146 |
| 412546 | 19845 | 412546 | 19845 | 412546 | 19845 |
| 521542 | | 521542 | | 521542 | 34170 |
| 621542 | 62451 | 621542 | 62451 | 621542 | 62451 |
| 625415 | 62451 | 625415 | 62451 | 625415 | 62451 |
| 2612458 | 26425 | 2612458 | 26425 | 2612458 | 26425 |
| 平均值 | 34170 | 平均值 | 34170 | 平均值 | 34170 |

原始数据表中可能存在不符合逻辑的数据。例如，商品的生产量是 500 件，销量却达到了 600 件，这明显不符合逻辑。要想检查出数据的逻辑是否正确，不能逐一核对数据，而应灵活使用公式、条件格式等方法来快速判断。

## 1 用函数检查逻辑

函数是 Excel 的重要功能，是一些预先定义好的公式，通过特定的参数结构进行计算。函数的功能十分强大，不仅可以对数据进行计算，还能根据不同的逻辑判断数据正确与否。

在 Excel 中，函数的使用方法是，在英文状态下输入 "=" 后再根据不同函数的语法输入公式。

IF 函数是用来判断数据逻辑正确与否的常用函数。其语法为 IF（logical_test，value_if_true，value_if_false），其中参数说明如下。

① Logical_test：表示计算结果为 TRUE 或 FALSE 的任意值或表达式。例如，A10>500 就是一个逻辑表达式，表示 A10 单元格中的数据大于 500。

② Value_if_true：logical_test 为 TRUE 时返回的值。例如，A10 单元格的数据大于 500 时，就应该返回一个 TRUE 值，如果设定返回的 TRUE 值是 "正确"，那么 A10 单元格数据大于 500 时，能返回 "正确" 二字。

③ Value_if_false：logical_test 为 FALSE 时返回的值。例如，A10 单元格的数据小于 500 时，就应该返回一个 FALSE 值，如果设定返回的 FALSE 值是 "错误"，那么 A10 单元格数据小于 500 时，能返回 "错误" 二字。

综上所述，如果想判断 A10 单元格的值是否大于 500，且大于 500 则返回 "正确"，小于 500 则返回 "错误"，那么公式应该这样输入 "=IF（A10>500，" 正确 "，" 错误 "）"。以此类推，需要判断一张销售表中 A2 单元格到 C50 单元格中的数据值是否都大于 500 时，函数可以设置为 "=IF（A2:C50>500，" 正确 "，" 错误 "）"。

明白了 IF 函数的使用方法后，下面来看一个案例。某企业市场部统计了 3 月的推广费用。在 3 月 31 天中，财务部对市场部的推广费用拨款小于 2 000 元 / 天。从逻辑上讲，推广费用应该大于 0 小于 2 000。现在使用 IF 函数计算当月推广费用逻辑值是否正确，正确则返回 "正确" 二字，反之则返回 "错误" 二字，具体的操作步骤如下。

**步骤 01** 增加逻辑值返回列。如下图（左）所示，A 列和 B 列是 3 月的推广费用数据。在 C 列中输入字段名"逻辑是否正确"，表示返回的逻辑值放到这一列单元格中。

**步骤 02** 输入公式。在 C2 单元格中输入 IF 函数公式，如下图（中）所示。在该 IF 函数中，增加了 AND 函数，形成嵌套函数。因为要求单元格数据既大于 0 又小于 2 000，这是两个条件，想要同时满足这两个条件，就要使用 AND 函数。

**步骤 03** 复制公式。完成 C2 单元格的公式输入后，将鼠标指针放到单元格右下方，当鼠标指针变成黑色十字形状时，按住鼠标左键不放往下拖动，复制公式，如下图（右）所示。

**步骤 04** 查看结果。完成公式复制后，就可以根据返回值快速确定数据是否符合逻辑。如右图所示，3 月 23~25 日、30 日、31 日的逻辑值都显示"错误"，说明这是错误的数据，需要再进行核对。

| | A | B | C |
|---|---|---|---|
| 1 | 日期 | 推广费用（元） | 逻辑是否正确 |
| 14 | 3月13日 | 598 | 正确 |
| 15 | 3月14日 | 659 | 正确 |
| 16 | 3月15日 | 854 | 正确 |
| 17 | 3月16日 | 754 | 正确 |
| 18 | 3月17日 | 485 | 正确 |
| 19 | 3月18日 | 754 | 正确 |
| 20 | 3月19日 | 485 | 正确 |
| 21 | 3月20日 | 598 | 正确 |
| 22 | 3月21日 | 754 | 正确 |
| 23 | 3月22日 | 885 | 正确 |
| 24 | 3月23日 | 2154 | 错误 |
| 25 | 3月24日 | 3265 | 错误 |
| 26 | 3月25日 | 4251 | 错误 |
| 27 | 3月26日 | 599 | 正确 |
| 28 | 3月27日 | 784 | 正确 |
| 29 | 3月28日 | 857 | 正确 |
| 30 | 3月29日 | 657 | 正确 |
| 31 | 3月30日 | 2654 | 错误 |
| 32 | 3月31日 | 2546 | 错误 |

使用 IF 函数不仅可以判断数值是否符合特定的范围要求，还可以判断文字是否正确。例如，一张企业员工信息表中，员工"性别"一栏的值只能是"男"或"女"，出现"本科""50"类似的信息都是错误的。当员工数量太多时，使用 IF 函数可以快速判断信息值是否正确，具体操作步骤如下。

**步骤 01** 增加逻辑值返回列。右图所示为一张简单的员工信息统计表，增加 E 列作为逻辑值返回列。

| | A | B | C | D | E |
|---|---|---|---|---|---|
| 1 | 姓名 | 性别 | 年龄 | 学历 | 逻辑是否正确 |
| 2 | 王　丽 | 女 | 25 | 本科 | |
| 3 | 张　晓 | 男 | 51 | 专科 | |
| 4 | 吴　语 | 南 | 42 | 本科 | |
| 5 | 赵　丽 | 女性 | 26 | 本科 | |
| 6 | 刘 芳 菲 | 女 | 24 | 本科 | |
| 7 | 李　澜 | 男 | 15 | 专科 | |
| 8 | 郝　强 | 32 | 32 | 本科 | |
| 9 | 王　菲 | 女 | 52 | 本科 | |
| 10 | 刘　东 | 男 | 24 | 本科 | |

**步骤 02** 输入函数。在 E2 单元格中输入公式：=IF（OR（B2="女"，B2="男"），""，"错误"），如右图所示。该公式同样是嵌套函数，使用了 IF 和 OR 函数的嵌套。OR 函数是逻辑"或"函数，表示只要满足条件 A 或 B 就行。与 AND

| YEAR | | ✕ ✓ fx | =IF(OR(B2="女",B2="男"),"","错误") | | |
|---|---|---|---|---|---|
| | A | B | C | D | E | F |
| 1 | 姓名 | 性别 | 年龄 | 学历 | 逻辑是否正确 | |
| 2 | 王　丽 | 女 | 25 | | =IF(OR(B2="女",B2="男"),"","错误") | |
| 3 | 张　晓 | 男 | 51 | 专科 | | |
| 4 | 吴　语 | 南 | 42 | 本科 | | |
| 5 | 赵　丽 | 女性 | 26 | 本科 | | |
| 6 | 刘 芳 菲 | 女 | 24 | 本科 | | |
| 7 | 李　澜 | 男 | 15 | 专科 | | |
| 8 | 郝　强 | 32 | 32 | 本科 | | |
| 9 | 王　菲 | 女 | 52 | 本科 | | |
| 10 | 刘　东 | 男 | 24 | 本科 | | |

函数不同，AND 函数是逻辑"和"，AND 函数需要同时满足条件 A 和条件 B。因此，该嵌套函数公式表示如果 B2：B10 单元格区域内的值等于"男"或"女"，则什么都不返回（空白单元格），反之则返回"错误"值。这里之所以不设置"正确"值，是因为空白单元格更容易与有文字的单元格区分开来，当数据量大时，方便辨认。

**步骤 03** 复制公式查看结果。用鼠标拖动的方法复制公式，最后结果如右图所示，很容易就看出"性别"列数据逻辑有误的地方。

| | A | B | C | D | E |
|---|---|---|---|---|---|
| 1 | 姓名 | 性别 | 年龄 | 学历 | 逻辑是否正确 |
| 2 | 王　丽 | 女 | 25 | 本科 | |
| 3 | 张　晓 | 男 | 51 | 专科 | |
| 4 | 吴　语 | 南 | 42 | 本科 | 错误 |
| 5 | 赵　丽 | 女性 | 26 | 本科 | 错误 |
| 6 | 刘 芳 菲 | 女 | 24 | 本科 | |
| 7 | 李　澜 | 男 | 15 | 专科 | |
| 8 | 郝　强 | 32 | 32 | 本科 | 错误 |
| 9 | 王　菲 | 女 | 52 | 本科 | |
| 10 | 刘　东 | 男 | 24 | 本科 | |

## 2 用条件格式检查逻辑

如果觉得对函数比较生疏，很难正确输入函数来判断数据的逻辑值正确与否。此时可以使用条件格式来检查逻辑值，减少了函数使用的困难，具体操作步骤如下。

步骤 01  选择"大于"条件格式。如下图所示，选中需要验证数据逻辑值的 B2 到 B32 单元格区域。选择【开始】选项卡下【条件格式】下拉菜单中的【突出显示单元格规则】选项，再选择级联菜单中的【大于】选项。

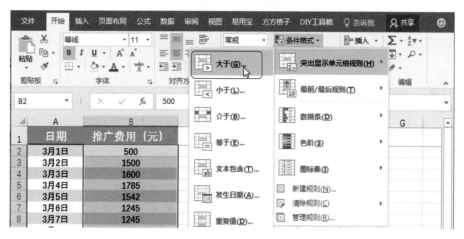

步骤 02  设置条件格式。如右图所示，在【大于】对话框中，输入"2000"，表示要对数值大于 2000 的单元格进行条件格式设置。

步骤 03  设置"小于"条件格式。用同样的方法，选择【突出显示单元格规则】→【小于】选项，打开【小于】对话框，如右图所示。在该对话框中输入"0"，表示要对数值小于 0 的单元格进行条件格式设置。

步骤 **04** 查看结果。此时 B 列推广费用区域的数据中，小于 0 和大于 2000 的数据就被特定的条件标注出来，可以通过单元格填充颜色一眼看出哪些数据不符合需要，如下图所示。

| | A | B |
|---|---|---|
| 1 | 日期 | 推广费用（元） |
| 8 | 3月7日 | 1245 |
| 9 | 3月8日 | 1658 |
| 10 | 3月9日 | 1648 |
| 11 | 3月10日 | 1500 |
| 12 | 3月11日 | 1000 |
| 13 | 3月12日 | 1500 |
| 14 | 3月13日 | 598 |
| 15 | 3月14日 | -500 |
| 16 | 3月15日 | -615 |
| 17 | 3月16日 | 754 |
| 18 | 3月17日 | 485 |
| 19 | 3月18日 | 754 |
| 20 | 3月19日 | 485 |
| 21 | 3月20日 | 598 |
| 22 | 3月21日 | 754 |
| 23 | 3月22日 | 885 |
| 24 | 3月23日 | 2154 |
| 25 | 3月24日 | 3265 |
| 26 | 3月25日 | 4251 |

## 4.2.4 不要忘记检查格式

单元格数据有数值、文本、日期、货币等多种格式。不同类型的数据对应不同的格式，数据的格式有误，将会影响后期透视表等功能的使用。因此，进行数据检查时，千万不能忘记格式检查。

在检查数据格式时，以下 5 个格式问题尤其应该引起注意，如下图所示。

### 1 格式检查的方法

格式检查的方法比较简单，只需要选中数据列，在【开始】选项卡下【数字】组中对选中的数据列进行查看，查看其是否对应正确的格式。必要时，可以打开【设置单元格格式】对话框，调整数据格式。

如下图所示，选中数据列，在【数字】组中显示格式为【百分比】格式，说明该数据列格式无误，无须更改。

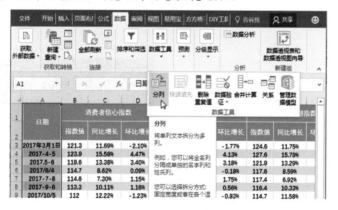

| 月 份 | 消费者信心指数 | | | 消费者满意指数 | | | 消费者预期指数 | | |
|---|---|---|---|---|---|---|---|---|---|
| | 指数值 | 同比增长 | 环比增长 | 指数值 | 同比增长 | 环比增长 | 指数值 | 同比增长 | 环比增长 |
| 2017年11月 | 121.3 | 11.69% | -2.10% | 116.3 | 11.51% | -1.77% | 124.6 | 11.75% | -2.35% |
| 2017年10月 | 123.9 | 15.58% | 4.47% | 118.4 | 15.40% | 4.13% | 127.6 | 15.79% | 4.68% |
| 2017年9月 | 118.6 | 13.38% | 3.40% | 113.7 | 13.47% | 3.18% | 121.9 | 13.29% | 3.66% |
| 2017年8月 | 114.7 | 8.62% | 0.09% | 110.2 | 8.46% | -0.18% | 117.6 | 8.59% | 0.17% |
| 2017年7月 | 114.6 | 7.30% | 1.15% | 110.4 | 7.92% | 1.75% | 117.4 | 6.92% | 0.86% |
| 2017年6月 | 113.3 | 10.11% | 1.16% | 108.5 | 9.49% | 0.56% | 116.4 | 10.33% | 1.48% |
| 2017年5月 | 112 | 12.22% | -1.23% | 107.9 | 13.34% | -0.83% | 114.7 | 11.58% | -1.46% |
| 2017年4月 | 113.4 | 12.28% | 2.16% | 108.8 | 13.93% | 2.45% | 116.4 | 11.17% | 1.93% |
| 2017年3月 | 111 | 11.00% | -1.42% | 106.2 | 11.91% | -1.03% | 114.2 | 10.44% | -1.7% |
| 2017年2月 | 112.6 | 7.85% | 3.11% | 107.3 | 6.55% | 2.78% | 116.2 | 8.70% | 3.38% |
| 2017年1月 | 109.2 | 5.00% | 0.74% | 104.4 | 4.09% | 0.68% | 112.4 | 5.44% | 0.81% |
| 2016年12月 | 108.4 | 4.53% | -0.18% | 103.7 | 3.08% | -0.58% | 111.5 | 5.29% | 0.00% |
| 2016年11月 | 108.6 | 4.32% | 1.31% | 104.3 | 4.09% | 1.66% | 111.5 | 4.60% | 1.18% |

## ② 日期格式的修改

在检查数据格式时，如果发现数据格式不对，直接选中数据修改格式即可。但是日期格式的修改却是例外，尤其是当日期的书写方式不统一时，直接更改格式依然不能使日期格式统一。此时可以选择【分列】功能来实现日期格式的修改，具体操作步骤如下。

**步骤 01** 执行【分列】命令。如下图所示，"日期"列的数据统一性极差，有多种写法。选中 A 列的日期数据，单击【数据】选项卡下【数据工具】组中的【分列】按钮。

**步骤 02** 选择分列方式。此时会出现第1步分列向导界面，如左下图所示，选中【固定宽度】单选按钮，单击【下

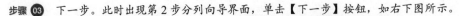

一步】按钮。之所以不选中【分隔符号】单选按钮，是因为需要分列的日期数据其分隔符号不统一。

**步骤 03**　下一步。此时出现第 2 步分列向导界面，单击【下一步】按钮，如右下图所示。

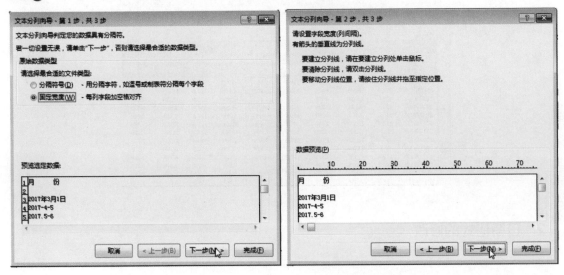

**步骤 04**　选择日期格式。此时会出现第 3 步分列向导界面，选中【日期】单选按钮，在其后的下拉列表框中选择【YMD】选项，单击【完成】按钮，如右图所示。

**步骤 05**　查看结果。如下图所示，数据比较统一，都被调整为日期格式，虽然仍有"2017 年 3 月 1 日"这种书写方式，但是并不影响，因为已经是日期格式了。

| 日期 | 消费者信心指数 | |
|---|---|---|
| | 指数值 | 同比增长 |
| 2017年3月1日 | 121.3 | 11.69% |
| 2017/4/5 | 123.9 | 15.58% |
| 2017/5/6 | 118.6 | 13.38% |
| 2017/6/4 | 114.7 | 8.62% |
| 2017/7/8 | 114.6 | 7.30% |
| 2017/9/6 | 113.3 | 10.11% |
| 2017/10/5 | 112 | 12.22% |
| 2017/8/7 | 113.4 | 12.28% |
| 2017/10/12 | 111 | 11.00% |
| 2017/12/10 | 112.6 | 7.85% |
| 2017/12/15 | 109.2 | 5.00% |
| 2017/12/18 | 108.4 | 4.53% |
| 2017/12/19 | 108.6 | 4.32% |

 **高手自测 11** —— 通过什么方法可以快速删除数据中的重复数据？

扫描看答案

# 4.3 数据处理第二步：数据加工

经过数据清洗步骤，数据表中的数据已经没有错误值存在，这时要根据数据分析的目的不同，对数据进行加工。

数据加工是启发数据分析灵感的一个步骤。例如，在加工过程中，可以对不同项目的数据进行求和、平均数计算。在进行数据分析时，可以通过数据项目的和、平均值，发现特别的数据规律。

总而言之，数据加工可以增加数据表的信息量，改变数据表的表现形式，以激发更多的数据分析思路，发现更有价值的数据信息。

## 4.3.1 数据计算

数据计算是最基本的数据加工方法，包括计算出数据项目的乘积、和、平均数、众数和中位数等。

这些计算涉及函数的使用，在学习函数使用时，一定要建立在理解的基础上再进行运用。下面介绍具体的计算方法。

## 1 简单计算

在 Excel 表格中，使用函数就要为单元格"命名"。单元格名称加上运算符号可以进行单元格数值的简单计算。

例如，第 A 列的第 1 个单元格名称为"A1"，那么 A1 单元格与 A2 单元格数据之和的计算公式为"=A1+A2"。以此类推，将单元格与不同的运算符组合，可以对不同单元格的值进行不同方式的运算。其中运算符的优先级与数学中的一致，先进行乘除运算，再进行加减运算。如果想先进行加减运算，需要添加括号，如下图所示。

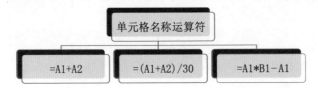

根据简单计算的原理，下面介绍如何计算出商品的利润大小，具体操作步骤如下。

步骤 **01** 分析数据。右图所示为销售部门的统计表，原始数据中没有"利润"数据，这是需要数据加工时进行计算的数据。利润＝销量×售价－推广费用－成本，那么只需在这个公式中，用单元格名称来替换项目名称即可，如用"A2"替换"成本"。

| | A | B | C | D | E |
|---|---|---|---|---|---|
| 1 | 成本（元） | 销量（件） | 售价（元） | 推广费用（元） | 利润（元） |
| 2 | 51.5 | 15 | 98.8 | 200 | |
| 3 | 52.6 | 42 | 100 | 250 | |
| 4 | 60 | 52 | 99 | 350 | |
| 5 | 67 | 62 | 88 | 150 | |
| 6 | 68.5 | 52 | 78 | 100 | |
| 7 | 56.2 | 42 | 92 | 500 | |
| 8 | 52.4 | 52 | 101 | 600 | |
| 9 | 55 | 41 | 105 | 580 | |
| 10 | 50 | 52 | 89 | 564 | |
| 11 | 45 | 15 | 68 | 754 | |
| 12 | 46 | 42 | 88 | 256 | |

步骤 **02** 输入公式。按照分析思路，在单元格中输入公式"=B2*C2-D2-A2"，如右图所示。完成公式输入后，按【Enter】键，就能计算出该单元格对应的利润数据。

| | A | B | C | D | E |
|---|---|---|---|---|---|
| 1 | 成本（元） | 销量（件） | 售价（元） | 推广费用（元） | 利润（元） |
| 2 | 51.5 | 15 | 98.8 | | =B2*C2-D2-A2 |
| 3 | 52.6 | 42 | 100 | 250 | |
| 4 | 60 | 52 | 99 | 350 | |

步骤 **03** 查看结果。用拖动复制的方法复制公式，最后结果如下图所示，表格中不同产品的利润均被计算出来。

| | A | B | C | D | E |
|---|---|---|---|---|---|
| | 成本（元） | 销量（件） | 售价（元） | 推广费用（元） | 利润（元） |
| 1 | | | | | |
| 2 | 51.5 | 15 | 98.8 | 200 | 1230.5 |
| 3 | 52.6 | 42 | 100 | 250 | 3897.4 |
| 4 | 60 | 52 | 99 | 350 | 4738 |
| 5 | 67 | 62 | 88 | 150 | 5239 |
| 6 | 68.5 | 52 | 78 | 100 | 3887.5 |
| 7 | 56.2 | 42 | 92 | 500 | 3307.8 |
| 8 | 52.4 | 52 | 101 | 600 | 4599.6 |
| 9 | 55 | 41 | 105 | 580 | 3670 |
| 10 | 50 | 52 | 89 | 564 | 4014 |
| 11 | 45 | 15 | 68 | 754 | 221 |
| 12 | 46 | 42 | 88 | 256 | 3394 |

## 2 常用函数计算

当简单的加减乘除运算不能满足计算需求时，就需要使用函数进行计算。使用函数计算数据，需要掌握名称区域单元格的命名方法。例如，A1 单元格到 B6 单元格区域的命名方法是在两个单元格名称中间加冒号，写为"A1:B6"。

使用函数计算数据，公式写法为英文等号加函数再加数据区域，如下图所示。如，计算 A1 单元格到 B6 单元格区域的和，求和函数为 SUM，那么公式写为"=SUM（A1:B6）"。

Excel【公式】选项卡中提供了常用函数的快捷插入，在记不住常用函数书写的前提下，可以通过插入的方式进行函数计算，具体操作步骤如下。

步骤 01　选择函数。如左下图所示，需要计算 B 列数据的和，选中 B13 单元格，表示要将求和数据放到该单元格中。选择【公式】选项卡下【自动求和】下拉菜单中的【求和】选项。

步骤 02　查看公式。此时 B13 单元格中会自动出现求和公式，默认情况下，计算的是选中单元格上方或左边的所有单元格数据之和，如右下图所示。确认公式无误后，按【Enter】键，即可完成 B2:B12 单元格区域的求和计算。

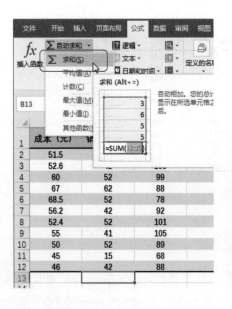

## ③ 不常用函数计算

函数对新手来说是个大难题，如果对函数特别陌生，并且常用函数菜单中没有出现需要的函数，可以用如下图所示的思路来找到目标函数。

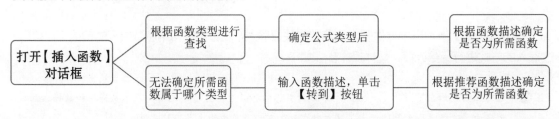

选择【公式】选项卡下【自动求和】下拉菜单中的【其他函数】选项，打开如左下图所示的【插入函数】对话框。在该对话框中，可以根据函数的类型进行函数选择。

在不知道所需函数属于哪个类型时，可以在【搜索函数】文本框中输入对函数作用描述的关键词，如右下图所示，然后单击【转到】按钮。此时下方会出现一系列推荐的函数，选择其中一个函数，查看下方函数描述，判断此函数是否符合需要。

下面介绍通过搜索使用函数的具体操作步骤。

**步骤 01** 分析数据。左下图所示为某企业工程部针对近年来企业重要工程开始日期的数据统计。该数据分析的意义在于，将工程开展的年份和月份与工程效果结合，找出开展工程的最佳时间点。因此需要使用日期相关的函数。

**步骤 02** 选择函数。选中 C2 单元格，打开【插入函数】对话框，在【或选择类别】下拉列表框中选择【日期与时间】选项，在【选择函数】列表框中选择【YEAR】选项，通过函数描述可知这是符合需求的函数，如右下图所示。

**步骤 03** 设置函数。选择【YEAR】函数后，会弹出如左下图所示的【函数参数】对话框，为函数选择一个数据区域，这里选择 B2 单元格，因为 C2 单元格返回的是 B2 单元格的年份数据。单击【确定】按钮，如左下图所示。

**步骤 04** 完成函数计算。完成 C2 单元格的年份数据计算后，用拖动的方法向下复制函数，得到所有工程开展的年份数据。用同样的方法，选择【MONTH】选项即月份函数，统计工程开始的月份。最后结果如右下图所示，数据表中清楚地记录了工程开展的年份和月份，接下来只需要分析年份和月份与工程效果的关系即可。

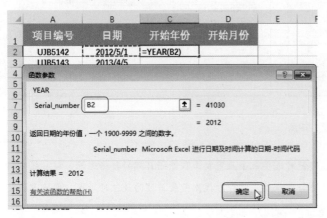

| 项目编号 | 日期 | 开始年份 | 开始月份 |
|---|---|---|---|
| UJB5142 | 2012/5/1 | 2012 | 5 |
| UJB5143 | 2013/4/5 | 2013 | 4 |
| UJB5144 | 2012/4/1 | 2012 | 4 |
| UJB5145 | 2011/6/8 | 2011 | 6 |
| UJB5146 | 2014/4/9 | 2014 | 4 |
| UJB5147 | 2015/6/4 | 2015 | 6 |
| UJB5148 | 2012/4/3 | 2012 | 4 |
| UJB5149 | 2015/6/7 | 2015 | 6 |
| UJB5150 | 2012/7/8 | 2012 | 7 |
| UJB5151 | 2011/6/7 | 2011 | 6 |
| UJB5152 | 2013/5/1 | 2013 | 5 |
| UJB5153 | 2016/7/9 | 2016 | 7 |
| UJB5154 | 2015/6/9 | 2015 | 6 |
| UJB5155 | 2017/4/3 | 2017 | 4 |
| UJB5156 | 2015/4/3 | 2015 | 4 |
| UJB5157 | 2012/4/6 | 2012 | 4 |
| UJB5158 | 2016/7/2 | 2016 | 7 |
| UJB5159 | 2014/3/7 | 2014 | 3 |
| UJB5160 | 2012/6/1 | 2012 | 6 |
| UJB5161 | 2011/7/8 | 2011 | 7 |
| UJB5162 | 2014/4/7 | 2014 | 4 |

## 4.3.2 数据转换

在进行数据分析前，需要注意数据的统计形式是否方便后期分析，如行列的字段设置、数据的记录方式。当发现数据的形式不符合要求时，需要进行转换。

### 1 行列转换

在进行数据记录时，要充分考虑行列字段的设置是否方便后期数据分析的顺利进行。如下图所示，数据表是一维表，但是行列设置不当，当需要添加更多日期的数据时，数据表往右增加，不方便查看。

这种情况下，不用重新输入数据，使用"转置"的粘贴方式即可，具体操作步骤如下。

| ⬜ | A | B | C | D | E | F | G |
|---|---|---|---|---|---|---|---|
| 1 | 日期 | 6月5日 | 6月6日 | 6月7日 | 6月8日 | 6月9日 | 6月10日 |
| 2 | 销量（件） | 256 | 624 | 524 | 152 | 425 | 265 |
| 3 | 销售地点 | 胜利路 | 太平街 | 幸福社区 | 胜利路 | 幸福社区 | 幸福社区 |
| 4 | 销售员 | 王强 | 王强 | 张裕 | 张裕 | 张裕 | 王强 |
| 5 | 客流量统计（位） | 52,156 | 52,152 | 62,514 | 21,542 | 26,245 | 12,456 |
| 6 | 转化率 | 0.49% | 1.20% | 0.84% | 0.71% | 1.62% | 2.13% |

**步骤 01** 打开【选择性粘贴】对话框。如左下图所示，选中需要转换行列的数据区域，按【Ctrl+C】组合键，复制数据。然后选中一个单元格，如 A8 单元格，表示需要将转换后的数据放在这里。选择【粘贴】下拉列表中的【选择性粘贴】选项。

**步骤 02** 设置粘贴方式。在这份数据中，"转化率"列数据是用公式进行计算的，所以粘贴方式要选中【全部】单选按钮，这种方式可以保留数据的格式、公式、数值不变。选中【转置】复选框，单击【确定】按钮，如右下图所示。

**步骤 03** 查看转置效果。此时数据就成功进行了行列转换，效果如下图所示。

| 日期 | 销量（件） | 销售地点 | 销售员 | 客流量统计（位） | 转化率 |
|---|---|---|---|---|---|
| 6月5日 | 256 | 胜利路 | 王强 | 52,156 | 0.49% |
| 6月6日 | 624 | 太平街 | 王强 | 52,152 | 1.20% |
| 6月7日 | 524 | 幸福社区 | 张裕 | 62,514 | 0.84% |
| 6月8日 | 152 | 胜利路 | 张裕 | 21,542 | 0.71% |
| 6月9日 | 425 | 幸福社区 | 张裕 | 26,245 | 1.62% |
| 6月10日 | 265 | 幸福社区 | 王强 | 12,456 | 2.13% |

## ② 记录方式转换

由于数据的统计者不同、标准不同，可能导致数据的记录方式不同。例如A用"1"和"0"表示"可行"与"不可行"，而B用文字"是"与"否"表示可行与不可行。将A和B的数据统计到一起，就需要转换数据的记录方式，让整张数据表统一。

面对记录方式不统一的数据表，可以使用替换的方法来快速实现统一。替换数据听起来并不复杂，但是将该功能使用到极致，可以实现很多效果。利用替换功能来实现数据记录形式的统一，可以有如下图所示的思考过程。

下面来看一个案例，看看如何将替换功能用在不同类型的数据上。

**步骤 01** 分析数据规律。如左下图所示，首先需要替换"是否对产品感兴趣"这一列的数据。里面有3种记录方式，分别是"是"和"否""0"和"1""YES"和"NO"。这里选择"是"和"否"作为目标形式，现在需要将另外两种形式进行替换。那么替换方法是，将"YES"和"1"换成"是"，将"NO"和"0"换成"否"。

**步骤 02** 替换操作。选中需要替换数据的列，按【Ctrl+H】组合键，打开【查找和替换】对话框，在里面输入查找内容和替换内容，然后单击【全部替换】按钮，如右下图所示。用相同的方法，可以完成其他形式的数据替换。

**步骤 03** 完成"年龄"和"性别"列数据替换。"年龄"和"性别"列数据的规律是相同的,"年龄"列的数据多了"岁"字,而"性别"列数据多了"性"字。解决办法是,将两个字替换成空值,即什么都不输入。如下图所示,选中"年龄"列数据,打开【查找和替换】对话框,在【查找内容】文本框中输入"岁"字,而【替换为】文本框中则什么都不输入,最后单击【全部替换】按钮。

**步骤 04** 查看效果。用相同的方法,用空值替换"性别"列中的"性"字,实现该列数据记录方式的统一。最终效果如下图所示。

| 客户姓名 | 是否对产品感兴趣 | 年龄 | 性别 |
|---|---|---|---|
| 王 国 春 | 是 | 35 | 女 |
| 程 思 韩 | 是 | 24 | 女 |
| 王 哲 | 否 | 26 | 男 |
| 刘 萧 萧 | 否 | 35 | 男 |
| 赵 世 杰 | 是 | 28 | 男 |
| 甘 甜 甜 | 是 | 29 | 女 |
| 沙 孟 海 | 否 | 26 | 男 |
| 曹 明 | 是 | 54 | 男 |
| 罗 瑾 | 否 | 56 | 女 |
| 姚 梦 露 | 否 | 54 | 女 |

## 4.3.3 数据分类

一位优秀商品运营专员,会根据商品不同层面的销售数据,对商品进行分组。例如,根据商品的销量，将商品分为"优等商品""问题商品""正常商品"，如下图所示，对优等商品采取稳定销售的策略，对问题商品采取放弃或增加广告的策略，对正常商品采取促销优惠策略，从而提高全店的销售总业绩。这便是数据分组的思路应用。

简而言之，数据分组是通过一定的标准，将数据项目归到不同的组别，从而判断数据的表现情况，再根据数据的表现不同，采取不同的分析方式及优化策略。

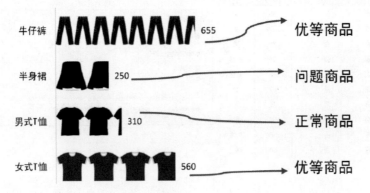

那么，面对一张数据表中数百项数据，如何实现快速分组呢？方法绝对不是一项一项地梳理数据后再手动分组。可以使用 VLOOKUP 函数实现数据分组。

VLOOKUP 函数是 Excel 中的一个纵向查找函数，可以用来返回数据所在分组的名称。其功能是按列查找，最终返回该列所需查询序列所对应的值。

该函数的语法是 VLOOKUP（lookup_value，table_array，col_index_num，range_lookup）。其中各语法项目的含义如下。

① lookup_value：要查找的值。

② table_array：要查找的数据表区域。

③ col_index_num：返回数据在查找区域的第几列数据。

④ range_lookup：模糊匹配或精确匹配，可不填。

根据 VLOOKUP 函数的介绍，下面来看一个案例，看看如何使用该函数实现数据的快速分组。

**步骤 01** 设置条件区域并输入函数。使用 VLOOKUP 函数进行数据分组，要设置一个条件区域，目的是告诉函数，用什么依据来为数据进行分组。如下图所示，条件区域中的"阈值"表示该组数据的最小值。而公式所表达的含义是，根据 B2 单元格的数据在 E3:F6 单元格区域中寻找相匹配的阈值，然后返回与阈值对应的第 2 列数据。例如，B2 单元格数据为 125，所匹配的阈值为 101，该值所对应的第 2 列数据为"中品"，因此返回"中品"级别。

| C2 | ▼ | : | × | ✓ | fx | =VLOOKUP(B2,$E$3:$F$6,2) |

| ▲ | A | B | C | D | E | F | G |
|---|---|---|---|---|---|---|---|
| 1 | 商品编码 | 销量（件） | 所属级别 | | | 条件区域 | |
| 2 | NU1254 | 125 | 中品 | | 阈值 | 级别分组 | 销量范围 |
| 3 | NU1255 | 426 | | | 0 | 差品 | 0~100 |
| 4 | NU1256 | 524 | | | 101 | 中品 | 101-300 |
| 5 | NU1257 | 157 | | | 301 | 良品 | 301-600 |
| 6 | NU1258 | 485 | | | 601 | 优品 | 601以上 |
| 7 | NU1259 | 957 | | | | | |
| 8 | NU1260 | 854 | | | | | |
| 9 | NU1261 | 154 | | | | | |
| 10 | NU1262 | 124 | | | | | |
| 11 | NU1263 | 526 | | | | | |

**步骤 02** 完成所有商品的级别分组。在步骤01输入公式时，对E3和F6单元格区域的输入方式是"$E$3:$F$6"，添加"$"符号可以保证在向下拖动复制公式时，该区域保持不变，称为绝对引用。拖动公式向下复制，快速完成所有数据的分组，效果如下图所示。即使数据项目很多，用这种方法也可以轻松实现数据分组。

| ▲ | A | B | C |
|---|---|---|---|
| 1 | 商品编码 | 销量（件） | 所属级别 |
| 2 | NU1254 | 125 | 中品 |
| 3 | NU1255 | 426 | 良品 |
| 4 | NU1256 | 524 | 良品 |
| 5 | NU1257 | 157 | 中品 |
| 6 | NU1258 | 485 | 良品 |
| 7 | NU1259 | 957 | 优品 |
| 8 | NU1260 | 854 | 优品 |
| 9 | NU1261 | 154 | 中品 |
| 10 | NU1262 | 124 | 中品 |
| 11 | NU1263 | 526 | 良品 |
| 12 | NU1264 | 584 | 良品 |
| 13 | NU1265 | 758 | 优品 |
| 14 | NU1266 | 748 | 优品 |
| 15 | NU1267 | 597 | 良品 |
| 16 | NU1268 | 2500 | 优品 |
| 17 | NU1269 | 425 | 良品 |
| 18 | NU1270 | 654 | 优品 |
| 19 | NU1271 | 254 | 中品 |
| 20 | NU1272 | 265 | 中品 |
| 21 | NU1273 | 487 | 良品 |
| 22 | NU1274 | 452 | 良品 |
| 23 | NU1275 | 154 | 中品 |

## 4.3.4 数据重组

根据数据分析目标的不同，所需要的数据项目也不同。在统计原始数据时，会将所有可能用到的数据都统计到一起，这难免会出现数据多余、数据项目不符合需求等情况，此时就需要重新组合现有数据，使其更符合数据分析的需要。

数据重组主要可以从三方面来考虑，即将一个数据拆分成两个数据、将两个数据合并成一个数据、从多个数据中抽取部分数据，如下图所示。

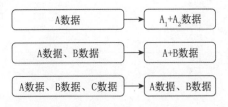

## ① 数据拆分

在收集到的数据表中，一列数据项可能包含多种类型的信息。例如，地址信息包含了省份、城市、区域等，在进行数据分析时，可能需要单独统计省份、城市信息，此时就需要对数据进行拆分。

对一列数据进行拆分，推荐使用 Excel 的【分列】功能，该功能可根据数据的规律，用不同的标准实现数据拆分。下面介绍两种典型的数据拆分方式。

①分隔符号拆分：当需要拆分的数据列没有统一的字符宽度，但是有固定的分隔符号时，可以使用这种拆分方式。

如下图所示，需要拆分"客户所在地"数据列。数据中，地域名称文字长度不统一，如"石家庄市"和"广州市"。但是各级行政区域间有空格相隔，那么可以以空格为依据，将数据拆分成多列。

| 商品编号 | 销量（件） | 是否退货 | 客户所在地 |
|---|---|---|---|
| IH5142 | 568 | 是 | 四川省 成都市 金牛区 |
| IH5143 | 748 | 否 | 云南省 昆明市 盘龙区 |
| IH5144 | 854 | 否 | 浙江省 杭州市 上城区 |
| IH5145 | 254 | 否 | 浙江省 金华市 金东区 |
| IH5146 | 256 | 否 | 贵州省 贵阳市 白云区 |
| IH5147 | 625 | 否 | 河南省 郑州市 中原区 |
| IH5148 | 415 | 否 | 山西省 太原市 小店区 |
| IH5149 | 254 | 否 | 山西省 大同市 城区 |
| IH5150 | 125 | 否 | 山西省 长治市 郊区 |
| IH5151 | 125 | 是 | 河北省 石家庄市 长安区 |
| IH5152 | 98 | 否 | 河北省 唐山市 路北区 |
| IH5153 | 97 | 是 | 广东省 广州市 越秀区 |
| IH5154 | 152 | 否 | 广东省 深圳市 福田区 |
| IH5155 | 425 | 是 | 广东省 珠海市 香洲区 |
| IH5156 | 624 | 否 | 陕西省 西安市 长乐区 |
| IH5157 | 98 | 否 | 江西省 南昌市 西湖区 |

选中"客户所在地"列，执行【拆分】命令，选择【分隔符号】选项，打开文本分列向导第2步界面如左下图所示，选中【空格】复选框。最后结果如右下图所示，客户所在地数据列成功拆分成三列，分别是省份数据、城市数据和区域数据。

| 客户所在地 | | |
|---|---|---|
| 四川省 | 成都市 | 金牛区 |
| 云南省 | 昆明市 | 盘龙区 |
| 浙江省 | 杭州市 | 上城区 |
| 浙江省 | 金华市 | 金东区 |
| 贵州省 | 贵阳市 | 白云区 |
| 河南省 | 郑州市 | 中原区 |
| 山西省 | 太原市 | 小店区 |
| 山西省 | 大同市 | 城区 |
| 山西省 | 长治市 | 郊区 |
| 河北省 | 石家庄市 | 长安区 |
| 河北省 | 唐山市 | 路北区 |
| 广东省 | 广州市 | 越秀区 |
| 广东省 | 深圳市 | 福田区 |
| 广东省 | 珠海市 | 香洲区 |
| 陕西省 | 西安市 | 长乐区 |
| 江西省 | 南昌市 | 西湖区 |

②固定宽度拆分：当需要拆分的数据有固定的字符宽度时，可以用这种拆分方式进行拆分。例如，员工信息表中，需要统计出员工的出生年份、月份、日期，因此需要将身份证号拆分成多列。而身份证号是字符宽度固定的数据，可以使用固定宽度拆分方法。

如下图所示，选中"身份证号"列数据，执行【拆分】命令，选中【固定宽度】单选按钮。

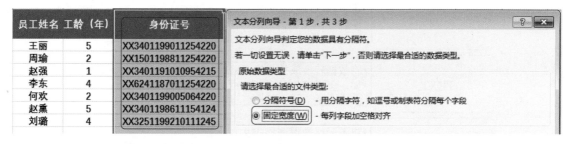

选择【固定宽度】的拆分方式，需要手动设置字符拆分宽度。如下图所示，在【数据预览】窗格中，在需要拆分的字符后面单击，此时会自动出现一条带箭头的线，表示从这里进行分列。完成拆分宽度设置后，单击【完成】按钮，即可将字符按照固定的宽度拆分成多列了。

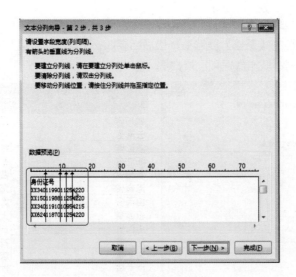

## ② 数据合并

数据拆分是指将一列数据拆分为多列,而数据合并是指将多列数据合并为一列。例如将省份列、城市列数据合并为省份 + 城市列数据。又如,将年份、月份数据合并为年龄 + 月份数据。

在进行数据合并时,需要灵活使用逻辑连接符和文本转换函数。

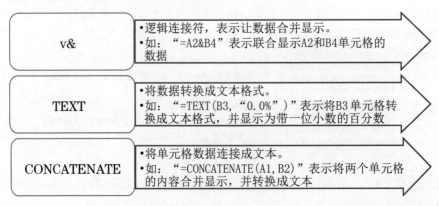

| v& | ·逻辑连接符,表示让数据合并显示。<br>·如:"=A2&B4"表示联合显示A2和B4单元格的数据 |
| TEXT | ·将数据转换成文本格式。<br>·如:"=TEXT(B3,"0.0%")"表示将B3单元格转换成文本格式,并显示为带一位小数的百分数 |
| CONCATENATE | ·将单元格数据连接成文本。<br>·如:"=CONCATENATE(A1,B2)"表示将两个单元格的内容合并显示,并转换成文本 |

在使用逻辑连接符和函数合并数据时,逻辑连接符与函数可以联合使用,并且可能出现合并的数据文字表述不清晰,需要添加个别字词连接的情况。此时可以将字词放在英文双引号中进行合并,具体案例如下。

下图所示为一份 APP 调查数据,现在需要将"频率"列和"单位"列的数据合并表述。

这份数据合并，不能使用连接符"&"简单连接两个单元格，因为"=A3&B3"合并后显示的内容为"0.089 每天阅读"。应该考虑将"0.089"转换成百分数文本，方便阅读。此外，还要添加必要连接词"的人"。

综上所述，在 C3 单元格输入公式"=TEXT（A3，"0.0%"）&" 的人 "&B3"，进行单元格数据合并，如下图所示。

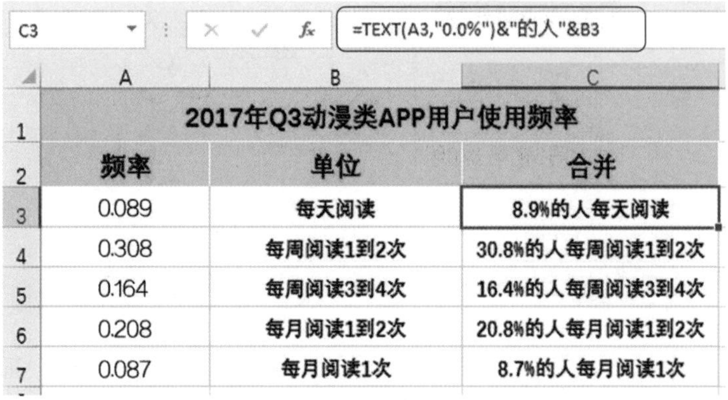

| C3 | ▼ : × ✓ fx | =TEXT(A3,"0.0%")&"的人"&B3 | |
|---|---|---|---|
| ▲ | A | B | C |
| 1 | 2017年Q3动漫类APP用户使用频率 | | |
| 2 | 频率 | 单位 | 合并 |
| 3 | 0.089 | 每天阅读 | 8.9%的人每天阅读 |
| 4 | 0.308 | 每周阅读1到2次 | 30.8%的人每周阅读1到2次 |
| 5 | 0.164 | 每周阅读3到4次 | 16.4%的人每周阅读3到4次 |
| 6 | 0.208 | 每月阅读1到2次 | 20.8%的人每月阅读1到2次 |
| 7 | 0.087 | 每月阅读1次 | 8.7%的人每月阅读1次 |

CONCATENATE 函数可以将数据转换为文本格式，也就是说，虽然显示的是数据，但是不具备计算功能。如下图所示，需要将"工程名"和"工期"列数据进行合并显示，为了保证合并后的文本能清楚表述，添加"用时"和"天"必要文字。其中 C11 单元格的公式为"=CONCATENATE（A11，" 用时 "，B11，" 天 "）"。

| 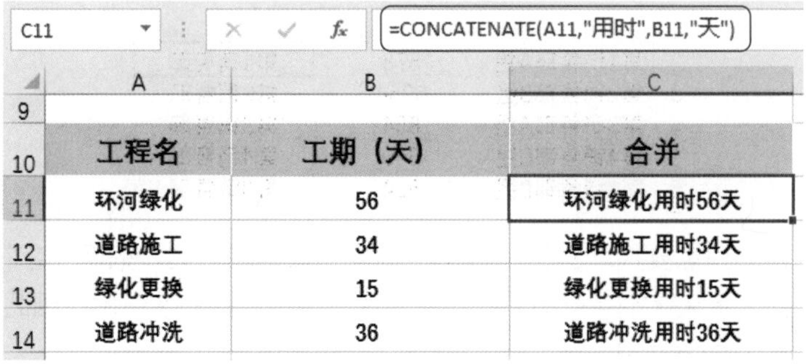 C11 | ▼ : × ✓ fx | =CONCATENATE(A11,"用时",B11,"天") | |
|---|---|---|---|
| ▲ | A | B | C |
| 9 | | | |
| 10 | 工程名 | 工期（天） | 合并 |
| 11 | 环河绿化 | 56 | 环河绿化用时56天 |
| 12 | 道路施工 | 34 | 道路施工用时34天 |
| 13 | 绿化更换 | 15 | 绿化更换用时15天 |
| 14 | 道路冲洗 | 36 | 道路冲洗用时36天 |

## ③ 数据抽取

数据抽取指从现有原始数据中抽取部分数据作为目标分析对象。抽取情况分为两种，一种是从一列数据中抽取部分数据，另一种是从多列数据中抽取部分数据列。两种抽取方式都需要借助函数来实现。

（1）从一列数据中抽取部分数据

一列数据中可能包含多个项目信息，如"第1销售部A组"包含了销售部和销售组信息，如果只需要提取销售部信息怎么办？思考过程如下图所示。

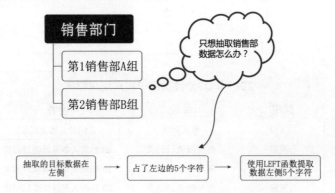

LEFT 函数的作用是从一个文本字符串的左边开始，返回指定个数的字符。如下图所示，在 C2 单元格中输入公式"=LEFT（A2，5）"，表示返回 A2 单元格左边的 5 个字符，刚好就是所属销售部数据。

| | A | B | C |
|---|---|---|---|
| 1 | 销售部门 | 销量（件） | 所属销售部 |
| 2 | 第1销售部A组 | 578 | 第1销售部 |
| 3 | 第2销售部B组 | 6954 | 第2销售部 |
| 4 | 第3销售部A组 | 854 | 第3销售部 |
| 5 | 第4销售部C组 | 659 | 第4销售部 |
| 6 | 第3销售部B组 | 524 | 第3销售部 |

同样的道理，如果只需要抽取销售组数据，销售组数据在右边，有两个字符，那么可以使用 RIGHT 函数。该函数表示从文本字符串的右边开始返回指定个数的字符串。因此 A2 单元格的销售组数据提取公式为"=RIGHT（A2，2）"。

（2）从多列数据中抽取部分列

在收集原始数据时，收集到的数据可能包含多项数据，在进行数据分析时，如果只需要其中几项数据，可以使用 VLOOKUP 函数，通过数据匹配的思路来实现数据抽取。

例如，现在收集到原始数据表 A 表和 B 表，根据分析目标，需要从两张表中提取数据，组成新的 C 表。经过观察，可以发现如下图所示的数据抽取思路。

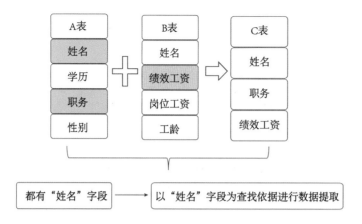

| A表 | | B表 | | C表 |
|---|---|---|---|---|
| 姓名 | | 姓名 | | 姓名 |
| 学历 | + | 绩效工资 | → | 职务 |
| 职务 | | 岗位工资 | | 绩效工资 |
| 性别 | | 工龄 | | |

都有"姓名"字段 ⟶ 以"姓名"字段为查找依据进行数据提取

下面介绍具体的案例操作步骤。

**步骤 01** 准备好数据表。将收集到的数据放到一个 Excel 文件中，分别建立"表 A"和"表 B"工作表，如下图所示。

| | A | B | C | D |
|---|---|---|---|---|
| 1 | 姓名 | 学历 | 职务 | 性别 |
| 2 | 王澜 | 本科 | 经理 | 女 |
| 3 | 赵桓 | 专科 | 员工 | 男 |
| 4 | 李湘 | 硕士 | 部长 | 女 |
| 5 | 萝莉 | 本科 | 员工 | 女 |
| 6 | 刘萌 | 本科 | 经理 | 女 |

| | A | B | C | D |
|---|---|---|---|---|
| 1 | 姓名 | 绩效工资（元/月） | 岗位工资（元/月） | 工龄(年) |
| 2 | 王澜 | 3500 | 2000 | 5 |
| 3 | 赵桓 | 4500 | 1500 | 2 |
| 4 | 李湘 | 5000 | 3500 | 4 |
| 5 | 萝莉 | 3000 | 2000 | 2 |
| 6 | 刘萌 | 2500 | 2000 | 1 |

**步骤 02** 插入 VLOOKUP 函数。新建一张"表 C"，输入需要的字段名称，并将员工的姓名复制或输入进去。然后选中 B2 单元格，单击【插入函数】按钮，如下图所示。

**步骤 03** 设置函数参数。在【插入函数】对话框中，找到 VLOOKUP 函数，在打开的【函数参数】对话框中进行如下图所示的设置。

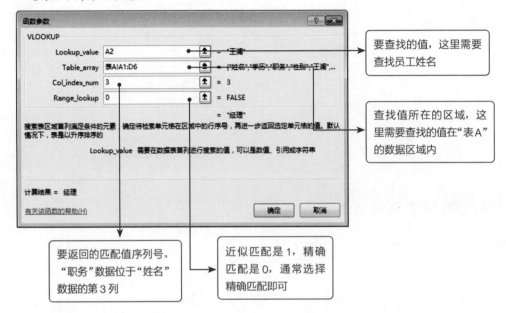

要查找的值，这里需要查找员工姓名

查找值所在的区域，这里需要查找的值在"表A"的数据区域内

要返回的匹配值序列号。"职务"数据位于"姓名"数据的第 3 列

近似匹配是 1，精确匹配是 0，通常选择精确匹配即可

**步骤 04** 完成职务数据抽取。完成函数参数设置后，单击【确定】按钮，即可实现 B2 单元格的职务数据抽取。再用拖动复制的方式，完成职务列所有数据的抽取，效果如左下图所示。

**步骤 05** 抽取绩效工资数据。按照同样的方法，选中 C2 单元格，抽取第一位员工的绩效工资，函数参数表如右下图所示。该参数表示，要在"表 B"中寻找"A2"单元格的员工姓名数据，找到后，返回该数据后面第 2 列的数据，即绩效工资数据。

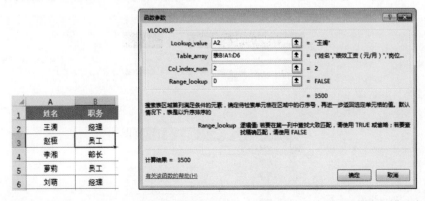

需要说明的是，使用 VLOOKUP 函数进行数据匹配，即使"表 C"中员工的姓名排序与"表 A""表

B"中员工的姓名排序不一样，也可以实现正确的数据匹配。这便是使用函数的便捷所在。

 **高手自测12** ——

公司为了增加业务销售，想通过制订奖金制度提高销售部员工的积极性。如下图所示，统计了员工上半年的销售数据，应该如何加工数据，才能制订出合理的奖金制度？

扫描看答案

| | A | B | C |
|---|---|---|---|
| 1 | 业务员 | 所属部门 | 销售额（十万元） |
| 2 | 张欢 | A部 | 56.25 |
| 3 | 李红 | B部 | 69.45 |
| 4 | 赵奇 | A部 | 85.78 |
| 5 | 刘东 | B部 | 132.56 |
| 6 | 张琦 | C部 | 326.45 |
| 7 | 王璐 | C部 | 425.26 |
| 8 | 郝蕾 | A部 | 124.26 |
| 9 | 赵东 | A部 | 78.66 |

5

# 必知必会：Excel数据分析的基本技能

　　真正的"武林高手"不需要"神兵利器"，一草一木皆能用得"出神入化"。数据分析也是如此，不需要多么酷炫的工具，将简单工具用到极致，就是高手。

　　毋庸置疑，Excel是人们最熟悉、最容易上手的数据分析工具。

　　对工具的熟悉程度将决定数据分析的效率。Excel这款强大的软件包含了大量数据分析操作技巧，如排序、筛选、汇总、条件格式、迷你图，每一项看似简单的功能，背后都藏着大量"隐"知识。

## 请带着下面的问题走进本章

**1** 面对海量凌乱的数据，如何通过排序的方法对其进行加工整理？

**2** 如何对多列数据同时进行筛选，只留下目标分析数据？

**3** 分析销售数据时，如何快速汇总不同日期、不同门店的商品销量？

**4** 在不用计算且不改变数据表内容的前提下，如何快速找出高于平均值的数据？

# 5.1 数据排序，掌握方法避开“坑”

在数据加工处理过程中，对数据进行排序是重要的手段。数据排序并不局限于升序和降序两个范围，如果将 Excel 数据排序功能用得“出神入化”，就可以解决更多意想不到的问题。

## 5.1.1 简单排序法

Excel 不仅提供了数据升序和降序的排序方法，还提供按颜色、笔画、字母的排序方法，使用这些排序方法可以解决普通的排序问题。

### 1 按数值大小排序

对数据进行简单排序的方法是，选中数据的字段单元格，单击【升序】或【降序】按钮。下面介绍如何快速为数据排序，并标注上排名序号。

**步骤 01** 执行【降序】命令。在进行经济数据分析时，统计了一份城市的 GDP 数据，现在要对各城市的 GDP 数据进行排名。如右图所示，选中 B1 单元格的数据字段名，单击【数据】选项卡下【排序和筛选】组中的【降序】按钮。

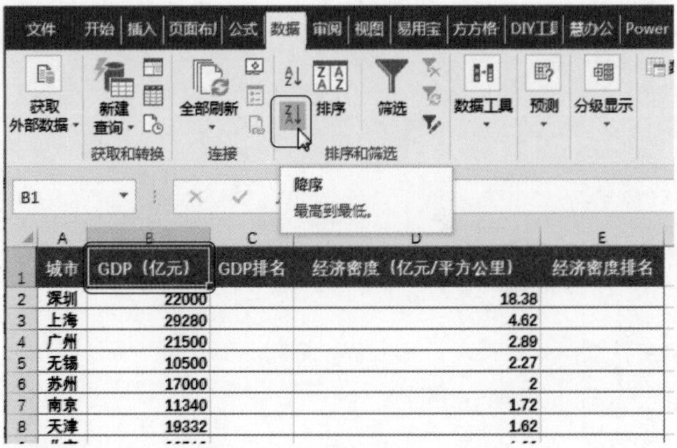

文件
开始
插入
页面布局
公式
数据
审阅
视图
易用宝
方方格
DIY工具
慧办公
Power
获取外部数据
新建查询
全部刷新
排序
筛选
数据工具
预测
分级显示
获取和转换
连接
排序和筛选
降序
最高到最低。
B1
城市
GDP（亿元）
GDP排名
经济密度（亿元/平方公里）
经济密度排名
深圳 22000 18.38
上海 29280 4.62
广州 21500 2.89
无锡 10500 2.27
苏州 17000 2
南京 11340 1.72
天津 19332 1.62

步骤 **02** 复制序号。此时 GDP 数据已经按照从大到小的顺序进行排列。现在只需在 C2 单元格输入"1"，再用拖动复制的方法，即可快速完成 GDP 排名序号的添加，如右图所示。

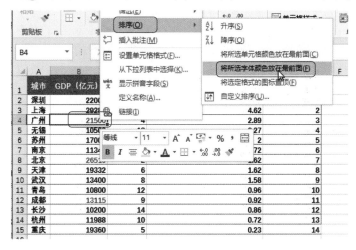

## 2 按颜色排序

在数据分析前期，可以将重点数据标注出来，如改变单元格填充底色和改变文字颜色。在分析过程中，可以将分散在数据表不同位置的重点数据再集中进行查看。此时可以按单元格底色和文字颜色进行排序，具体操作步骤如下。

步骤 **01** 执行颜色排序命令。如左下图所示，城市 GDP 数据中，有 3 个城市的 GDP 数据是红色显示，这是需要引起重点关注的数据。选中其中一个红色数据并右击，在弹出的快捷菜单中选择【排序】→【将所选字体颜色放在最前面】选项。

步骤 **02** 查看结果。此时如右下图所示，所有红色显示的数据都排到了最前面。

## 3 按笔画 / 字母排序

数据分析的情况各不相同，有时需要排序的对象并不是数据，而是汉字或英文字母。此时可以按笔画和字母的方式进行排序，具体操作步骤如下。

步骤 01 设置【排序】对话框。单击【数据】选项卡下的【排序】按钮，可以看到如下图所示的【排序】对话框。对话框中的设置表示要对"城市"一列的文字进行升序排序。此时还需要单击【选项】按钮，进一步设置排序规则。

步骤 02 设置排序规则。左下图所示为【排序选项】对话框，在该对话框中可以自由设置排序的规则，这里选中【笔画排序】单选按钮。

步骤 03 查看结果。结果如右下图所示，"城市"列的文字都按照首字的笔画数进行了排序。

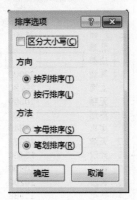

| 城市 | GDP（亿元） | GDP排名 | 经济密度（亿元/平方公里） |
|---|---|---|---|
| 上海 | 29280 | 1 | 4.62 |
| 广州 | 21500 | 4 | 2.89 |
| 天津 | 19332 | 6 | 1.62 |
| 无锡 | 10500 | 13 | 2.27 |
| 长沙 | 10200 | 14 | 0.86 |
| 北京 | 26510 | 2 | 1.62 |
| 成都 | 13115 | 9 | 0.92 |
| 苏州 | 17000 | 7 | 2 |
| 武汉 | 13400 | 8 | 1.58 |
| 青岛 | 10800 | 12 | 0.96 |
| 杭州 | 11988 | 10 | 0.72 |
| 南京 | 11340 | 11 | 1.72 |
| 重庆 | 19360 | 5 | 0.23 |
| 深圳 | 22000 | 3 | 18.38 |

对一列数据进行简单排序并不能解决所有的排序问题。在数据分析过程中，可能需要自行设置排序条件来满足需求，甚至会遇到一些复杂的情况，需要借助函数及其他方法来实现数据排序。本节举例讲解排序会遇到的复杂状况以及其解决办法。

## 1　自定义序列排序

数据排序的规则比较简单，根据数据的大小进行排序即可，文字排序的规则却要复杂得多。如下图所示，在分析商品销量时，要按照商品分类进行排序，按照"裤子—上衣—鞋类—配饰"的顺序显示商品数据。

| | A | B | C | D | E | F |
|---|---|---|---|---|---|---|
| 1 | 商品名称 | 商品编号 | 商品分类 | 销量（件） | 售价（元） | 销售额（元） |
| 2 | 小西装 | IH5124 | 上衣 | 518 | 98.8 | 51178.4 |
| 3 | 帽子 | BT654 | 配饰 | 625 | 95.9 | 59937.5 |
| 4 | 纯色衬衫 | NU15 | 上衣 | 425 | 128.6 | 54655 |
| 5 | 裙裤 | BY127 | 裤子 | 152 | 135 | 20520 |
| 6 | 波点衬衫 | KL957 | 上衣 | 625 | 98.6 | 61625 |
| 7 | 牛仔裤 | NY124 | 裤子 | 425 | 150 | 63750 |
| 8 | 马丁靴 | UN78 | 鞋类 | 124 | 125 | 15500 |
| 9 | 黑色皮鞋 | MI264 | 鞋类 | 521 | 168.5 | 87788.5 |
| 10 | 纯色皮带 | TV75 | 配饰 | 425 | 175.7 | 74672.5 |
| 11 | 围巾 | PL125 | 配饰 | 451 | 106.5 | 48031.5 |

这种情况下，可以自行设置一个排序规则，具体操作步骤如下。

步骤 01　打开自定义序列设置。如右图所示，打开【排序】对话框，设置主要关键字排序，在【次序】下拉列表框中选择【自定义序列】选项。

步骤 **02** 设置排序规则。如右图所示，打开【自定义序列】对话框，在【输入序列】文本框中，按照顺序输入商品的分类名称，注意名称之间用英文逗号隔开。然后单击【添加】按钮。

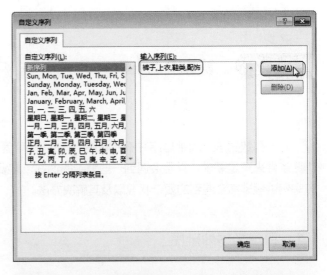

步骤 **03** 查看结果。完成自定义序列设置后，关闭【排序】对话框即可看到效果。如右图所示，商品的数据按照商品的分类进行了排序，其分类顺序与自定义设置的顺序一致。

| | A | B | C | D | E | F |
|---|---|---|---|---|---|---|
| 1 | 商品名称 | 商品编号 | 商品分类 | 销量（件） | 售价（元） | 销售额（元） |
| 2 | 裙裤 | BY127 | 裤子 | 152 | 135 | 20520 |
| 3 | 牛仔裤 | NY124 | 裤子 | 425 | 150 | 63750 |
| 4 | 小西装 | IH5124 | 上衣 | 518 | 98.8 | 51178.4 |
| 5 | 纯色衬衫 | NU15 | 上衣 | 425 | 128.6 | 54655 |
| 6 | 波点衬衫 | KL957 | 上衣 | 625 | 98.6 | 61625 |
| 7 | 马丁靴 | UN78 | 鞋类 | 124 | 125 | 15500 |
| 8 | 黑色皮鞋 | MI264 | 鞋类 | 521 | 168.5 | 87788.5 |
| 9 | 帽子 | BT654 | 配饰 | 625 | 95.9 | 59937.5 |
| 10 | 纯色皮带 | TV75 | 配饰 | 425 | 175.7 | 74672.5 |
| 11 | 围巾 | PL125 | 配饰 | 451 | 106.5 | 48031.5 |

## ② 多列多条件排序

　　Excel 还可以对多列数据进行多条件排序。例如，按照商品的分类排序；在分类相同的情况下，再按照销量排序；如果销量相同，再按照售价排序。如此多的条件，均可在【排序】对话框中进行统一设置。

　　具体设置方法如右图所示，单击【添加条件】按钮，添加排序条件即可。按照右图中的设置，数据表中的数据会首先按照商品分类排序，再按照商品销量排序，最后按照商品售价排序。

## ③ 英文数字混合排序

在对数据进行排序时，会遇到一些棘手的问题。例如，当商品名称是英文与数字混合，且数字位数不一样时，排序就会容易出错。

如下图所示，当对 M75、M125、M264 进行升序排序时，正确的排序逻辑是，先按照数据首字母排序，然后再按照后面的数字大小排序。排序结果却是，"M125"和"M264"小于"M75"。原因是数字的位数没有对齐，字母后面的数字"1""2"小于"7"。如果将"M75"写成"M075"，就不会出现这种情况。

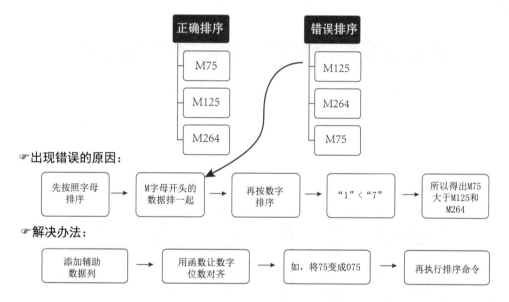

按照上图的解决思路，下面介绍如何通过构造辅助列来实现英文与数字混合的数据排序。

**步骤 01** 增加辅助数据。如下图所示，对"商品编号"列进行排序。增加一列 G 列，作为辅助数据，在 G2 单元格中输入公式"=LEFT（B2，1）&TEXT（RIGHT（B2，LEN（B2）-1），"000"）"，然后复制公式完成辅助数据增加。该公式的含义如下。

LEFT（B2，1）：提取 B2 单元格左边的字符，即英文字母。

RIGHT（B2，LEN（B2）-1）：提取 B2 单元格右边的数字。

TEXT（RIGHT（B2，LEN（B2）-1），"000"）：将 B2 单元格提取出来的数字变成 3 位数，不足的位数用"0"补齐。

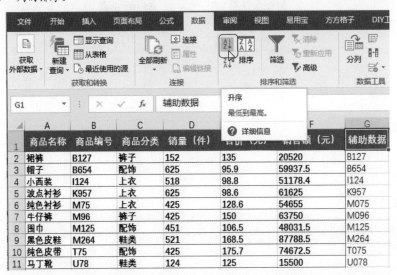

| | A | B | C | D | E | F | G |
|---|---|---|---|---|---|---|---|
| | G2 | | | $f_x$ | =LEFT(B2,1)&TEXT(RIGHT(B2,LEN(B2)-1),"000") | | |
| 1 | 商品名称 | 商品编号 | 商品分类 | 销量（件） | 售价（元） | 销售额（元） | 辅助数据 |
| 2 | 裙裤 | B127 | 裤子 | 152 | 135 | 20520 | B127 |
| 3 | 帽子 | B654 | 配饰 | 625 | 95.9 | 59937.5 | B654 |
| 4 | 小西装 | I124 | 上衣 | 518 | 98.8 | 51178.4 | I124 |
| 5 | 波点衬衫 | K957 | 上衣 | 625 | 98.6 | 61625 | K957 |
| 6 | 围巾 | M125 | 配饰 | 451 | 106.5 | 48031.5 | M125 |
| 7 | 黑色皮鞋 | M264 | 鞋类 | 521 | 168.5 | 87788.5 | M264 |
| 8 | 纯色衬衫 | M75 | 上衣 | 425 | 128.6 | 54655 | M075 |
| 9 | 牛仔裤 | M96 | 裤子 | 425 | 150 | 63750 | M096 |
| 10 | 纯色皮带 | T75 | 配饰 | 425 | 175.7 | 74672.5 | T075 |
| 11 | 马丁靴 | U78 | 鞋类 | 124 | 125 | 15500 | U078 |

**步骤 02** 对"辅助数据"列排序。如下图所示，选中 G1 单元格，执行【升序】命令，就可以借助辅助数据实现"商品编号"列的排序。

## 4  排序合并单元格的数据

在前面讲过，进行数据统计时最好不要有合并的单元格。但是如果获取到的原始数据中，本来就有合并单元格的情况，且又需要进行排序，怎么办？具体解决思路如下图所示。

取消合并单元格 → 定位所有的空值单元格 → 用空值单元格上面的数据填充单元格 → 按【Ctrl+Enter】组合键实现快速填充

**步骤 01** 取消合并单元格。选中有单元格合并的数据区域，选择【合并后居中】→【取消合并单元格】选项，如下图所示。

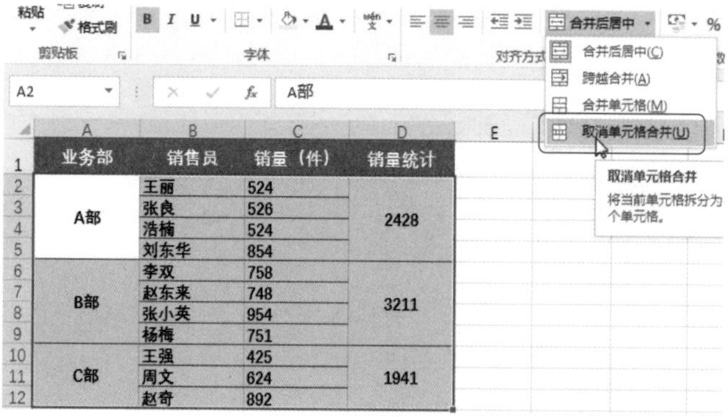


| 业务部 | 销售员 | 销量（件） | 销量统计 |
|---|---|---|---|
| A部 | 王丽 | 524 | 2428 |
| | 张良 | 526 | |
| | 浩楠 | 524 | |
| | 刘东华 | 854 | |
| B部 | 李双 | 758 | 3211 |
| | 赵东来 | 748 | |
| | 张小英 | 954 | |
| | 杨梅 | 751 | |
| C部 | 王强 | 425 | 1941 |
| | 周文 | 624 | |
| | 赵奇 | 892 | |

**步骤 02** 定位空值输入公式。按【Ctrl+G】组合键，打开【定位条件】对话框，定位空值。然后输入公式“=A2”，如左下图所示，表示 A3 单元格用 A2 单元格的数据填充。

**步骤 03** 执行相同操作。按【Ctrl+Enter】组合键，表示为所有选中的空值单元格执行相同的操作，即单元格的值等于上面单元格的值，结果如右下图所示。

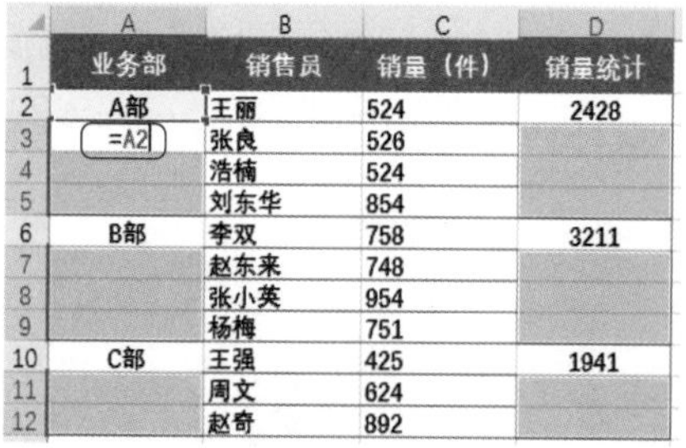

| 业务部 | 销售员 | 销量（件） | 销量统计 |
|---|---|---|---|
| A部 | 王丽 | 524 | 2428 |
| =A2 | 张良 | 526 | |
| | 浩楠 | 524 | |
| | 刘东华 | 854 | |
| B部 | 李双 | 758 | 3211 |
| | 赵东来 | 748 | |
| | 张小英 | 954 | |
| | 杨梅 | 751 | |
| C部 | 王强 | 425 | 1941 |
| | 周文 | 624 | |
| | 赵奇 | 892 | |

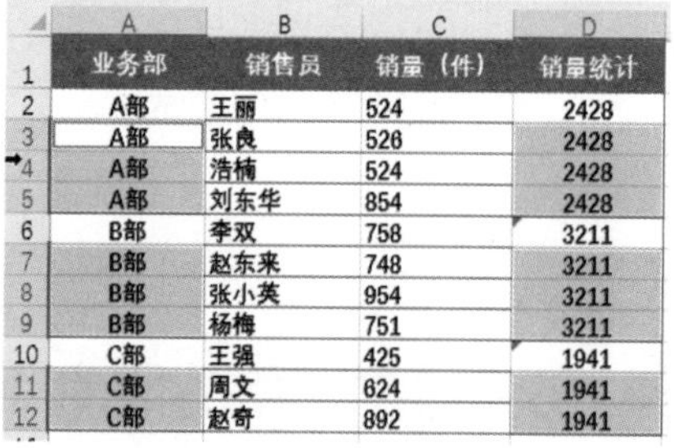

| 业务部 | 销售员 | 销量（件） | 销量统计 |
|---|---|---|---|
| A部 | 王丽 | 524 | 2428 |
| A部 | 张良 | 526 | 2428 |
| A部 | 浩楠 | 524 | 2428 |
| A部 | 刘东华 | 854 | 2428 |
| B部 | 李双 | 758 | 3211 |
| B部 | 赵东来 | 748 | 3211 |
| B部 | 张小英 | 954 | 3211 |
| B部 | 杨梅 | 751 | 3211 |
| C部 | 王强 | 425 | 1941 |
| C部 | 周文 | 624 | 1941 |
| C部 | 赵奇 | 892 | 1941 |

**步骤 04** 对数据排序。解决了数据表中的合并单元格后，就可以对销量数据进行排序了。但是需要注意一点，应该在排序前将所有表格数据转换为非公式计算结果的状态，选择表格内容，按【Ctrl+C】组合键复制，然后执行【选择性粘贴】功能组中的【数值】方式进行粘贴即可。最后对“销量”数据进行升序排序，不会再受到合并单元格的影响，如右图所示。

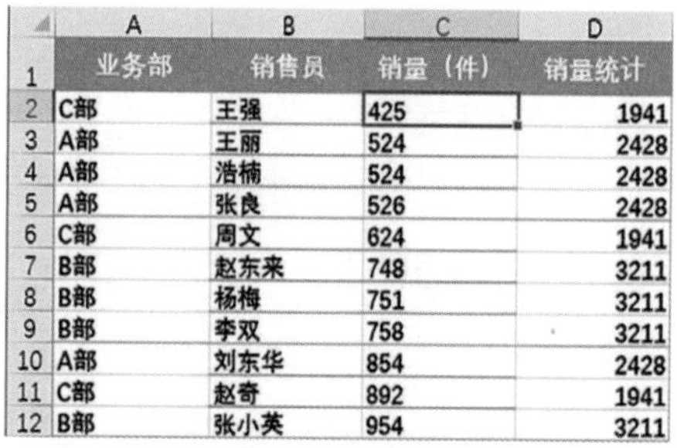

| 业务部 | 销售员 | 销量（件） | 销量统计 |
|---|---|---|---|
| C部 | 王强 | 425 | 1941 |
| A部 | 王丽 | 524 | 2428 |
| A部 | 浩楠 | 524 | 2428 |
| A部 | 张良 | 526 | 2428 |
| C部 | 周文 | 624 | 1941 |
| B部 | 赵东来 | 748 | 3211 |
| B部 | 杨梅 | 751 | 3211 |
| B部 | 李双 | 758 | 3211 |
| A部 | 刘东华 | 854 | 2428 |
| C部 | 赵奇 | 892 | 1941 |
| B部 | 张小英 | 954 | 3211 |

高手自测 13 —▶ 下图所示为一份网店后台数据，如何让数据先按照销售客服"王英—张兰—李宁"的顺序排列，再按照销量从大到小的顺序排列？

扫描看答案

| | 商品名称 | 流量 | 销量（件） | 转化率 | 销售客服 |
|---|---|---|---|---|---|
| 1 | 打底裤 | 1246 | 45 | 3.61% | 王英 |
| 2 | 纯色衬衫 | 5215 | 66 | 1.27% | 李宁 |
| 3 | 绣花衬衫 | 4256 | 68 | 1.60% | 王英 |
| 4 | T恤黑色 | 5215 | 758 | 14.53% | 王英 |
| 5 | 牛仔裤 | 42587 | 452 | 1.06% | 李宁 |
| 6 | 休闲裤 | 7458 | 125 | 1.68% | 张兰 |
| 7 | 九分裤 | 459 | 35 | 7.63% | 李宁 |
| 8 | 半身裙 | 8548 | 1051 | 12.30% | 张兰 |
| 9 | 外套 | 7548 | 987 | 13.08% | 张兰 |
| 10 | 小西装 | 21645 | 2016 | 9.31% | 张兰 |

## 5.2 数据筛选，只有 20% 的人完全会用

为了提高数据分析效果，在海量数据中筛选出最有价值的数据进行分析是必不可少的工作。学会使用简单筛选法、结合逻辑运算符筛选法和公式筛选法，可以进一步扫除数据分析的障碍，使数据筛选变得更加简捷。

### 5.2.1 ▷ 5大即学即用的简单筛选法

Excel 的筛选功能可以帮助查找与定位目标信息，将不需要的信息过滤。根据数据表的信息特点，有多种筛选方式。

#### 1 普通筛选

对表格数据进行筛选，需要先进入筛选模式。如左下图所示，选中第一行的某个单元格，选择【开始】选项卡下【排序和筛选】→【筛选】选项。此时第一行的字段名称单元格会出现三角形按钮，

通过该按钮可以实现筛选操作。

根据列数据的类型，可以执行【按颜色筛选】【文本筛选】【数字筛选】3种普通的筛选操作。

如右下图所示，单击"关键词"列的筛选按钮。该列数据的特征是：文本型数据，部分单元格有颜色填充。因此既可以筛选出特定颜色的数据，也可以进行文本筛选。

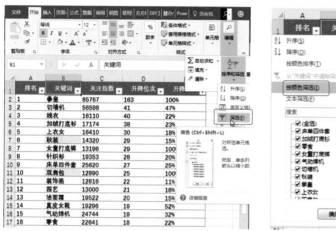

如果列数据是数字型数据，可以进行数字筛选。如左下图所示，数字筛选的方式比较多。右下图所示为【高于平均值】方式的筛选结果。如果需要清除筛选结果，只需单击【数据】选项卡下的【清除】按钮 ▼ 即可。

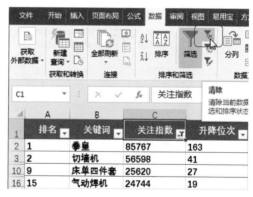

## ② 自定义筛选

普通筛选只能按照一种标准进行筛选，如果需要筛选出满足两个条件的数据，就需要用到自定义筛选。

具体操作方法是，单击字段的筛选按钮，选择【自定义筛选】选项，然后打开【自定义自动筛选方式】对话框，进行条件设置。

如下图所示，该筛选条件的含义是，找出数据大于 3 000 或小于 15 000 的数据。该条件选中【或】单选按钮，表示只要满足其中一个条件即可。如果选中【与】单选按钮，表示筛选出的数据要同时满足两个条件。

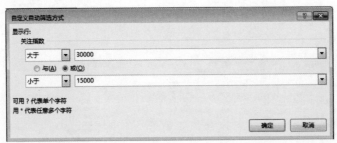

## ③ 筛选包含某值的数据

如果要筛选出包含某文字或某数字的数据，可以直接在筛选的搜索文本框中输入该文字或数值。如左下图所示，输入"女"，表示要筛选出"关键词"数据列中所有包含"女"字的商品关键词。如右下图所示，输入数字"8"，表示要筛选出"关注指数"数据列中所有包含数字"8"的关注指数。

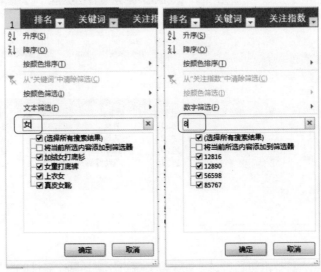

## 4 筛选以某值开头 / 结尾的数据

在筛选时，结合通配符可以让筛选方式更加灵活。如下图所示，"*"表示多个字符，"?"表示单个字符。注意通配符要在英文状态下输入。

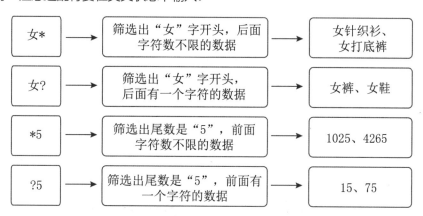

按照上图所示的方法，直接在筛选的搜索文本框中，使用通配符加搜索目标值，即可快速筛选出开头或结尾包含某值的数据，效果如下图所示。

## 5　筛选固定位数的数据

在筛选数据时，如果只想筛选出 3 位数或 3 个字的数据，可以使用 "?" 通配符来进行数据的位数筛选。因为该通配符表示一个字符，所以 "???" 就表示 3 个字符。同样的道理，"????" 表示 4 个字符。

如左下图所示，在【文本筛选】文本框中输入 "??" 表示筛选两个字的关键词数据。如右下图所示，在【数字筛选】文本框中输入 "???" 表示筛选 3 位数的升降位次数据。

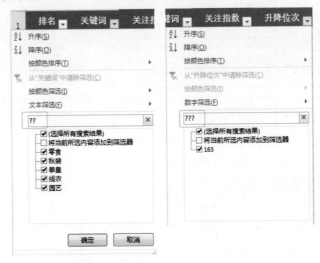

## 5.2.2　灵活运用高级筛选法

简单自动筛选可以满足很多需求，既能识别数字又能识别文字，还能根据颜色进行筛选，但是也有一些不便之处。例如，筛选出来的数据需要复制到另外的地方，否则不能进行其他筛选；又如，进行多次筛选时，可能忘记究竟进行了几次筛选。

学会高级筛选，将弥补简单筛选的不足，实现更灵活的筛选。

## 1 高级筛选的概念

如下图所示，高级筛选有四大好处，这让筛选方式更灵活，更符合实际需求。

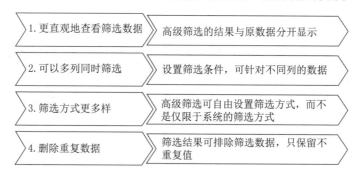

高级筛选的操作方式与简单筛选不同，高级筛选需要设置条件区域，然后再按照条件区域设置的条件对原数据进行筛选。

如下图所示，条件区域表示要筛选出的关键词中带"女"字，且关注指数为大于 15 000 的数据。

| 排名 | 关键词 | 关注指数 | 升降位次 | 升降幅度 | | 关键词 | 关注指数 |
|---|---|---|---|---|---|---|---|
| 1 | 拳皇 | 85767 | 163 | 100% | | *女* | >15000 |
| 2 | 切墙机 | 56598 | 41 | 47% | | | |
| 3 | 线衣 | 16110 | 40 | 22% | | | |
| 4 | 加绒女打底衣 | 17174 | 38 | 23% | | | |
| 5 | 上衣女 | 16410 | 30 | 18% | | | |
| 6 | 秋装 | 14320 | 29 | 15% | | | |
| 7 | 女童打底裤 | 13196 | 29 | 100% | | | |
| 8 | 女针织衫 | 19353 | 28 | 20% | | | |
| 9 | 床单四件套 | 25620 | 27 | 25% | | | |
| 10 | 双肩包 | 12890 | 25 | 100% | | | |
| 11 | 装饰画 | 12816 | 22 | 11% | | | |

## 2 高级筛选案例

掌握高级筛选的方式及规则，可以提高筛选效率与准确性。高级筛选有以下几条需要引起重视的规则。

①条件区域的字段名与原始数据区域的字段名必须完全相同。例如，原始数据区域是"销量（件）"，条件区域不能写为"销量"。

②条件为"与"的关系，应该放在同一行；条件为"或"的关系，要分成不同行显示。

③选中【选择不重复的记录】复选框，可以排除重复值。

根据以上规则，具体操作步骤如下。

**步骤 01** 输入筛选条件。如下图所示，在空白单元格中输入筛选条件。"关注指数"的条件没有在同一行，表示"或"的关系。"升降位次"的条件与两个"关注指数"的条件在同一行，表示"和"的关系。3 个条件共同表示筛选出关注指数大于 20 000 且升降位次大于 20 的数据，或者是关注指数小于 15 000 且升降位次大于 20 的数据。

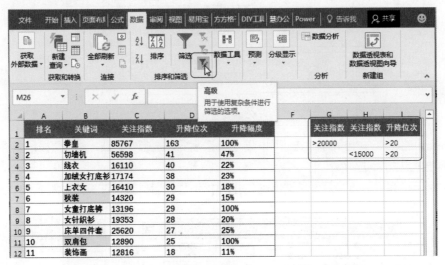

**步骤 02** 设置筛选条件。单击【数据】选项卡下的【高级】按钮，打开【高级筛选】对话框，如左下图所示，设置筛选条件。

**步骤 03** 查看结果。完成筛选后的数据在新的区域显示，效果如右下图所示。

| 排名 | 关键词 | 关注指数 | 升降位次 | 升降幅度 |
|---|---|---|---|---|
| 1 | 拳皇 | 85767 | 163 | 100% |
| 2 | 切墙机 | 56598 | 41 | 47% |
| 6 | 秋装 | 14320 | 29 | 15% |
| 7 | 女童打底裤 | 13196 | 29 | 100% |
| 9 | 床单四件套 | 25620 | 27 | 25% |
| 10 | 双肩包 | 12890 | 25 | 100% |
| 12 | 园艺 | 13000 | 21 | 16% |

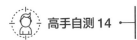 高手自测 14 小张是互联网公司的市场企划员，现在需要从下图中分析出最为合适的合作商家，要求商家所在地为"成都""贵阳""重庆"，自带客户数大于 3 万，进货折扣大于 7 折。请问他应该如何筛选？

扫描看答案

| | 商家名称 | 所在地 | 进货折扣 | 自带客户数（位） |
|---|---|---|---|---|
| 1 | | | | |
| 2 | A | 北京 | 80% | 45000 |
| 3 | B | 成都 | 50% | 12000 |
| 4 | C | 成都 | 60% | 9000 |
| 5 | D | 昆明 | 70% | 8000 |
| 6 | E | 重庆 | 80% | 42615 |
| 7 | F | 广州 | 90% | 35124 |
| 8 | G | 重庆 | 50% | 62542 |
| 9 | H | 贵阳 | 40% | 62648 |
| 10 | I | 贵阳 | 60% | 52154 |
| 11 | J | 重庆 | 40% | 2615 |
| 12 | K | 贵阳 | 50% | 5987 |
| 13 | L | 重庆 | 70% | 52648 |
| 14 | M | 贵阳 | 80% | 75497 |
| 15 | N | 重庆 | 90% | 62458 |
| 16 | O | 贵阳 | 80% | 65248 |
| 17 | P | 成都 | 70% | 23451 |
| 18 | Q | 重庆 | 80% | 26542 |
| 19 | R | 成都 | 90% | 62549 |
| 20 | S | 成都 | 70% | 62549 |
| 21 | T | 成都 | 90% | 1245 |

## 5.3　分类汇总，学会正确使用汇总表

随着 Excel 版本的迭代，功能越来越完善。与新功能相比，分类汇总功能似乎总是被人遗忘。然而，想要快速对数据各项目进行统计，分类汇总是最理想的操作。通过分类汇总，可以将数据分析对比的思路付诸实践，轻松对各项目的总和、平均数等指标进行快速准确地对比。

### 5.3.1　数据汇总基本操作

Excel 分类汇总是一个高效汇总数据工具，可以按照名称快速统计各项目数据的概况。为了确保汇总操作能顺利进行，首先应该理解这项操作的要点。

下图所示为数据汇总基本的操作流程。其中排序步骤比较重要，只有将要汇总的项目排列到一起，Excel 才能对要汇总的项目进行归类。

根据以上操作思路，下面来看一个具体案例。

步骤 01 排名并执行汇总命令。如下图所示，需要汇总不同日期下的销售数据，那么分类依据便是"日期"数据，因此对该列数据进行了排序，将相同的日期排列到一起。然后单击【数据】选项卡下的【分类汇总】按钮。

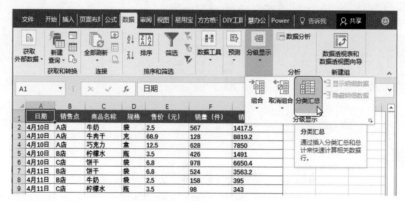

步骤 02 设置汇总方式。在打开的【分类汇总】对话框中，设置分类字段为【日期】，并设置汇总方式，以及要汇总的项目，如左下图所示。

步骤 03 查看结果。汇总结果如右下图所示，显示了不同日期下售价、销量、销售额的总和。

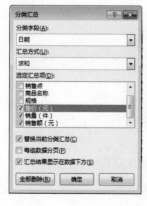

步骤 **04** 分级查看汇总结果。单击汇总表左上角的按钮【1】【2】【3】可以分级查看汇总结果。下图所示为2级汇总结果，直接显示了每个日期下的数据汇总，而没有显示项目明细。

| | | A | B | 商品名称 | 规格 | 售价（元） | 销量（件） | 销售额（元） |
|---|---|---|---|---|---|---|---|---|
| | | 日期 | 销售点 | 商品名称 | 规格 | 售价（元） | 销量（件） | 销售额（元） |
| + | 7 | 4月10日 | 汇总 | | | 94.2 | 2727 | 26228.1 |
| + | 12 | 4月11日 | 汇总 | | | 15.3 | 1634 | 6436.2 |
| + | 18 | 4月12日 | 汇总 | | | 85.2 | 1445 | 20727.8 |
| − | 19 | 总计 | | | | 194.7 | 5806 | 53392.1 |

## 5.3.2 更高级的汇总——嵌套汇总

基本的汇总方式只能针对一个项目进行汇总，如汇总不同日期下的商品销量。如果想要针对多个项目进行汇总，就需要使用嵌套汇总方式。例如，汇总不同日期下的商品销量，并进一步汇总不同日期下不同销售点的商品销售。

嵌套汇总需要用到自定义排序，即针对要汇总的项目进行排序，其思路如下图所示。

按照这样的思路，下面来看一个具体的嵌套汇总案例。

步骤 **01** 自定义排序数据。现在需要对不同日期下不同销售点的商品销量数据进行汇总。因此先对日期进行排序，再对销售点进行排序，如下图所示。

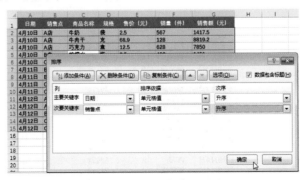

步骤 **02** 第一次汇总。执行第一次汇总命令，如左下图所示。

步骤 **03** 第二次汇总。再次打开【分类汇总】对话框，如右下图所示，设置第二个汇总依据。注意取消选中【替换当前分类汇总】复选框。

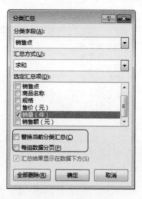

步骤 **04** 查看汇总结果。最后嵌套汇总结果如下图所示，汇总表中不仅汇总了不同日期的商品销量，还对不同日期下的不同销售点进行销量数据汇总。

| 1 2 3 4 | | A | B | C | D | E | F | G |
|---|---|---|---|---|---|---|---|
| | 1 | 日期 | 销售点 | 商品名称 | 规格 | 售价（元） | 销量（件） | 销售额（元） |
| | 2 | 4月10日 | A店 | 牛奶 | 袋 | 2.5 | 567 | 1417.5 |
| | 3 | 4月10日 | A店 | 牛肉干 | 克 | 68.9 | 128 | 8819.2 |
| | 4 | 4月10日 | A店 | 巧克力 | 盒 | 12.5 | 628 | 7850 |
| | 5 | | A店 汇总 | | | | 1323 | |
| | 6 | 4月10日 | B店 | 柠檬水 | 瓶 | 3.5 | 426 | 1491 |
| | 7 | | B店 汇总 | | | | 426 | |
| | 8 | 4月10日 | C店 | 饼干 | 袋 | 6.8 | 978 | 6650.4 |
| | 9 | | C店 汇总 | | | | 978 | |
| | 10 | 4月10日 汇总 | | | | | 2727 | |
| | 11 | 4月11日 | B店 | 饼干 | 袋 | 6.8 | 524 | 3563.2 |
| | 12 | 4月11日 | B店 | 牛奶 | 袋 | 2.5 | 158 | 395 |
| | 13 | | B店 汇总 | | | | 682 | |
| | 14 | 4月11日 | C店 | 柠檬水 | 瓶 | 3.5 | 98 | 343 |

**高手自测 15** → 现在需要对下面的互联流量数据进行分析，对比出不同日期下，不同端口的流量大小，具体应该如何快速完成数据统计？

扫描看答案

| | A | B | C | D |
|---|---|---|---|---|
| 1 | 日期 | 端口 | 平台 | 流量 |
| 2 | 6月3日 | PC端 | A | 32648 |
| 3 | 6月3日 | 移动端 | A | 52154 |
| 4 | 6月3日 | PC端 | B | 62504 |
| 5 | 6月3日 | 移动端 | B | 10215 |
| 6 | 6月3日 | PC端 | C | 62451 |
| 7 | 6月3日 | 移动端 | C | 52415 |
| 8 | 6月3日 | PC端 | D | 62541 |
| 9 | 6月3日 | 移动端 | D | 25142 |
| 10 | 6月4日 | PC端 | A | 52615 |
| 11 | 6月4日 | 移动端 | A | 48524 |
| 12 | 6月4日 | PC端 | B | 62451 |
| 13 | 6月4日 | 移动端 | B | 21542 |
| 14 | 6月5日 | PC端 | C | 62154 |
| 15 | 6月5日 | 移动端 | C | 1256 |
| 16 | 6月5日 | PC端 | D | 2157 |
| 17 | 6月5日 | 移动端 | D | 41254 |

# 5.4 再学两项操作，让数据分析锦上添花

数据分析过程中常常遇到一些突发状况。例如，在不进行计算的前提下，快速找出数据表中数值排名前十的项目；又如，领导要求数据分析的报告中，既要有数据，又要有直观的数据升降符号。

本节要介绍的条件格式和迷你图，是两项既简单又实用的操作，可以解决数据分析过程中出现的上述问题。

## 5.4.1 条件格式，有色的数据更容易分析

Excel 中的条件格式是一项非常简单的操作，却能让数据表大为改观。对数据表设置条件区域的步骤如左下图所示，首先需要选中数据区域，然后选择一种条件格式，就能查看结果。对数据表可以设置 5 种条件格式，方法为选择【条件格式】→【其他规则】选项，即可自行设置规则，如右下图所示。

这 5 种条件格式中，【突出显示单元格规则】和【最前 / 最后规则】比较类似，都是以增加单元格底色的方式突出显示符合特定要求的数据。左下图所示为显示高于平均值流量数据的效果。

【数据条】格式是根据同一列单元格数值的大小，增加不同长短的数据条。如右下图所示，通过辨认数据条的长短可以快速判断数据的大小，提高数据分析的直观性。

| 日期 | 流量来源 | 流量大小 | 转化率 |
|---|---|---|---|
| 7月1日 | 老客户流量 | 1257 | 9.70% |
| 7月1日 | 自然搜索流量 | 5216 | 5.20% |
| 7月1日 | 钻展流量 | 2157 | 6.30% |
| 7月1日 | 直通车流量 | 23159 | 4.60% |
| 7月1日 | 关联宝贝流量 | 12498 | 9.70% |
| 7月2日 | 老客户流量 | 5218 | 11.20% |
| 7月2日 | 自然搜索流量 | 256 | 15.60% |
| 7月2日 | 钻展流量 | 987 | 13.40% |
| 7月2日 | 直通车流量 | 4528 | 5.00% |
| 7月2日 | 关联宝贝流量 | 124 | 5.60% |
| 7月3日 | 老客户流量 | 5215 | 6.70% |
| 7月3日 | 自然搜索流量 | 624 | 4.90% |
| 7月3日 | 钻展流量 | 5215 | 13.40% |
| 7月3日 | 直通车流量 | 487 | 14.60% |
| 7月3日 | 关联宝贝流量 | 2541 | 15.50% |

| | A | B | C | D |
|---|---|---|---|---|
| 1 | 日期 | 流量来源 | 流量大小 | 转化率 |
| 2 | 7月1日 | 老客户流量 | 1257 | 9.70% |
| 3 | 7月1日 | 自然搜索流量 | 5216 | 5.20% |
| 4 | 7月1日 | 钻展流量 | 2157 | 6.30% |
| 5 | 7月1日 | 直通车流量 | 23159 | 4.60% |
| 6 | 7月1日 | 关联宝贝流量 | 12498 | 9.70% |
| 7 | 7月2日 | 老客户流量 | 5218 | 11.20% |
| 8 | 7月2日 | 自然搜索流量 | 256 | 15.60% |
| 9 | 7月2日 | 钻展流量 | 987 | 13.40% |
| 10 | 7月2日 | 直通车流量 | 4528 | 5.00% |
| 11 | 7月2日 | 关联宝贝流量 | 124 | 5.60% |
| 12 | 7月3日 | 老客户流量 | 5215 | 6.70% |
| 13 | 7月3日 | 自然搜索流量 | 624 | 4.90% |
| 14 | 7月3日 | 钻展流量 | 5215 | 13.40% |
| 15 | 7月3日 | 直通车流量 | 487 | 14.60% |
| 16 | 7月3日 | 关联宝贝流量 | 2541 | 15.50% |

【色阶】格式是通过不同的颜色来显示数据的大小。如下图所示，颜色越浅表示数据越小，颜色越深表示数据越大。通过颜色深浅可直观对比数据大小，以及找出较大或较小的数据。

| 日期 | 流量来源 | 流量大小 | 转化率 |
|---|---|---|---|
| 7月1日 | 老客户流量 | 1257 | 9.70% |
| 7月1日 | 自然搜索流量 | 5216 | 5.20% |
| 7月1日 | 钻展流量 | 2157 | 6.30% |
| 7月1日 | 直通车流量 | 23159 | 4.60% |
| 7月1日 | 关联宝贝流量 | 12498 | 9.70% |
| 7月2日 | 老客户流量 | 5218 | 11.20% |
| 7月2日 | 自然搜索流量 | 256 | 15.60% |
| 7月2日 | 钻展流量 | 987 | 13.40% |
| 7月2日 | 直通车流量 | 4528 | 5.00% |
| 7月2日 | 关联宝贝流量 | 124 | 5.60% |
| 7月3日 | 老客户流量 | 5215 | 6.70% |
| 7月3日 | 自然搜索流量 | 624 | 4.90% |
| 7月3日 | 钻展流量 | 5215 | 13.40% |
| 7月3日 | 直通车流量 | 487 | 14.60% |
| 7月3日 | 关联宝贝流量 | 2541 | 15.50% |

【图标集】格式是为数据增加图标，以区分数据类型。如下图所示，向上的箭头表示数据趋势是上升的，向下的箭头表示数据趋势是下降的。需要注意的是，设置图标集格式，要选择【其他规则】选项，为不同的图标进行定义。

例如，"流量大小"列数据的定义，流量大于或等于 1 500 的数据定义为上升的绿色箭头图标，流量小于 1 500 的数据定义为下降的红色箭头图标；又如，"转化率"数据列的定义，转化率大于或等于 5% 的数据定义为上升的绿色箭头图标，转化率小于 5% 的数据定义为下降的红色箭头图标。

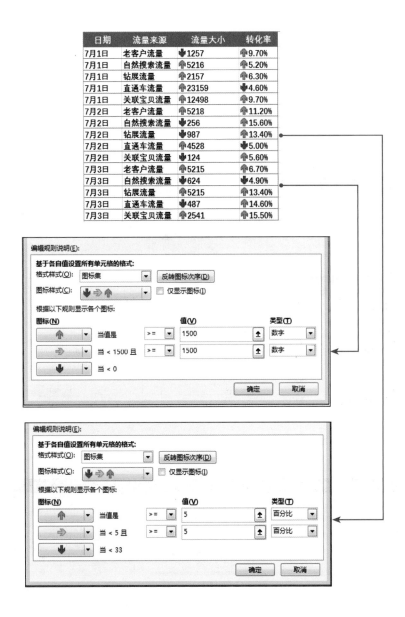

## 5.4.2 迷你图，瞬间增强数据表现力

前面讲到过迷你图可以在保留原始数据的前提下以图表的方式增强数据表现力，让数据既显示

明细又有直观形象。下面介绍为数据添加迷你图的具体步骤。

**步骤 01** 选择迷你图类型。如左下图所示，要为 3 个车间的产量添加趋势迷你图，单击【插入】选项卡下【迷你图】组中的【折线】按钮。

**步骤 02** 设置参数。在打开的【创建迷你图】对话框中，设置【数据范围】为 3 个车间的产量数据范围、【位置范围】为 3 个车间下方的空白单元格，如右下图所示。这样可以同时创建 3 个迷你图。

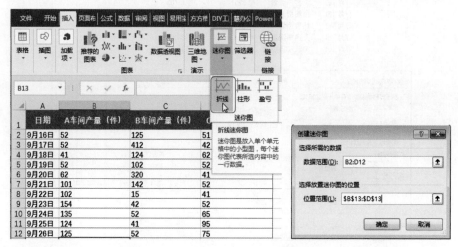

**步骤 03** 微调迷你图格式。创建好的迷你图可以设置格式，如下图所示，选择迷你图显示【高点】和【低点】选项，并且设置两个点位的颜色。

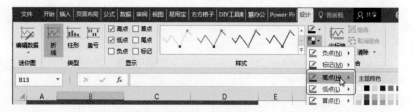

**步骤 04** 增加单元格行高。为了让迷你图显示更加清晰，可以增加单元格行高，如下图所示。此时，因为有了迷你图的辅助，可以通过数据表快速了解各车间在固定时期内的产量趋势，从而可以对产量有一个直观的分析。

| 日期 | A车间产量（件） | B车间产量（件） | C车间产量（件） |
|---|---|---|---|
| 9月16日 | 52 | 125 | 51 |
| 9月17日 | 52 | 412 | 42 |
| 9月18日 | 41 | 124 | 62 |
| 9月19日 | 52 | 102 | 52 |
| 9月20日 | 62 | 320 | 41 |
| 9月21日 | 101 | 142 | 52 |
| 9月22日 | 102 | 15 | 41 |
| 9月23日 | 154 | 42 | 52 |
| 9月24日 | 135 | 52 | 65 |
| 9月25日 | 124 | 41 | 95 |
| 9月26日 | 125 | 52 | 75 |

**高手自测 16**　为了便于数据分析，要求对下面表格中的流量数据增加数据条，并且将销量数据中大于平均值的数据填充红色底纹，同时增加各项目数据的趋势迷你图。

扫描看答案

| 日期 | 店铺流量 | 店铺销量（件） | 转化率 | 客单价（元） |
|---|---|---|---|---|
| 9月1日 | 1257 | 15 | 1.19% | 56.9 |
| 9月2日 | 4152 | 66 | 1.59% | 67 |
| 9月3日 | 1245 | 62 | 4.98% | 95 |
| 9月4日 | 1245 | 85 | 6.83% | 85 |
| 9月5日 | 2654 | 74 | 2.79% | 74 |
| 9月6日 | 8475 | 279 | 3.29% | 85 |
| 9月7日 | 9578 | 125 | 1.31% | 45 |
| 9月8日 | 4152 | 95 | 2.29% | 36 |
| 9月9日 | 1245 | 12 | 0.96% | 95 |
| 9月10日 | 51245 | 254 | 0.50% | 85 |
| 9月11日 | 2154 | 41 | 1.90% | 74 |
| 9月12日 | 2564 | 52 | 2.03% | 85 |
| 9月13日 | 8574 | 62 | 0.72% | 42 |
| 9月14日 | 8549 | 42 | 0.49% | 52 |
| 9月15日 | 5246 | 51 | 0.97% | 41 |

# 6

# 提高效率：用好透视表，分析数据事半功倍

　　VBA 太难，函数又太多太难记。有什么数据分析的工具是既好学又好用的？

　　Excel 数据项目实在太多，销量、售价、销售地、销售员、成本……如何快速对各项数据进行求和统计、平均数统计？这么多数据，又要如何有针对性地查看、找出数据间的关系？

　　答案就是——学好数据透视表！透视表让数据分析者既不用会VBA 也不用会函数，只需单击几下鼠标就能轻松实现海量数据的汇总与分析。

　　数据透视表就像"孙悟空手中的金箍棒"，想怎么变就怎么变，让任何数据信息都逃不过分析者的"法眼"。

**请带着下面的问题走进本章**

1　数据透视表对原始数据的格式有什么要求？

2　如何将一份表格数据创建成透视表？

3　如何通过透视表快速汇总各数据项目？

4　如何通过透视表分析各数据的百分比？

5　如何用透视表进行数据筛选，将分析目标集中在重点数据上？

Excel 表相当于一个小型数据库，高效读取、分析数据库信息，离不开数据透视表。数据透视表功能强大，能针对字段对数据进行多种形式的汇总，同时又能免去不会使用函数汇总分析数据的烦恼。

### 6.1.1　原始数据要给力

建立数据的操作并不难，但是不注意原始数据规范，可能导致建表出错，以及建表后，数据分析出错。下面介绍建立透视表所需要的原始数据需要注意哪些问题。

### 1　所有数据在一张表里

透视表的原始数据需要放在一张工作表里，而不是分多张工作表放置。这是因为透视表的数据基础是同一张工作表中的数据。

如果数据是按不同月份、不同品类、不同规格放在不同的工作表中，需要先将不同工作表中的数据合并到一张表中再建立数据透视表。

如下图第一张表所示，商品的销售数据分别放在"1月"和"2月"工作表中。如果想同时分析这两个月的数据，就需要将两张表合并。合并后的数据表增加一个字段即可。如下图第二张表所示，增加了"日期"字段。

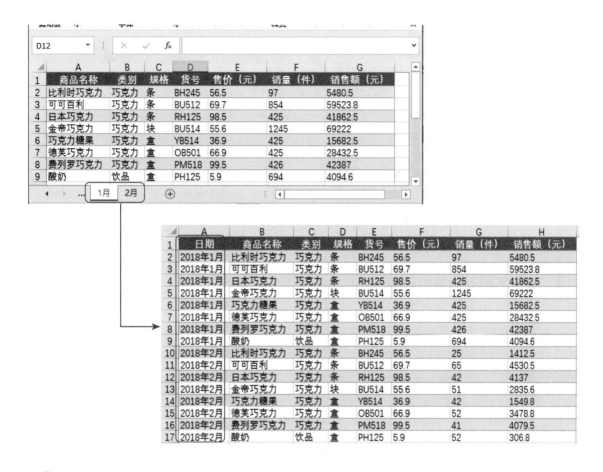

## 2 是一维表格不是二维表

数据透视表的原始数据应该是一维表格，即表的第一行是字段名，下面是字段对应的数据。二维表将无法顺利建立数据透视表。如果不清楚如何将二维表转换为一维表，建议查看第 3 章的内容。

## 3 表中不要有空值

原始数据不要出现空行或空列，这会导致建表错误。如下图所示，表的第一行为空白，这会导致透视表字段出错，表中间有空行，会导致透视表中有空值。

如果没有数据，或者为"0"值，建议输入"0"，而非空白单元格。

| | A | B | C | D | E | F | G | H |
|---|---|---|---|---|---|---|---|---|
| 1 | | | | | | | | |
| 2 | 日期 | 商品名称 | 类别 | 规格 | 货号 | 售价（元） | 销量（件） | 销售额（元） |
| 3 | 2018年1月 | 比利时巧克力 | 巧克力 | 条 | BH245 | 56.5 | 97 | 5480.5 |
| 4 | 2018年1月 | 可可百利 | 巧克力 | 条 | BU512 | 69.7 | 854 | 59523.8 |
| 5 | 2018年1月 | 日本巧克力 | 巧克力 | 条 | RH125 | 98.5 | 425 | 41862.5 |
| 6 | 2018年1月 | 金帝巧克力 | 巧克力 | 块 | BU514 | 55.6 | 1245 | 69222 |
| 7 | 2018年1月 | 巧克力糖果 | 巧克力 | 盒 | YB514 | 36.9 | 425 | 15682.5 |
| 8 | 2018年1月 | 德芙巧克力 | 巧克力 | 盒 | OB501 | 66.9 | 425 | 28432.5 |
| 9 | 2018年1月 | 费列罗巧克力 | 巧克力 | 盒 | PM518 | 99.5 | 426 | 42387 |
| 10 | 2018年1月 | 酸奶 | 饮品 | 盒 | PH125 | 5.9 | 694 | 4094.6 |
| 11 | | | | | | | | |
| 12 | 2018年2月 | 比利时巧克力 | 巧克力 | 条 | BH245 | 56.5 | 25 | 1412.5 |
| 13 | 2018年2月 | 可可百利 | 巧克力 | 条 | BU512 | 69.7 | 0 | 0 |
| 14 | 2018年2月 | 日本巧克力 | 巧克力 | 条 | RH125 | 98.5 | 42 | 4137 |
| 15 | 2018年2月 | 金帝巧克力 | 巧克力 | 块 | BU514 | 55.6 | 0 | 0 |
| 16 | 2018年2月 | 巧克力糖果 | 巧克力 | 盒 | YB514 | 36.9 | 42 | 1549.8 |
| 17 | 2018年2月 | 德芙巧克力 | 巧克力 | 盒 | OB501 | 66.9 | 0 | 0 |

## ④ 表中不要有合并单元格

数据透视表的原始表格中不要有合并单元格存在，否则容易导致透视分析错误。如果原始数据中有合并单元格，其解决办法为：取消合并单元格→定位空值单元格→输入公式→按【Ctrl+Enter】组合键重复操作。示例如下。

如左下图所示，取消合并单元格。如右下图所示，定位空值单元格，然后在 C3 单元格中输入公式"=C2"表示 C3 单元格的内容与 C2 单元格内容一致。

此时再按【Ctrl+Enter】组合键，就可以重复上一步操作，即让所有空值单元格的内容都与前面单元格内容保持一致，如下图所示。

## ⑤ 数据格式要正确

原始数据表中，数据格式要正确设置，尤其是日期数据，不能设置成文本数据，否则无法使用透视表汇总统计日期数据，也不能进一步使用切片器分析数据。日期格式的修改方法请参阅第 3 章的内容。

## 6.1.2 建表方法要正确

用 Excel 2016 建立透视表有两种方法：一种是使用系统推荐的透视表，可以省去字段设置的过程；另一种是自定义建立透视表，可以灵活地选择数据区域及进行字段设置。

下面以下图所示的原始数据表为例，讲解数据透视表建立的要点。

| | A | B | C | D | E | F | G | H |
|---|---|---|---|---|---|---|---|---|
| 1 | 日期 | 商品名称 | 类别 | 规格 | 货号 | 售价（元） | 销量（件） | 销售额（元） |
| 45 | 2018/3/3 | 苏打水 | 饮品 | 瓶 | SD517 | 5 | 52 | 260 |
| 46 | 2018/3/3 | 牛肉干 | 散装零食 | 克 | NR524 | 68.9 | 41 | 2824.9 |
| 47 | 2018/3/3 | 小鱼干 | 散装零食 | 克 | YG241 | 33.8 | 52 | 1757.6 |
| 48 | 2018/3/3 | 鱿鱼丝 | 散装零食 | 克 | YY154 | 55.5 | 62 | 3441 |
| 49 | 2018/3/3 | 牛板筋 | 散装零食 | 克 | NB514 | 88.5 | 41 | 3628.5 |
| 50 | 2018/3/4 | 比利时巧克力 | 巧克力 | 条 | BH245 | 56.5 | 15 | 847.5 |
| 51 | 2018/3/4 | 可可百利 | 巧克力 | 条 | BU512 | 69.7 | 42 | 2927.4 |
| 52 | 2018/3/4 | 日本巧克力 | 巧克力 | 条 | RH125 | 98.5 | 15 | 1477.5 |
| 53 | 2018/3/4 | 金帝巧克力 | 巧克力 | 块 | BU514 | 55.6 | 42 | 2335.2 |
| 54 | 2018/3/4 | 巧克力糖果 | 巧克力 | 盒 | YB514 | 36.9 | 52 | 1918.8 |
| 55 | 2018/3/4 | 德芙巧克力 | 巧克力 | 盒 | OB501 | 66.9 | 41 | 2742.9 |
| 56 | 2018/3/4 | 费列罗巧克力 | 巧克力 | 盒 | PM518 | 99.5 | 52 | 5174 |

## 1 使用推荐的透视表

在不熟悉透视表的前提下,可以使用系统推荐的透视表,分析系统是如何对字段进行设置的,以增加对透视表的理解程度。

在原始数据表中,单击【插入】选项卡下【表格】组中的【推荐的数据透视表】按钮,即可出现一系列推荐的透视表。如下图所示,选中不同的透视表,在右侧窗格中就可以看到透视表的明细。

系统会根据透视表中的字段进行组合设置,如下图中的透视表,以商品名称为行标签,既对商品的销售额、售价进行了求和计算,又对表中不同商品名称出现的次数进行了统计。

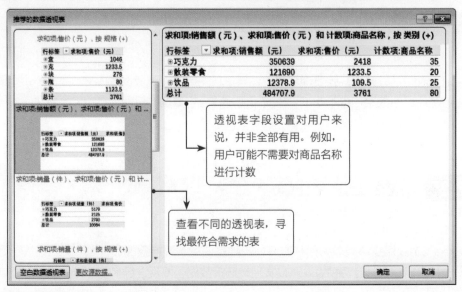

## 2 自定义建立透视表

使用系统推荐的透视表常常不能满足实际需求,尤其是透视表字段较多时,系统对字段进行自由组合,容易组合出对分析没有意义的数据。

自定义建立透视表的方法是,单击【插入】选项卡下【数据透视表】按钮,出现如下图所示的对话框,在其中进行设置即可。

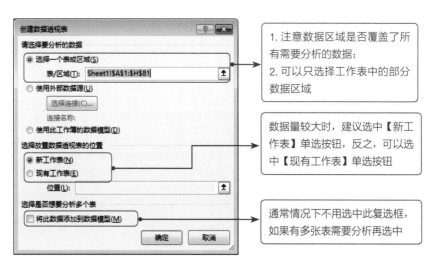

1.注意数据区域是否覆盖了所有需要分析的数据；

2.可以只选择工作表中的部分数据区域

数据量较大时，建议选中【新工作表】单选按钮，反之，可以选中【现有工作表】单选按钮

通常情况下不用选中此复选框，如果有多张表需要分析再选中

 **高手自测 17** ⟶ 如何将下图所示的数据建立成透视表？

扫描看答案

| | A | B | C | D | E | F | G | H | I |
|---|---|---|---|---|---|---|---|---|---|
| 2 | 序号 | 供应商 | 物料编号 | 规格 | 颜色 | 采购价（元） | 采购数量 | 采购金额（元） | 日期 |
| 3 | 1 | 王宁 | UB1254 | 米 | 红色 | 55.9 | 512 | 28620.8 | 2018/6/19 |
| 4 | 2 | 赵宏 | UB1255 | 米 | 红色 | 56.9 | 425 | 24182.5 | 2018/6/20 |
| 5 | 3 | 刘东 | UB1256 | 件 | 红色 | 95.8 | 625 | 59875 | 2018/6/21 |
| 6 | 4 | 王宁 | UB1257 | 件 | 灰色 | 45.8 | 652 | 29861.6 | 2018/6/22 |
| 7 | 5 | 赵宏 | UB1258 | 件 | 灰色 | 59.5 | 425 | 25287.5 | 2018/6/23 |
| 8 | 6 | 李欢 | UB1259 | 件 | 灰色 | 60 | 152 | 9120 | 2018/6/24 |
| 9 | 7 | 李欢 | UB1260 | 千克 | 蓝色 | 85 | 154 | 13090 | 2018/6/25 |
| 10 | 8 | 赵宏 | UB1261 | 件 | 蓝色 | 65.9 | 521 | 34333.9 | 2018/6/26 |
| 11 | 9 | 李欢 | UB1262 | 米 | 蓝色 | 50 | 265 | 13250 | 2018/6/27 |
| 12 | 10 | 李欢 | UB1263 | 千克 | 灰色 | 66 | 428 | 28248 | 2018/6/28 |
| 13 | 11 | 赵宏 | UB1264 | 件 | 蓝色 | 68.7 | 845 | 58051.5 | 2018/6/29 |
| 14 | 12 | 王宁 | UB1265 | 千克 | 蓝色 | 56 | 758 | 42448 | 2018/6/30 |
| 15 | 13 | 赵宏 | UB1266 | 米 | 红色 | 69.5 | 957 | 66511.5 | 2018/7/1 |
| 16 | 14 | 刘东 | UB1267 | 米 | 蓝色 | 85.6 | 458 | 39204.8 | 2018/7/2 |
| 17 | 15 | 赵宏 | UB1268 | 千克 | 红色 | 56 | 451 | 25256 | 2018/7/3 |

## 6.2 透视表建得好，更要用得好

透视表成功创建后，需要对字段进行合理设置，灵活更改数据的展现形式，用不同的视角进行数据分析。必要时，还可以结合图表，可视化展现、分析数据。

**数据表分析的关键——字段布局**

字段布局是透视表数据分析的一个关键点，学习字段布局，不是"依葫芦画瓢"，而是建立在理解的基础上，分析案例这样设置字段的原因，再结合自己的需求进行字段设置。

## 1 理解字段

创建透视表后，Excel 分为 3 个框架区域，左侧窗格是透视表显示区域，右侧窗格上方是字段列表区域、下方是字段设置区域。透视表的设置步骤如下图所示。

选中需要的字段 → 设置字段 → 查看透视表是否符合需求

下图所示为透视表创建后的 3 个框架区域。

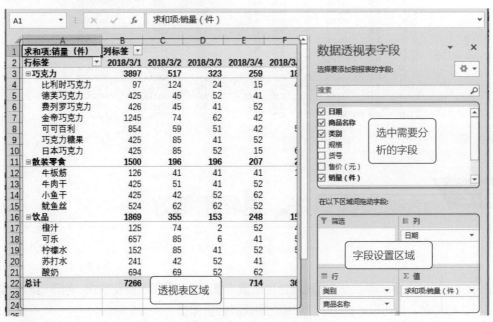

在右侧窗格上方根据需求选中需要的字段。如果需要分析表格中不同日期下不同商品的销量，那么就需要选中"日期""商品名称""销量（件）"3个字段。同样的道理，如果需要分析不同日期下，不同商品类别的售价数据，就需要选中"日期""类别""售价（元）"3个字段。

字段选中后，就需要对其进行设置。字段设置有两个要点：即透视表的列和行分别显示什么数据和数据的统计方式是什么，如下图所示。

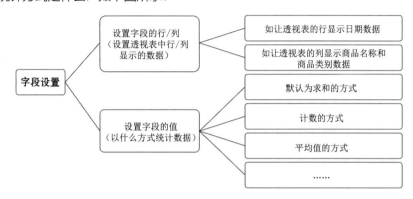

在进行字段选择与设置后，该区域的透视表数据会随之发生改变。因此，在调整字段时，可以对照透视表区域的数据，看数据显示是否符合分析需要，如果不符合分析需要，可以再进行字段设置。

## 2 字段设置要点

进行字段设置，需要掌握两项基本操作：一是移动字段，二是设置字段的值。

（1）移动字段

首先，字段可以从字段列表中直接拖曳添加到下方区域。如左下图所示，从字段列表中选中字段，往右拖动到右下图所示的区域，再松开鼠标，即可完成字段添加。

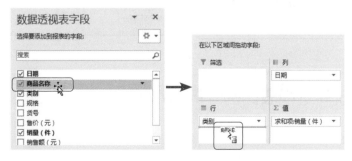

其次，添加到下方的字段，可以通过拖曳的方式进行调整。如左下图所示，"日期"在【行】区域内，选中"日期"字段进行拖曳，可以拖动到【列】区域内，结果如右下图所示。

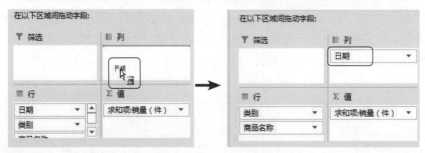

（2）设置字段的值

透视表是一种可以快速汇总大量数据的表格。在透视表的字段设置区域，【值】区域内的字段会被进行统计，默认情况下统计方式为求和。如果将"销量（件）"字段放到该区域内，就会对销量数据进行求和计算。

如果想改变统计方式，可以进行值字段设置。如左下图所示，右击【求和项】下三角按钮，在弹出的快捷菜单中的选择【值字段设置】选项，在打开的对话框中选择需要的汇总方式即可，如右下图所示。

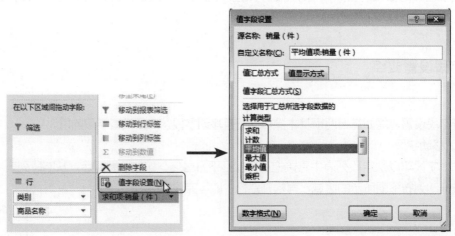

**6.2.2　玩转透视表比例分析的7种方法**

在前面讲解过比例分析的思维，通过研究项目比例，可以客观地判断项目的表现。使用数据透视表，可以将值的显示方式快速切换为百分比显示方式。方法是右击透视表中的数据，选择快捷菜单中的【值显示方式】选项，再进一步选择需要的方式。

Excel 数据透视表提供了 7 种百分比显示方式，从名称上理解，十分抽象。下面通过具体的例子来讲解这 7 种百分比显示方式的含义及作用。

## ① 总计的百分比

总计的百分比显示方式展示了某项目占所有项目总和的百分比。计算原理是：（单独项目的数值 / 所有项目的总值）×100%，如下图所示。

总计的百分比显示方式以所有项目总值为标准，衡量单独项目的数据表现。

| 求和项:销量（件） | 列标签 | | | |
|---|---|---|---|---|
| 行标签 | 2018/3/1 | 2018/3/2 | 2018/3/3 | 总计 |
| 橙汁 | 2.34% | 1.38% | 0.04% | 3.76% |
| 德芙巧克力 | 7.95% | 0.84% | 0.97% | 9.77% |
| 费列罗巧克力 | 7.97% | 0.84% | 0.77% | 9.58% |
| 金帝巧克力 | 23.30% | 1.38% | 1.16% | 25.85% |
| 可乐 | 12.30% | 1.59% | 0.11% | 14.00% |
| 柠檬水 | 2.84% | 1.59% | 0.77% | 5.20% |
| 巧克力糖果 | 7.95% | 1.59% | 0.77% | 10.31% |
| 苏打水 | 4.51% | 0.79% | 0.97% | 6.27% |
| 酸奶 | 12.99% | 1.29% | 0.97% | 15.25% |
| 总计 | 82.16% | 11.30% | 6.53% | 100.00% |

## ② 列汇总的百分比

列汇总的百分比方式显示了每项数据占该列所有数据总和的百分比。计算原理是：（单独项目的数值/项目所在列的总值）×100%。如下图所示，可以分析不同日期下不同商品的销量比例是多少，以此来衡量这一天中，什么商品的销量占比最大。

| 求和项:销量（件） | 列标签 | | | |
|---|---|---|---|---|
| 行标签 | 2018/3/1 | 2018/3/2 | 2018/3/3 | 总计 |
| 橙汁 | 2.85% | 12.25% | 0.57% | 3.76% |
| 德芙巧克力 | 9.68% | 7.45% | 14.90% | 9.77% |
| 费列罗巧克力 | 9.70% | 7.45% | 11.75% | 9.58% |
| 金帝巧克力 | 28.36% | 12.25% | 17.77% | 25.85% |
| 可乐 | 14.97% | 14.07% | 1.72% | 14.00% |
| 柠檬水 | 3.46% | 14.07% | 11.75% | 5.20% |
| 巧克力糖果 | 9.68% | 14.07% | 11.75% | 10.31% |
| 苏打水 | 5.49% | 6.95% | 14.90% | 6.27% |
| 酸奶 | 15.81% | 11.42% | 14.90% | 15.25% |
| 总计 | 100.00% | 100.00% | 100.00% | 100.00% |

## 3 行汇总的百分比

行汇总的百分比方式显示了每项数据占该行所有数据总和的百分比。计算原理是：（单独项目的数值／项目所在行的总值）×100%。如下图所示，可以分析同一类商品在不同日期下的销量比例，以此来衡量商品销量随着日期变化的波动情况。

| 求和项:销量（件） | 列标签 | | | |
|---|---|---|---|---|
| 行标签 | 2018/3/1 | 2018/3/2 | 2018/3/3 | 总计 |
| 橙汁 | 62.19% | 36.82% | 1.00% | 100.00% |
| 德芙巧克力 | 81.42% | 8.62% | 9.96% | 100.00% |
| 费列罗巧克力 | 83.20% | 8.79% | 8.01% | 100.00% |
| 金帝巧克力 | 90.15% | 5.36% | 4.49% | 100.00% |
| 可乐 | 87.83% | 11.36% | 0.80% | 100.00% |
| 柠檬水 | 54.68% | 30.58% | 14.75% | 100.00% |
| 巧克力糖果 | 77.13% | 15.43% | 7.44% | 100.00% |
| 苏打水 | 71.94% | 12.54% | 15.52% | 100.00% |
| 酸奶 | 85.15% | 8.47% | 6.38% | 100.00% |
| 总计 | 82.16% | 11.30% | 6.53% | 100.00% |

## 4 百分比

百分比显示方式是以某项目为标准，显示其他项目与该项目的比例。这种汇总方式，需要选择某项目为参照标准。计算原理是：（其他项目数据／参照项目数值）×100%。如左下图所示，选择"巧克力糖果"为参照标准，其百分比数据如右下图所示，显示了其他商品销量与巧克力糖果商品销量的比值。

通过这样的数据对比，可以分析普通商品与特定商品的差距，如与优秀商品的差距，从而判断该商品目前所处的销量水平。

| 求和项:销量（件） | 列标签 | | | |
|---|---|---|---|---|
| 行标签 | 2018/3/1 | 2018/3/2 | 2018/3/3 | 总计 |
| 橙汁 | 29.41% | 87.06% | 4.88% | 36.48% |
| 德芙巧克力 | 100.00% | 52.94% | 126.83% | 94.74% |
| 费列罗巧克力 | 100.24% | 52.94% | 100.00% | 92.92% |
| 金帝巧克力 | 292.94% | 87.06% | 151.22% | 250.64% |
| 可乐 | 154.59% | 100.00% | 14.63% | 135.75% |
| 柠檬水 | 35.76% | 100.00% | 100.00% | 50.45% |
| 巧克力糖果 | 100.00% | 100.00% | 100.00% | 100.00% |
| 苏打水 | 56.71% | 49.41% | 126.83% | 60.80% |
| 酸奶 | 163.29% | 81.18% | 126.83% | 147.91% |
| 总计 | | | | |

如果数据透视表中的数据属于不同的小分类，如"德芙巧克力""金帝巧克力"属于"巧克力"

分类。"橙汁""苏打水"属于"饮料"分类。那么这种数据还可以使用下面3种百分比统计方式，以分析项目数值与分类总值的比例。

## 5  父行汇总的百分比

父行汇总的百分比方式显示了项目数据占该列分类项目数据总和的百分比。计算原理是：（项目数值 / 项目所在列分类项目总值）×100%。

左下图所示为不同商品的具体销量，如果转换为父行汇总的百分比方式，结果如右下图所示，显示了商品占所在行分类的比例。

例如，3月1日，"巧克力糖果"的销量占"巧克力"总销量的16.86%。而"巧克力"类目的销量占所有类目销量的57.43%。

父行汇总的百分比方式，有助于分析项目在所属类目的表现，以及分析同一分类中不同项目的表现，通过缩小分析范围，获得更有可比性的数据。

| 求和项:销量（件） | 列标签 ▼ | | | |
|---|---|---|---|---|
| 行标签 ▼ | 2018/3/1 | 2018/3/2 | 2018/3/3 | 总计 |
| ⊟巧克力 | 2521 | 249 | 196 | 2966 |
| 　德芙巧克力 | 425 | 45 | 52 | 522 |
| 　费列罗巧克力 | 426 | 45 | 41 | 512 |
| 　金帝巧克力 | 1245 | 74 | 62 | 1381 |
| 　巧克力糖果 | 425 | 85 | 41 | 551 |
| ⊟饮品 | 1869 | 355 | 153 | 2377 |
| 　橙汁 | 125 | 74 | 2 | 201 |
| 　可乐 | 657 | 85 | 6 | 748 |
| 　柠檬水 | 152 | 85 | 41 | 278 |
| 　苏打水 | 241 | 42 | 52 | 335 |
| 　酸奶 | 694 | 69 | 52 | 815 |
| 总计 | 4390 | 604 | 349 | 5343 |

| 求和项:销量（件） | 列标签 ▼ | | | |
|---|---|---|---|---|
| 行标签 ▼ | 2018/3/1 | 2018/3/2 | 2018/3/3 | 总计 |
| ⊟巧克力 | 57.43% | 41.23% | 56.16% | 55.51% |
| 　德芙巧克力 | 16.86% | 18.07% | 26.53% | 17.60% |
| 　费列罗巧克力 | 16.90% | 18.07% | 20.92% | 17.26% |
| 　金帝巧克力 | 49.39% | 29.72% | 31.63% | 46.56% |
| 　巧克力糖果 | 16.86% | 34.14% | 20.92% | 18.58% |
| ⊟饮品 | 42.57% | 58.77% | 43.84% | 44.49% |
| 　橙汁 | 6.69% | 20.85% | 1.31% | 8.46% |
| 　可乐 | 35.15% | 23.94% | 3.92% | 31.47% |
| 　柠檬水 | 8.13% | 23.94% | 26.80% | 11.70% |
| 　苏打水 | 12.89% | 11.83% | 33.99% | 14.09% |
| 　酸奶 | 37.13% | 19.44% | 33.99% | 34.29% |
| 总计 | 100.00% | 100.00% | 100.00% | 100.00% |

## 6  父列汇总的百分比

父列汇总的百分比方式显示了项目数据占该行分类项目数据总和的百分比。计算原理是：（项目数值 / 项目所在行分类项目总值）×100%。

左下图所示为不同商品的具体销量，如果转换为父列汇总的百分比方式，结果如右下图所示，显示了商品占所在行分类的比例。

例如，"巧克力糖果"在3月1日的销量占所有日期销量的77.13%。

| 求和项:销量（件） | 列标签 ▼ | | | |
|---|---|---|---|---|
| 行标签 ▼ | 2018/3/1 | 2018/3/2 | 2018/3/3 | 总计 |
| ⊟ 巧克力 | 2521 | 249 | 196 | 2966 |
| 德芙巧克力 | 425 | 45 | 52 | 522 |
| 费列罗巧克力 | 426 | 45 | 41 | 512 |
| 金帝巧克力 | 1245 | 74 | 62 | 1381 |
| 巧克力糖果 | 425 | 85 | 41 | 551 |
| ⊟ 饮品 | 1869 | 355 | 153 | 2377 |
| 橙汁 | 125 | 74 | 2 | 201 |
| 可乐 | 657 | 85 | 6 | 748 |
| 柠檬水 | 152 | 85 | 41 | 278 |
| 苏打水 | 241 | 42 | 52 | 335 |
| 酸奶 | 694 | 69 | 52 | 815 |
| 总计 | 4390 | 604 | 349 | 5343 |

→

| 求和项:销量（件） | 列标签 ▼ | | | |
|---|---|---|---|---|
| 行标签 ▼ | 2018/3/1 | 2018/3/2 | 2018/3/3 | 总计 |
| ⊟ 巧克力 | 85.00% | 8.40% | 6.61% | 100.00% |
| 德芙巧克力 | 81.42% | 8.62% | 9.96% | 100.00% |
| 费列罗巧克力 | 83.20% | 8.79% | 8.01% | 100.00% |
| 金帝巧克力 | 90.15% | 5.36% | 4.49% | 100.00% |
| 巧克力糖果 | 77.13% | 15.43% | 7.44% | 100.00% |
| ⊟ 饮品 | 78.63% | 14.93% | 6.44% | 100.00% |
| 橙汁 | 62.19% | 36.82% | 1.00% | 100.00% |
| 可乐 | 87.83% | 11.36% | 0.80% | 100.00% |
| 柠檬水 | 54.68% | 30.58% | 14.75% | 100.00% |
| 苏打水 | 71.94% | 12.54% | 15.52% | 100.00% |
| 酸奶 | 85.15% | 8.47% | 6.38% | 100.00% |
| 总计 | 82.16% | 11.30% | 6.53% | 100.00% |

## 7　父级汇总的百分比

父级汇总的百分比方式显示了每个项目占所在分类数据总和的百分比。计算原理是：（项目数值／项目所在列分类项目总值）×100%。

与父行汇总的百分比方式不同的是，父级汇总的百分比方式中，每个分类的总值都是 100%。

父级汇总的百分比汇总方式要选定父级字段名称，如左下图所示中，选择"类别"为基本字段。结果如右下图所示，显示了不同商品占所在分类的比例。

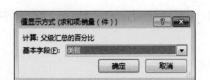

| 求和项:销量（件） | 列标签 ▼ | | | |
|---|---|---|---|---|
| 行标签 ▼ | 2018/3/1 | 2018/3/2 | 2018/3/3 | 总计 |
| ⊟ 巧克力 | 100.00% | 100.00% | 100.00% | 100.00% |
| 德芙巧克力 | 16.86% | 18.07% | 26.53% | 17.60% |
| 费列罗巧克力 | 16.90% | 18.07% | 20.92% | 17.26% |
| 金帝巧克力 | 49.39% | 29.72% | 31.63% | 46.56% |
| 巧克力糖果 | 16.86% | 34.14% | 20.92% | 18.58% |
| ⊟ 饮品 | 100.00% | 100.00% | 100.00% | 100.00% |
| 橙汁 | 6.69% | 20.85% | 1.31% | 8.46% |
| 可乐 | 35.15% | 23.94% | 3.92% | 31.47% |
| 柠檬水 | 8.13% | 23.94% | 26.80% | 11.70% |
| 苏打水 | 12.89% | 11.83% | 33.99% | 14.09% |
| 酸奶 | 37.13% | 19.44% | 33.99% | 34.29% |
| 总计 | | | | |

## 6.2.3　两个方法透视数据差异

分析数据之间的差异，站在理性的角度进行项目对比，是数据分析的重要思路。利用数据透视表，切换数值显示方式，可以轻松地对比数据的数值差异，以及进行同比、环比对比，从而判断项目的涨跌情况。

## 1  分析数值差异

　　分析数值之间的差异，可以选定一个项目为参照标准，将值显示方式调整为【差异】方式，即可看到其他项目与参照项目之间的数值差异。

　　如下图所示，同是巧克力分类下的商品，其中"金帝巧克力"的销量比较好。现在需要分析其他商品与金帝巧克力的销量差异。

| 求和项:销量（件） | 列标签 | | | |
|---|---|---|---|---|
| 行标签 | 2018/3/1 | 2018/3/2 | 2018/3/3 | 总计 |
| ⊟巧克力 | 2521 | 249 | 196 | 2966 |
| 　德芙巧克力 | 425 | 45 | 52 | 522 |
| 　费列罗巧克力 | 426 | 45 | 41 | 512 |
| 　金帝巧克力 | 1245 | 74 | 62 | 1381 |
| 　巧克力糖果 | 425 | 85 | 41 | 551 |

　　如左下图所示，设置【基本项】为【金帝巧克力】。结果如下图所示，显示了其他显示商品与金帝巧克力商品的销量数值差异。通过分析差异数值，可以进行数据对比，衡量各项目的表现。

| 求和项:销量（件） | 列标签 | | | |
|---|---|---|---|---|
| 行标签 | 2018/3/1 | 2018/3/2 | 2018/3/3 | 总计 |
| ⊟巧克力 | | | | |
| 　德芙巧克力 | -820 | -29 | -10 | -859 |
| 　费列罗巧克力 | -819 | -29 | -21 | -869 |
| 　金帝巧克力 | | | | |
| 　巧克力糖果 | -820 | 11 | -21 | -830 |

## 2  分析同比 / 环比差异

　　利用透视表分析项目数据差异，还可以设置要计算差异百分比的基本字段和基本项，来实现项目同比 / 环比的计算，前提是数据有时间项，如果时间是 2017 年 1 月、2017 年 2 月……这样的序列，可以计算项目环比涨跌；如果时间是 2015 年 1 月、2016 年 1 月……这样的序列，可以计算项目的同比涨跌。计算项目环比涨跌的方法是，右击数据，选择【值显示方式】菜单中的【差异百分比】选项。在弹出的【值显示方式】对话框中设置【基本字段】为【日期】，如左下图所示。单击【确定】按钮，在右下图所示的结果中显示了不同商品销量与上一个日期的销量涨幅百分比，以此来判断商品的销量趋势。

| 求和项:销量（件） | 列标签 | | | |
|---|---|---|---|---|
| 行标签 | 2018/3/1 | 2018/3/2 | 2018/3/3 | 总计 |
| ⊟巧克力 | | -90.12% | -21.29% | |
| 　德芙巧克力 | | -89.41% | 15.56% | |
| 　费列罗巧克力 | | -89.44% | -8.89% | |
| 　金帝巧克力 | | -94.06% | -16.22% | |
| 　巧克力糖果 | | -80.00% | -51.76% | |
| ⊟饮品 | | -81.01% | -56.90% | |
| 　橙汁 | | -40.80% | -97.30% | |
| 　可乐 | | -87.06% | -92.94% | |
| 　柠檬水 | | -44.08% | -51.76% | |
| 　苏打水 | | -82.57% | 23.81% | |
| 　酸奶 | | -90.06% | -24.64% | |
| 总计 | | -86.24% | -42.22% | |

### 6.2.4 不容忽视的透视表两大"利器"

数据透视表对数据进行了全面汇总，如果想灵活查看某日期、某分类下的数据，实现交互式数据展示效果，就需要用到切片器和日程表。切片器和日程表就像两个筛选器，可以实现项目筛选和日期筛选，从而排除无标题数据的干扰，让数据分析精准聚焦。

### ① 使用切片器分析数据

数据透视表的【切片器】功能十分强大，可以让数据分析更加便捷，帮助实现从不同的维度筛选数据、分析数据，并进行数据对比。

使用切片器的方法是，单击【数据透视表工具 - 分析】选项卡下的【插入切片器】按钮，打开【插入切片器】对话框。

如右图所示，切片器中显示了透视表中所有的字段名称，选中需要进一步分析的字段，这里选中【商品名称】【类别】【售价（元）】【销量（件）】【销售额（元）】复选框。

字段选中后，如下图所示，可以打开【类别】下拉选项，进行数据筛选。这里选择【巧克力】和【饮品】选项，表示需要查看属于这两个类别下的商品售价、销量和销售额数据。

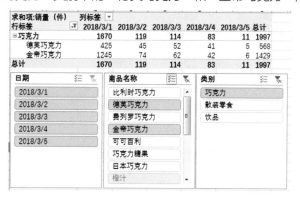

切片器可以从不同的维度进行同时筛选。如下图所示，对"商品名称""类别"两个维度都进行了筛选，精准对比"巧克力"类别下的"德芙巧克力"和"金帝巧克力"商品数据。

## ② 使用日程表分析数据

切片器虽然可以进行日程筛选，但是它更适合筛选日期跨度不大的数据。而日程表是从日期的角度对数据进行筛选，是专门的日期筛选器，适合筛选日程跨度大的海量数据，如透视表以月为单位，统计了 2014—2017 年共 4 年的数据，包含了 48 个月的数据。下面利用日程表进行数据筛选。

单击【数据透视表工具 - 分析】选项卡下的【插入日程表】按钮，打开【插入日程表】对话框，选中表示时间的字段，如左下图所示。然后在日程表中，可以自由选择以【年】【季度】【月】【日】4 种方式查看数据，如右下图所示。

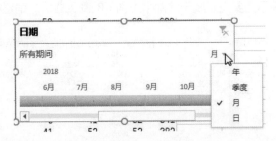

有了日程表，就可以实现在日期的维度交互式查看数据。如下图所示，选择以【日】的方式查看数据，选择一个日期，就可以将该日期下的数据筛选出来进行分析。

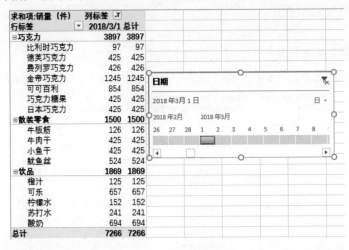

需要注意的是，无论是切片器还是日程表，如果要筛选日期数据，均需要确保原始数据中的日期数据格式正确，是日期型数据，而非文本型、常规型数据。

## 6.2.5 数据透视表可视化分析

在使用透视表分析数据时，不妨为透视表数据增加图表。图表不仅能展示数据分析的结果，还能在分析过程中，帮助"放大"数据特征，以发现更多有价值的信息。

# 1 添加数据透视图表

为透视表数据添加图表的方法是，选中一个透视表区域的单元格，在【插入】选项卡下【图表】组中选择一种图表。图表添加后，可能需要切换行／列，以便让图表数据正确显示。具体操作步骤如下。

**步骤 01** 选择图表类型。现在有一份不同日期下不同商品的销量统计透视表，需要分析不同商品的销量趋势，分析趋势应该选择折线图。选中透视表中的一个数据单元格，在【插入】选项卡下【图表】组中选择【二维折线图】图表，如下图所示。

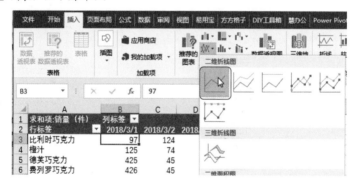

**步骤 02** 切换行／列。根据透视表创建的图表可能行／列数据不符合实际需求，如左下图所示，行数据是商品名称，但是实际需要行数据显示时间数据。单击【数据透视表工具 - 设计】选项卡下的【切换行／列】按钮，即可成功切换图表的行／列数据显示，效果如右下图所示，行数据成功变成日期数据，符合常规视觉需要。

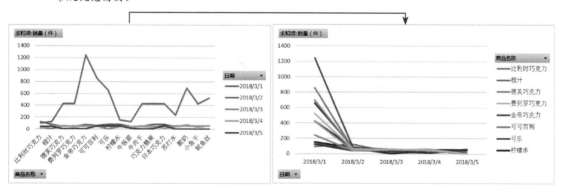

## ② 学会透视图筛选

在上面的步骤中，会发现一个问题：商品的品种太多，导致折线图中有一堆挤在一起的折线，不容易看出分析结果。此时，可以通过图表筛选的方法，只查看图表中需要分析的目标项目。

如下图所示，单击图表中的两个【值筛选】按钮，可以进行商品品种和日期的筛选。

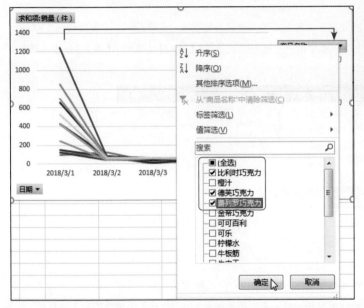

进行筛选后的图表更加精确，也更清晰，便于分析。下图所示为筛选结果，图表中可以对比3月2~5日这段时间，3种巧克力商品的销量趋势。从下图中可以看出，比利时巧克力商品的销量波动起伏较大，而另外两种商品则表现平稳。

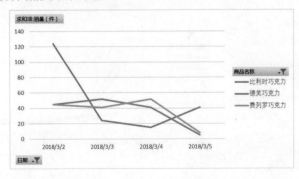

**高手自测 18** 下图所示为一家大型网店 3 个月内的销售数据，如何利用透视表比较不同客服的销售表现？

扫描看答案

| | A | B | C | D | E |
|---|---|---|---|---|---|
| 1 | 日期 | 客服 | 成交客户数（位） | 客单价（元） | 销售额（元） |
| 23 | 2017年2月 | 陈小发 | 458 | 52 | 23816 |
| 24 | 2017年2月 | 韩东鑫 | 748 | 42 | 31416 |
| 25 | 2017年2月 | 周万成 | 124 | 51 | 6324 |
| 26 | 2017年3月 | 王海东 | 256 | 42 | 10752 |
| 27 | 2017年3月 | 罗成 | 254 | 62 | 15748 |
| 28 | 2017年3月 | 刘梦露 | 125 | 52 | 6500 |
| 29 | 2017年3月 | 李小兰 | 265 | 42 | 11130 |
| 30 | 2017年3月 | 周梦 | 354 | 51 | 18054 |
| 31 | 2017年3月 | 李刚 | 458 | 42 | 19236 |
| 32 | 2017年3月 | 罗发成 | 758 | 62 | 46996 |
| 33 | 2017年3月 | 赵企 | 748 | 42 | 31416 |
| 34 | 2017年3月 | 王哲 | 957 | 51 | 48807 |
| 35 | 2017年3月 | 陈小发 | 847 | 42 | 35574 |
| 36 | 2017年3月 | 韩东鑫 | 456 | 62 | 28272 |
| 37 | 2017年3月 | 周万成 | 524 | 42 | 22008 |

## 6.3 透视表数据分析经典案例剖析

学习完数据透视表的知识要点后，即可开始用透视表分析数据了。透视表的应用十分广泛，可以分析销售数据、客户数据、市场数据、问卷调查等。通过透视表的快速统计能力及其交互式查看数据的方式，能分析出大量的有效信息。

### 6.3.1 销售数据分析

企业的生存离不开商品销售，分析商品销售数据，发现问题，找到可优化点，是销售数据透视表分析的重要任务。下图所示为某企业 2017 年 9~12 月（共 4 个月）的销售数据。现在需要用透视表进行分析，现拟定以下 4 个分析方向。

①在这 4 个月中，不同商品的销售概况如何？

②在这 4 个月中，不同商品的销量趋势是否稳定？

③不同商品在哪个地区的销量最好？在哪个地区的退货概率最高？

④通过分析透视表，判断是什么原因导致了商品出现退货情况。

| | A | B | C | D | E | F | G | H |
|---|---|---|---|---|---|---|---|---|
| 1 | 日期 | 商品编号 | 销量（件） | 售价（元） | 销售额（元） | 销售地 | 销售员 | 是否退货 |
| 26 | 2017年11月 | BUH1546 | 658 | 745 | 490210 | 西安 | 李东 | 否 |
| 27 | 2017年11月 | BUH1547 | 748 | 854 | 638792 | 成都 | 赵旭 | 否 |
| 28 | 2017年11月 | BUH1548 | 957 | 524 | 501468 | 广州 | 韩萌 | 是 |
| 29 | 2017年11月 | BUH1549 | 4251 | 624 | 2652624 | 广州 | 王丽 | 否 |
| 30 | 2017年11月 | BUH1550 | 625 | 900 | 562500 | 昆明 | 韩萌 | 否 |
| 31 | 2017年11月 | BUH1551 | 2154 | 888 | 1912752 | 昆明 | 李东 | 否 |
| 32 | 2017年12月 | BUH1542 | 4125 | 451 | 1860375 | 成都 | 王丽 | 否 |
| 33 | 2017年12月 | BUH1543 | 1254 | 254 | 318516 | 广州 | 赵旭 | 否 |
| 34 | 2017年12月 | BUH1544 | 1245 | 625 | 778125 | 西安 | 韩梅 | 否 |
| 35 | 2017年12月 | BUH1545 | 6214 | 758 | 4710212 | 广州 | 王丽 | 是 |
| 36 | 2017年12月 | BUH1546 | 125 | 847 | 105875 | 成都 | 李东 | 否 |
| 37 | 2017年12月 | BUH1547 | 452 | 758 | 342616 | 广州 | 赵旭 | 否 |
| 38 | 2017年12月 | BUH1548 | 954 | 958 | 913932 | 广州 | 韩萌 | 是 |
| 39 | 2017年12月 | BUH1549 | 758 | 745 | 564710 | 昆明 | 王丽 | 否 |
| 40 | 2017年12月 | BUH1550 | 748 | 857 | 641036 | 西安 | 韩萌 | 否 |
| 41 | 2017年12月 | BUH1551 | 958 | 485 | 464630 | 广州 | 李东 | 是 |

## 1 商品销售概况分析

分析商品的销售概况，可以从销量和销售额两个方面进行分析。分析思路是，查看这 4 个月内，不同商品的销量和销售额分布情况，具体操作步骤如下。

步骤 **01** 设置透视表字段。插入透视表，并在透视表中进行字段设置，如下图所示。

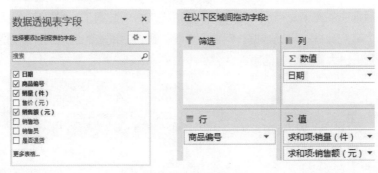

步骤 **02** 查看透视表数据。此时商品的销量和销售额数据汇总如下图所示，从图中不仅可以看到不同时间段不同商品的销量和销售额，还可以从最后的汇总数据中，看出不同商品的销量总计和销售额总和。其中编号为"BUH1543"的商品，销量和销售额均排名第一。

| 行标签 | 求和项:销量（件） | | | | 求和项:销售额（元） | | | | 求和项:销量（件）汇总 | 求和项:销售额（元）汇总 |
|---|---|---|---|---|---|---|---|---|---|---|
| | 2017年9月 | 2017年10月 | 2017年11月 | 2017年12月 | 2017年9月 | 2017年10月 | 2017年11月 | 2017年12月 | | |
| BUH1542 | 125 | 1236 | 1245 | 4125 | 123375 | 1489380 | 943710 | 1860375 | 6731 | 4416840 |
| BUH1543 | 957 | 5215 | 5217 | 1254 | 725406 | 5215000 | 4418799 | 318516 | 12643 | 10677721 |
| BUH1544 | 854 | 4215 | 1254 | 1245 | 561932 | 5285610 | 934230 | 778125 | 7568 | 7559897 |
| BUH1545 | 857 | 1265 | 125 | 6214 | 877568 | 1586310 | 81750 | 4710212 | 8461 | 7255840 |
| BUH1546 | 458 | 524 | 658 | 125 | 438764 | 634564 | 490210 | 105875 | 1765 | 1669413 |
| BUH1547 | 652 | 152 | 748 | 452 | 494216 | 234384 | 638792 | 342616 | 2004 | 1710008 |
| BUH1548 | 425 | 415 | 957 | 954 | 561425 | 373500 | 501468 | 913932 | 2751 | 2350325 |
| BUH1549 | 1205 | 4265 | 4251 | 758 | 703720 | 5766280 | 2652624 | 564710 | 10479 | 9687334 |
| BUH1550 | 526 | 598 | 625 | 748 | 503382 | 852150 | 562500 | 641036 | 2497 | 2559068 |
| BUH1551 | 987 | 754 | 2154 | 958 | 844872 | 953056 | 1912752 | 464630 | 4853 | 4175310 |
| 总计 | 7046 | 18639 | 17234 | 16833 | 5834660 | 22390234 | 13136835 | 10700027 | 59752 | 52061756 |

步骤 **03** 将销量和销售额数据转换为透视图。在上图的数据透视表中，数据量依然比较大，难以看出商品销售概况。因此，可以取消选中【销售额（元）】或【销量（件）】复选框，制作出销量和销售额柱形图。

从下图所示的销量分布图表来看：9月商品销量比较均衡，没有销量特别好的商品出现；10~12月，分别有 2~3 款商品销量较高，其他商品则销量一般；大部分商品在这 4 个月中，销量在1 000 件左右。

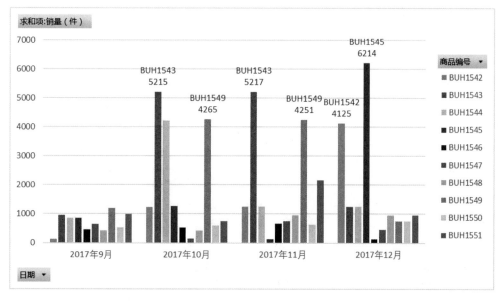

从下图所示的销售额分布图表来看：9月商品的销售额比较均衡，在 100 万元以下；10~12月有 1~3 款商品的销售额突出；大部分商品在这 4 个月中，销售额在 100 万元左右。

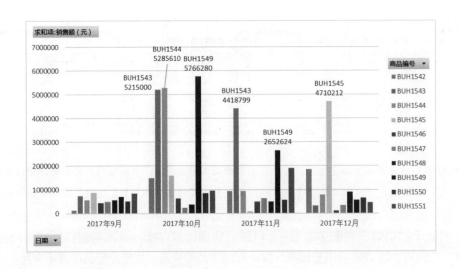

## 2 商品销量趋势分析

分析商品的销量趋势，不仅可以分析具体销量的走势，还可以结合环比增长率进行分析，具体操作步骤如下。

**步骤 01** 设置字段。如下图所示，在透视表中进行字段的选择与设置。

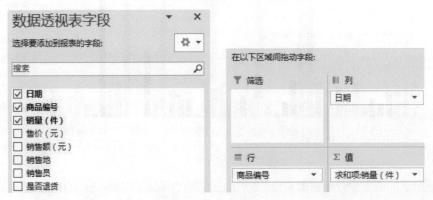

**步骤 02** 分析销量趋势图。分析商品的销量趋势，在透视表中比较难判断数据走势，这里建议将透视表制作成折线透视图进行分析，结果如下图所示。从下图可以看到：有 4 款商品的销量波动起伏较大，分别是 BUH1543、BUH1549、BUH1545、BUH1542；销量比较平稳的是 BUH1548、BUH1550、BUH1547、BUH1546 4 款商品。

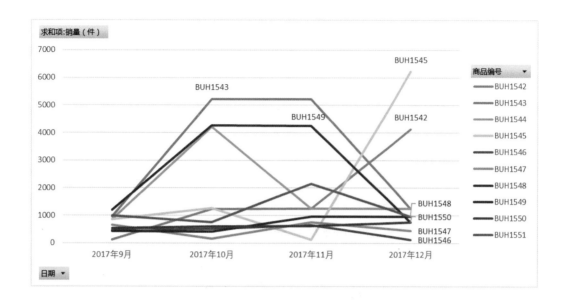

**步骤 03** 分析环比增长数据。将透视表中的值显示方式调整为【差异百分比】方式，结果如下图所示。从下图中可以分析出不同商品的销量涨幅。BUH1545 商品在 12 月的涨幅最大；BUH1547 商品在 10 月的跌幅最大；从整体水平来看，10 月商品销量为正向增长，而 11 月和 12 月，均有小幅度下降趋势。

| | A | B | C | D | E | F |
|---|---|---|---|---|---|---|
| 1 | 求和项:销量（件） | 列标签 | | | | |
| 2 | 行标签 | 2017年9月 | 2017年10月 | 2017年11月 | 2017年12月 | 总计 |
| 3 | BUH1542 | | 888.80% | 0.73% | 231.33% | |
| 4 | BUH1543 | | 444.93% | 0.04% | -75.96% | |
| 5 | BUH1544 | | 393.56% | -70.25% | -0.72% | |
| 6 | BUH1545 | | 47.61% | -90.12% | 4871.20% | |
| 7 | BUH1546 | | 14.41% | 25.57% | -81.00% | |
| 8 | BUH1547 | | -76.69% | 392.11% | -39.57% | |
| 9 | BUH1548 | | -2.35% | 130.60% | -0.31% | |
| 10 | BUH1549 | | 253.94% | -0.33% | -82.17% | |
| 11 | BUH1550 | | 13.69% | 4.52% | 19.68% | |
| 12 | BUH1551 | | -23.61% | 185.68% | -55.52% | |
| 13 | 总计 | | 164.53% | -7.54% | -2.33% | |

## ③ 商品销售地数据分析

随着电商行业的发展，分析商品的销售地数据有重要意义。根据不同地区的销量和退货量可以判断商品在当地受消费者的喜好程度，以便采取进一步的营销策略。具体的操作步骤如下。

**步骤 01** 设置字段。如下图所示，选中所需字段，并进行字段设置。

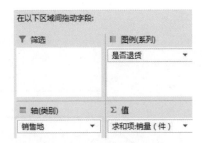

**步骤 02** 查看透视表。商品在不同地区的销量数据如下图所示，从下图中可以看到，该企业的商品在昆明地区的销量最大、在西安地区的销量最小、在广州地区的退货量最大、在成都地区的退货量最小。

| | A | B | C | D |
|---|---|---|---|---|
| 1 | 求和项:销量（件） | 列标签 ▼ | | |
| 2 | 行标签 ▼ | 否 | 是 | 总计 |
| 3 | 成都 | 10271 | | 10271 |
| 4 | 广州 | 8790 | 20945 | 29735 |
| 5 | 昆明 | 15518 | 125 | 15643 |
| 6 | 西安 | 3249 | 854 | 4103 |
| 7 | 总计 | 37828 | 21924 | 59752 |

**步骤 03** 分析透视图。将透视表中的数据制作成柱形图可以更全面地了解各地区的销量概况。如下图所示，地区销量柱形图显示昆明、成都、广州三地的销量比较高，而西安较差。广州地区的退货量远远高于其他地区。

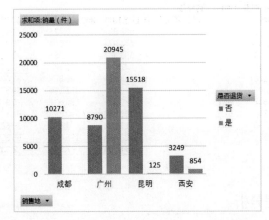

## ④ 商品退货原因分析

在互联网时代，减少退货量是电商卖家提高店铺收益的重要手段。根据商品销售数据，分析出影响退货量的原因，可以从根源上减少退货。

　　商品退货原因分析思路为：分析哪些商品的退货量大→将退货量较大的商品数据单独筛选出来→分析退货量较大的商品数据，研究商品在哪些地区退货量大（与地区消费者的关系）、哪位销售员的退货量最大（与销售员业务能力的关系）。具体操作步骤如下。

**步骤 01** 设置透视表字段。在透视表中选中数据字段，并进行字段设置，如下图所示。

 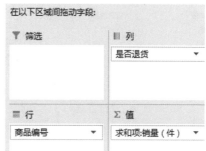

**步骤 02** 锁定退货量大的商品。在数据透视表中，对"是"这一列数据，即商品处于退货状态的数据进行降序排序，结果如左下图所示，排名前三的商品退货量比较大。

**步骤 03** 加入商品其他数据。在【数据透视表字段】窗格中选中【销售地】【销售员】复选框，以便分析退货商品与销售地区、销售员的关系。

**步骤 04** 设置字段。选中的字段较多时，要注意设置字段的区域位置，如左下图所示，按照这样的方法进行字段设置。

**步骤 05** 用切片器筛选商品。插入切片器,将前面分析出的3款退货量最大的商品筛选出来(选择多款商品时,要单击【多选】按钮才能进行),再将退货状态为"是"的数据筛选出来,如右下图所示。

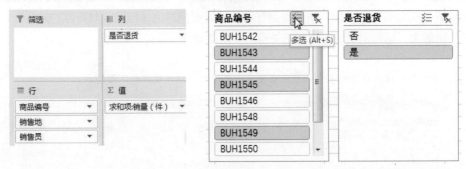

**步骤 06** 在透视表中分析数据。经过筛选的3款商品透视表数据如左下图所示。从透视表可发现,"广州""王丽"这两个信息出现的频率较高。初步说明商品退货量大,与地区和销售员都有关系。

**步骤 07** 在透视图中分析数据。将透视表制作成柱形图,结果如右下图所示。从图中可以分析出:BUH1545这款商品由王丽销售时,销往广州的退货量飙升,但是销往昆明的退货量比较小;BUH1549这款商品由王丽销售时,销往广州地区的退货量很大,其他地区则没有退货;BUH1543这款商品由李东销售时,销往广州地区的退货量很大,其他地区则没有退货。

综上所述,商品退货量大,主要是这3款商品在广州地区的接受度较低导致的,与销售员业务能力关系不大,即使换作其他销售员,同样会出现广州地区退货量大的情况。

因此,降低退货量,要从地区入手,分析广州地区消费者的购物习性,找到最适合销往广州地区的商品。

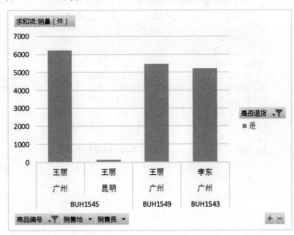

| | A | B | C |
|---|---|---|---|
| 1 | 求和项:销量(件) | 列标签 | |
| 2 | 行标签 | 是 | 总计 |
| 3 | ⊟BUH1545 | 6339 | 6339 |
| 4 | ⊟广州 | 6214 | 6214 |
| 5 | 王丽 | 6214 | 6214 |
| 6 | ⊟昆明 | 125 | 125 |
| 7 | 王丽 | 125 | 125 |
| 8 | ⊟BUH1549 | 5470 | 5470 |
| 9 | ⊟广州 | 5470 | 5470 |
| 10 | 王丽 | 5470 | 5470 |
| 11 | ⊟BUH1543 | 5217 | 5217 |
| 12 | ⊟广州 | 5217 | 5217 |
| 13 | 李东 | 5217 | 5217 |
| 14 | 总计 | 17026 | 17026 |

## 6.3.2　消费者数据分析

数据分析被广泛应用于消费行业，通过挖掘数据价值，致力于提高商品消费、做好客户服务。现在某大型商场统计了一份消费者购物数据，希望分析出有价值的销售策略，以便对商场促销员和收银员等服务人员进行培训，提高客户的购物率和消费金额。

如下图所示，数据表中统计了某段时间内，商场内消费者的性别、年龄、同行人数等数据。其中"付款时是否购买推荐商品"是该商场提高客单价的销售策略，消费者在购物时，收银员会推荐其购买其他商品。

| | A | B | C | D | E | F | G |
|---|---|---|---|---|---|---|---|
| 1 | 消费者编号 | 性别 | 年龄 | 同行人数 | 所购商品分类 | 消费金额（元） | 付款时是否购买推荐商品 |
| 89 | 1088 | 女 | 24 | 1 | 日用品 | 85 | 是 |
| 90 | 1089 | 男 | 26 | 2 | 日用品 | 85 | 否 |
| 91 | 1090 | 女 | 25 | 1 | 日用品 | 100 | 是 |
| 92 | 1091 | 女 | 20 | 1 | 日用品 | 15 | 否 |
| 93 | 1092 | 男 | 22 | 2 | 日用品 | 74 | 否 |
| 94 | 1093 | 女 | 23 | 1 | 日用品 | 68 | 否 |
| 95 | 1094 | 女 | 24 | 1 | 日用品 | 57 | 否 |
| 96 | 1095 | 男 | 26 | 2 | 日用品 | 85 | 否 |
| 97 | 1096 | 女 | 25 | 1 | 日用品 | 85 | 否 |
| 98 | 1097 | 女 | 28 | 1 | 日用品 | 74 | 否 |
| 99 | 1098 | 女 | 27 | 1 | 日用品 | 85 | 否 |
| 100 | 1099 | 男 | 26 | 2 | 日用品 | 95 | 否 |
| 101 | 1100 | 女 | 24 | 1 | 日用品 | 95 | 否 |

通过这份数据，可以有以下分析方向。

①男性和女性客户，分别喜欢购买什么种类的商品？消费金额谁更高？是否倾向购买推荐商品？

②不同年龄的客户，分别喜欢购买什么种类的商品？哪个年龄段消费者的消费金额最高？

③消费者购物时，消费金额是多少？不同消费区间的人数又是多少？

④同行人数是否影响了消费者的购物行为？

# 1 消费者性别分析

**步骤 01** 设置字段。如下图所示，选中字段并进行设置，制作不同性别消费者购物分类数据透视表。

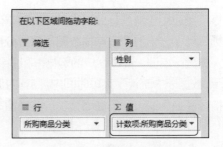

**步骤 02** 分析数据。透视表数据如下图所示，从下图中可以分析出，男性消费者更爱购买日用品；而女性消费者更爱购买护肤品，购买日用品和食品的比例相当。这样的信息，可以培训商场中的导购人员，根据消费者性别的不同进行商品推荐。

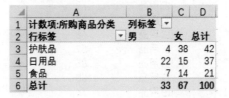

| | A | B | C | D |
|---|---|---|---|---|
| 1 | 计数项:所购商品分类 | 列标签 | | |
| 2 | 行标签 | 男 | 女 | 总计 |
| 3 | 护肤品 | 4 | 38 | 42 |
| 4 | 日用品 | 22 | 15 | 37 |
| 5 | 食品 | 7 | 14 | 21 |
| 6 | 总计 | 33 | 67 | 100 |

**步骤 03** 设置字段。如下图所示，选中字段并进行设置，制作不同性别消费者购物金额数据透视表。注意调整"消费者金额"计数方式为"平均值"方式。

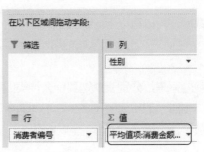

**步骤 04** 分析数据。不同性别消费者的购物金额数据透视表如下图所示，从图中可以看出，男性消费者的购

物平均金额为 121.39 元，女性消费者的购物平均金额为 224.06 元。女性消费者的平均消费比男性消费者多 102.65 元。

| | A | B | C | D |
|---|---|---|---|---|
| 1 | 平均值项:消费金额（元） | 列标签 ▼ | | |
| 2 | 行标签 ▼ | 男 | 女 | 总计 |
| 93 | 1091 | | 15 | 15 |
| 94 | 1092 | 74 | | 74 |
| 95 | 1093 | | 68 | 68 |
| 96 | 1094 | | 57 | 57 |
| 97 | 1095 | 85 | | 85 |
| 98 | 1096 | | 85 | 85 |
| 99 | 1097 | | 74 | 74 |
| 100 | 1098 | | 85 | 85 |
| 101 | 1099 | 95 | | 95 |
| 102 | 1100 | | 95 | 95 |
| 103 | 总计 | 121.3939394 | 224.0597015 | 190.18 |

步骤 **05** 设置字段。如下图所示，选中字段并进行设置，制作不同性别消费者付款时是否购买推荐商品数据透视表。

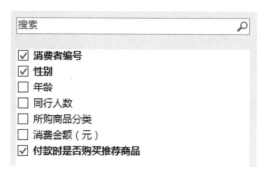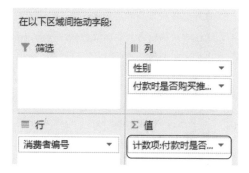

步骤 **06** 分析数据。透视数据如下图所示，从下图中可以看到，男性消费者不购买推荐商品与购买推荐商品的比例是 24:9=2.6；女性消费者不购买推荐商品与购买推荐商品的比例是 47:20=2.3。两者比例相差不大，可见该商场中，性别不会影响消费者最终是否购买推荐商品的决定。

| | A | B | C | D | E | F | G | H |
|---|---|---|---|---|---|---|---|---|
| 1 | 计数项:付款时是否购买推荐商品 | 列标签 ▼ | | | | | | |
| 2 | | ⊟男 | | 男 汇总 | ⊟女 | | 女 汇总 | 总计 |
| 3 | 行标签 ▼ | 否 | 是 | | 否 | 是 | | |
| 97 | 1094 | | | | 1 | | 1 | 1 |
| 98 | 1095 | 1 | | 1 | | | | 1 |
| 99 | 1096 | | | | 1 | | 1 | 1 |
| 100 | 1097 | | | | 1 | | 1 | 1 |
| 101 | 1098 | | | | 1 | | 1 | 1 |
| 102 | 1099 | 1 | | 1 | | | | 1 |
| 103 | 1100 | | | | 1 | | 1 | 1 |
| 104 | 总计 | 24 | 9 | 33 | 47 | 20 | 67 | 100 |

## 2 消费者年龄分析

　　分析不同年龄段消费者的所购商品分类，可以制作透视表，查看不同年龄段的消费者购买什么类型的商品数量最多。

　　分析不同年龄段消费者的购物金额，可以制作透视表，查看不同年龄段消费者的平均购物金额，找到消费金额最高且较为集中的年龄段。

**步骤 01** 设置字段。如左下图所示，选中需要添加到报表中的字段并进行设置。

**步骤 02** 分析数据。消费者不同年龄购物分类的透视表数据如右下图所示，从图中可以分析出：购买护肤品类商品的消费者，年龄集中在 26 岁及以下；购买日用品类商品的消费者，年龄集中在 37 岁及以下；购买食品类商品的消费者，有两个集中年龄段，分别是 24~28 岁和 42~57 岁。

　　　　这样的数据信息，可以帮助培训导购，根据消费者的不同年龄段有针对性地推荐商品，提高购物率。

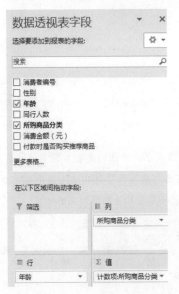
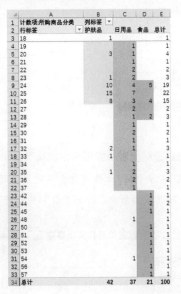

**步骤 03** 分析哪个年龄段消费金额最高。如下图所示，在【数据透视表字段】窗格中选中所需数据字段，并进行设置，注意调整"消费金额"的值为"平均值"。通过图中的透视表数据，可以看到平均消费金额较高的年龄分别为 32 岁、33 岁、35 岁、37 岁。因此，可以判断，32~37 岁的消费者可能花更多的钱购物。在培训导购时，针对这个年龄段的消费者要推荐售价更高、品质更好的商品。

 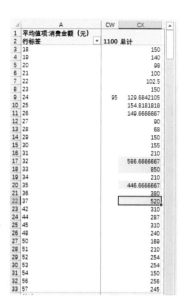

# 3 消费区间分组分析

在进行商场购物数据分析时，可以分析消费者的购物金额分布区间。通过分析消费金额区间，可以得知到该商场购物的消费者最能接受的消费额度是多少，这有助于决定商品的搭配销售，也能帮助商品定价。使用透视表快速分析消费区间，可以使用分组功能，具体操作步骤如下。

**步骤 01** 选中字段。如左下图所示，选中【消费者编号】【消费金额（元）】复选框。

**步骤 02** 设置字段。如右下图所示，调整字段的位置，并且设置【消费者编号】的计数方式为【计数项】。

**步骤 03** 打开【组合】对话框。在透视表中，选中一行数据并右击，在弹出的快捷菜单中选择【组合】选项，

如左下图所示。

**步骤 04** 设置数据分组。如右下图所示，在打开的【组合】对话框中，将商场客户的最低消费金额和最高消费金额设置为起始值和终止值，设置【步长】为【200】，即以 200 元为一个消费区间跨度。

**步骤 05** 查看结果。将消费金额进行分组后，结果如下图所示，从下图中可以快速判断，15~214 元这个消费区间的人数最多，其次是 215~414 元消费区间。

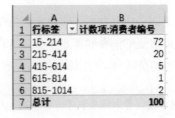

# (4) 同行人数影响力分析

在商场购物时，同行人数可能对消费者的购物决策产生影响。例如，A、B 闺蜜一起逛商场时，A 购买了护肤品，可能激起 B 的购物欲望，也一同购买。或者是两人为了拼单省钱，都购买商品。下面通过数据分析，看该商场中的消费者同行人数对最终购物金额及付款时是否购买推荐商品的影响。

**步骤 01** 设置字段。在透视表中选中字段并进行设置，设置方式如左下图所示。

**步骤 02** 分析数据。消费者同行人数与消费金额透视表如右下图所示，从图中可以看出，当一个人购物时，平均消费金额为 128.8 元；两个人同行时，平均消费金额为 233.7 元；3 个人购物时，平均消费金额为 190.1 元。可见，同行人数对消费者购物金额是有影响的。两人同行时，平均购物金额最大，其次是 3 人同行时，一个人购物更倾向于购买价格较低的商品。

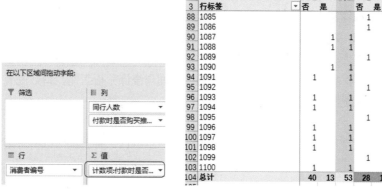

| | A | B | C | D | E |
|---|---|---|---|---|---|
| 1 | 平均值项:消费金额（元） | 列标签 | | | |
| 2 | 行标签 | 1 | 2 | 3 | 总计 |
| 3 | 1001 | | | 610 | 610 |
| 88 | 1086 | | 59 | | 59 |
| 89 | 1087 | 95 | | | 95 |
| 90 | 1088 | 85 | | | 85 |
| 91 | 1089 | | 85 | | 85 |
| 92 | 1090 | 100 | | | 100 |
| 93 | 1091 | 15 | | | 15 |
| 94 | 1092 | | 74 | | 74 |
| 95 | 1093 | 68 | | | 68 |
| 96 | 1094 | 57 | | | 57 |
| 97 | 1095 | | 85 | | 85 |
| 98 | 1096 | 85 | | | 85 |
| 99 | 1097 | 74 | | | 74 |
| 100 | 1098 | 85 | | | 85 |
| 101 | 1099 | | 95 | | 95 |
| 102 | 1100 | 95 | | | 95 |
| 103 | 总计 | 128.8301887 | 233.7209302 | 535 | 190.18 |
| 104 | | | | | |

**步骤 03** 设置字段。在透视表中选中字段并进行设置，设置方式如左下图所示。

**步骤 04** 分析数据。消费者同行人数与付款时是否购买推荐商品的透视表数据如右下图所示。从图中可以看出，一人购物时，不购买与购买推荐商品的比例为 40：13=3.07；两人同行时，不购买与购买推荐商品的比例为 28：15=1.86；3 人同行时，不购买与购买推荐商品的比例为 3：1=3。可见，两人同行时，最可能购买推荐商品，收银员可针对这类客户加大推荐力度。

| | A | B | C | D | E | F | G | H | I | J | K |
|---|---|---|---|---|---|---|---|---|---|---|---|
| 1 | 计数项:付款时是否购买推荐商 | 列 | | | | | | | | | |
| 2 | | ⊟1 | | 1汇 | ⊟2 | | 2汇 | ⊟3 | | 3汇 | 总计 |
| 3 | 行标签 | 否 | 是 | | 否 | 是 | | 否 | 是 | | |
| 88 | 1085 | | | | 1 | | 1 | | | | 1 |
| 89 | 1086 | | | | 1 | | 1 | | | | 1 |
| 90 | 1087 | | 1 | 1 | | | | | | | 1 |
| 91 | 1088 | | 1 | 1 | | | | | | | 1 |
| 92 | 1089 | | | | 1 | | 1 | | | | 1 |
| 93 | 1090 | | 1 | 1 | | | | | | | 1 |
| 94 | 1091 | 1 | | 1 | | | | | | | 1 |
| 95 | 1092 | | | | 1 | | 1 | | | | 1 |
| 96 | 1093 | 1 | | 1 | | | | | | | 1 |
| 97 | 1094 | 1 | | 1 | | | | | | | 1 |
| 98 | 1095 | | | | 1 | | 1 | | | | 1 |
| 99 | 1096 | 1 | | 1 | | | | | | | 1 |
| 100 | 1097 | 1 | | 1 | | | | | | | 1 |
| 101 | 1098 | 1 | | 1 | | | | | | | 1 |
| 102 | 1099 | | | | 1 | | 1 | | | | 1 |
| 103 | 1100 | 1 | | 1 | | | | | | | 1 |
| 104 | 总计 | 40 | 13 | 53 | 28 | 15 | 43 | 3 | 1 | 4 | 100 |

高手自测 19 —— 下图所示为某企业 2017 年度所有员工的信息表，如何将其制作成透视表，分析企业员工的工龄概况、不同部门员工的学历分布、不同部门 2017 年的员工离职率？

扫描看答案

| | A | B | C | D | E | F | G | H |
|---|---|---|---|---|---|---|---|---|
| 1 | 员工编号 | 性别 | 年龄 | 学历 | 工龄（年） | 月薪（元） | 所属部门 | 是否离职 |
| 89 | 088 | 男 | 32 | 专科 | 2 | 5000 | 运营部 | 否 |
| 90 | 089 | 女 | 34 | 本科 | 4 | 5000 | 行政部 | 是 |
| 91 | 090 | 男 | 25 | 专科 | 5 | 5000 | 市场部 | 是 |
| 92 | 091 | 女 | 26 | 本科 | 2 | 5500 | 运营部 | 否 |
| 93 | 092 | 男 | 25 | 本科 | 1 | 5500 | 运营部 | 否 |
| 94 | 093 | 女 | 24 | 专科 | 2 | 5500 | 行政部 | 否 |
| 95 | 094 | 男 | 25 | 专科 | 2 | 5500 | 市场部 | 是 |
| 96 | 095 | 男 | 26 | 本科 | 1 | 5000 | 行政部 | 否 |
| 97 | 096 | 男 | 24 | 专科 | 2 | 5000 | 市场部 | 是 |
| 98 | 097 | 男 | 25 | 硕士 | 6 | 4500 | 运营部 | 否 |
| 99 | 098 | 男 | 26 | 硕士 | 2 | 4500 | 市场部 | 是 |
| 100 | 099 | 男 | 24 | 本科 | 2 | 4500 | 运营部 | 否 |
| 101 | 100 | 女 | 25 | 硕士 | 2 | 5000 | 运营部 | 否 |

 高手神器 ⑥

## 海量数据的分析工具——易表

对于非科班出身的人来说，Access、FoxPro 等专业软件太复杂，且要求使用者具备一定的数据库知识和编程能力。而 Excel 容易上手，却又不适合海量数据管理与分析。在这种情况下，可以选择易表 —— 一种既容易上手，又便于数据库管理的轻便工具。

易表有类似于电子表格的界面，同时又有数据库软件的功能特点。更值得称赞的是，它的操作界面简单易懂，即使是普通用户也能快速完成复杂的数据库管理与统计分析工作，有效提高管理水平与工作效率。下面介绍易表的一些主要功能。

### 1. 分组统计

如下图所示，利用易表的汇总模式，可以轻松对数据进行分组统计，并且还可以将分组统计的结果提取出来，形成一个新的汇总表。

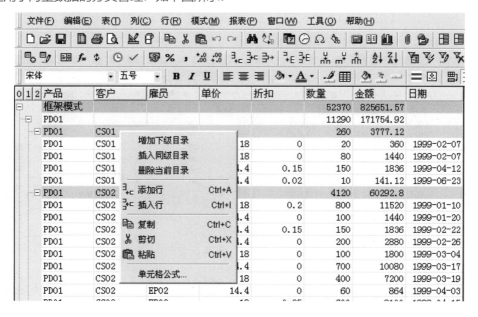

文件(F) 编辑(E) 表(T) 列(C) 行(R) 模式(M) 报表(P) 窗口(W) 工具(O) 帮助(H)

宋体　五号　B I U

| 产品 | 客户 | 业务员 | 单价 | 折扣 | 数量 | 金额 | 日期 |
|---|---|---|---|---|---|---|---|
| PD05 | CS04 | EP02 | 21.35 | 0.00 | 160 | 3416.00 | 1999-02-28 |
| PD05 | CS04 | EP03 | 17.00 | 0.00 | 20 | 340.00 | 1999-03-21 |
| PD05 | CS04 | EP02 | 17.00 | 0.15 | 240 | 3468.00 | 1999-04-01 |
| PD05 | CS04 | EP02 | 17.00 | 0.00 | 100 | 1700.00 | 1999-04-10 |
| PD05 | CS04 | EP03 | 21.35 | 0.00 | 150 | 3202.50 | 1999-04-28 |
| PD05 | CS04 | EP01 | 17.00 | 0.00 | 250 | 4250.00 | 1999-05-21 |
| PD05 | CS04 | EP05 | 21.35 | 0.00 | 210 | 4483.50 | 1999-05-21 |
| PD05 | CS04 | EP03 | 17.00 | 0.00 | 140 | 2380.00 | 1999-06-05 |
| PD05 | CS04 | EP03 | 21.35 | 0.00 | 300 | 6405.00 | 1999-06-15 |
| PD05 | 小计 CS04 | | | | 3350 | 66256.00 | |

## 2. 以目录的方式显示数据

利用易表的框架模式，不仅可以对数据进行分组统计，还可以让数据以目录的方式进行显示，非常适用于海量数据的分类管理，如下图所示。

## 3. 制作复杂表格

在 Excel 中制作结构复杂的表格时，会有诸多不便，如不能使用透视表、无法进行汇总分析。但是易表的列标题可以分层显示，避免了数据结构复杂带来的不便，如下图所示。

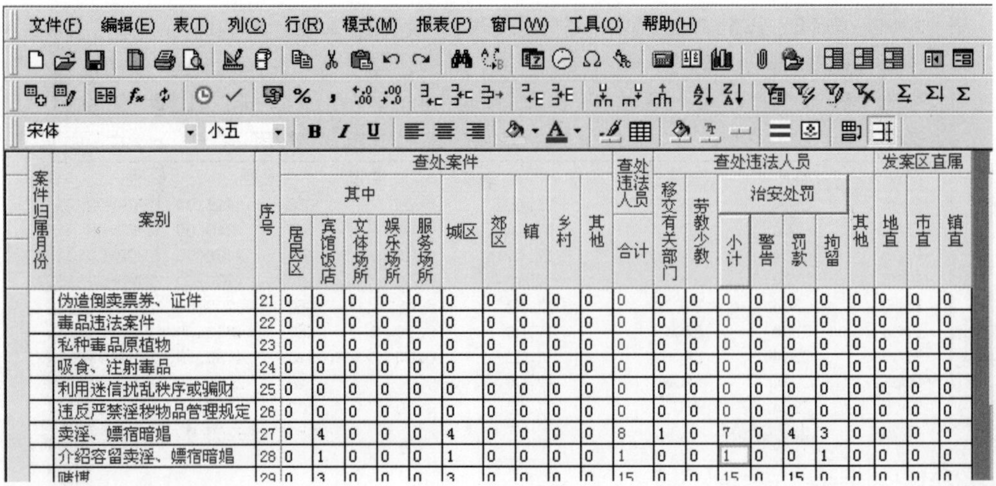

| 案件归属月份 | 案别 | 序号 | 查处案件 其中 | | | | | 城区 | 郊区 | 镇 | 乡村 | 其他 | 查处违法人员 合计 | 移交有关部门 | 劳教少数 | 治安处罚 | | | | 其他 | 发案区直属 | | |
| --- | --- | --- | --- | --- | --- | --- | --- | --- | --- | --- | --- | --- | --- | --- | --- | --- | --- | --- | --- | --- | --- | --- | --- |
| | | | 居民区 | 宾馆饭店 | 文体场所 | 娱乐场所 | 服务场所 | | | | | | | | | 小计 | 警告 | 罚款 | 拘留 | | 地直 | 市直 | 镇直 |
| | 伪造倒卖票券、证件 | 21 | 0 | 0 | 0 | 0 | 0 | 0 | 0 | 0 | 0 | 0 | 0 | 0 | 0 | 0 | 0 | 0 | 0 | 0 | 0 | 0 | 0 |
| | 毒品违法案件 | 22 | 0 | 0 | 0 | 0 | 0 | 0 | 0 | 0 | 0 | 0 | 0 | 0 | 0 | 0 | 0 | 0 | 0 | 0 | 0 | 0 | 0 |
| | 私种毒品原植物 | 23 | 0 | 0 | 0 | 0 | 0 | 0 | 0 | 0 | 0 | 0 | 0 | 0 | 0 | 0 | 0 | 0 | 0 | 0 | 0 | 0 | 0 |
| | 吸食、注射毒品 | 24 | 0 | 0 | 0 | 0 | 0 | 0 | 0 | 0 | 0 | 0 | 0 | 0 | 0 | 0 | 0 | 0 | 0 | 0 | 0 | 0 | 0 |
| | 利用迷信扰乱秩序或骗财 | 25 | 0 | 0 | 0 | 0 | 0 | 0 | 0 | 0 | 0 | 0 | 0 | 0 | 0 | 0 | 0 | 0 | 0 | 0 | 0 | 0 | 0 |
| | 违反严禁淫秽物品管理规定 | 26 | 0 | 0 | 0 | 0 | 0 | 0 | 0 | 0 | 0 | 0 | 0 | 0 | 0 | 0 | 0 | 0 | 0 | 0 | 0 | 0 | 0 |
| | 卖淫、嫖宿暗娼 | 27 | 0 | 4 | 0 | 0 | 0 | 4 | 0 | 0 | 0 | 0 | 8 | 1 | 0 | 7 | 0 | 4 | 3 | 0 | 0 | 0 | 0 |
| | 介绍容留卖淫、嫖宿暗娼 | 28 | 0 | 1 | 0 | 0 | 0 | 1 | 0 | 0 | 0 | 0 | 1 | 0 | 0 | 1 | 0 | 0 | 1 | 0 | 0 | 0 | 0 |
| | 赌博 | 29 | 0 | 3 | | | | 3 | | | | | 15 | | | 15 | | 15 | | | 0 | | |

## 4. 灵活的筛选功能

易表提供了条件筛选、高级筛选、自动筛选、窗口筛选等多种筛选方式，这让数据查询变得更加方便。下图所示为【相同时段】筛选方式，这是 Excel 软件中没有直接提供的筛选功能。

| 产品 | 客户 | 雇员 | 单价 | 折扣 | 数量 | 金额 | 日期 |
| --- | --- | --- | --- | --- | --- | --- | --- |
| PD01 | CS03 | EP04 | 18.00 | 0.15 | 80 | 1224.00 | 1999-01-04 |
| PD01 | CS04 | EP05 | 14.40 | 0.00 | 200 | 2880.00 | 1999-01-08 |
| PD01 | CS02 | EP01 | 18.00 | 0.20 | 800 | 11520.00 | |
| PD01 | CS04 | EP02 | 14.40 | 0.05 | 500 | 6840.00 | |
| PD01 | CS03 | EP04 | 14.40 | 0.25 | 200 | 2160.00 | |
| PD01 | CS02 | EP05 | 14.40 | 0.00 | 100 | 1440.00 | |
| PD01 | CS03 | EP01 | 14.40 | 0.0 | | | |
| PD01 | CS05 | EP05 | 18.00 | 0.0 | | | |
| PD01 | CS01 | EP04 | 18.00 | 0.0 | | | |
| PD01 | CS01 | EP02 | 18.00 | 0.0 | | | |
| PD01 | CS03 | EP04 | 18.00 | 0.0 | | | |
| PD01 | CS02 | EP05 | 14.40 | 0.1 | | | |
| PD01 | CS04 | EP02 | 14.40 | 0.0 | | | |
| PD01 | CS05 | EP03 | 14.40 | 0.0 | | | |
| PD01 | CS02 | EP03 | 14.40 | 0.0 | | | |

右键菜单：
复制 Ctrl+C
剪切 Ctrl+X
粘贴 Ctrl+V
自动筛选
显示所有行 Ctrl+Q
插入日期 Ctrl+T
等于 Ctrl+E
大于 Ctrl+G
小于 Ctrl+L
不等于 Ctrl+U
不大于
不小于
相同时段 → 同年 / 同季 / 同月 / 同周
排除重复内容
显示重复内容
降序排序
升序排序

当前列 等于 PD01  筛选  查找

## 5. 记录流水数据

易表可以方便地运用在仓库数据管理工作中，只需对商品的进仓或出仓数量进行修改，所有行的结存数就会进行自动刷新，如下图所示。

| 0 | 1 | 产品 | 日期 | 进仓 | 出仓 | 结存 |
|---|---|---|---|---|---|---|
| | | 框架模式 | | 16400 | 5900 | 10500 |
| | | (31)TSD | | 8000 | 3100 | 4900 |
| | | (31)TSD | 2000-01-01 | 1000 | 800 | 200 |
| | | (31)TSD | 2000-01-04 | 2000 | 800 | 1400 |
| | | (31)TSD | 2000-01-06 | 3000 | 400 | 4000 |
| | | (31)TSD | 2000-01-08 | 1000 | 600 | 4400 |
| | | (31)TSD | 2000-01-08 | 1000 | 500 | 4900 |
| | | (32)P/TSD | | 8400 | 2800 | 5600 |
| | | (32)P/TSD | 2000-01-01 | 700 | 500 | 200 |
| | | (32)P/TSD | 2000-01-03 | 100 | 200 | 100 |
| | | (32)P/TSD | 2000-01-05 | 1600 | 600 | 1100 |
| | | (32)P/TSD | 2000-01-07 | 1000 | 500 | 1600 |
| | | (32)P/TSD | 2000-01-09 | 5000 | 1000 | 5600 |

6. 数据合并

在进行海量数据统计时，同类数据往往需要进行分组归类。这就需要多次进行单元格合并。利用易表的合并模式，可以将同类数据快速归类，如下图所示。这种具有高度自动化的操作，大大提高了数据统计与分析的效率。

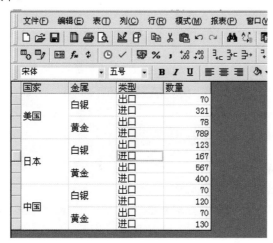

# 7

## 直观形象：用图表让数据开口说话

　　信息时代，工作汇总、方案描述、调研报告……均要求用数据说话。如何让数据"说话"，秘诀就在于图表。

　　字不如表。图表以其直观的形象、放大的数据特征，反映数据内在规律，是数据分析与展现的利器。然而制作出一张简洁、美观的图表，却并非易事。

　　因此从现在开始，系统学习图表技法，用严谨的态度提高数据分析效率，用专业、精美的图表增加数据报告的可信度与可视度。

## 请带着下面的问题走进本章

1     所有的数据都需要转换成图表吗？

2     Excel 中提供了哪些类型的图表，分别有什么作用？

3     将表格数据转换成图表的基本方法是什么？

4     专业图表的配色有什么特点？

5     专业图表的布局有什么特点？

## 7.1 做好图表的 4 个基础理论

做好专业图表，理论基础不可少。许多制作粗糙的图表，正是因为制表人没有明确制表目的，不能正确选择图表类型，或者是没有掌握图表创建的方法而导致的。

### 7.1.1 什么情况下需要用到图表

随着"用图表说话"的要求和口号在数据信息领域被传播和强调，数据分析人员渐渐形成了"图表思维"，但这并非完全是好事。没有图表就不能称为数据分析、字数不够图表来凑的思维模式容易让图表无法发挥真正的作用。

下面举一个在非必须情况下使用图表的例子。左下图所示为各年龄段的男孩和女孩正常身高参照表，从图中可以准确地参考精确到厘米的身高数据。如果将表格数据转换成图表，如右下图所示，就弱化了具体的数据，失去了参照表的作用。

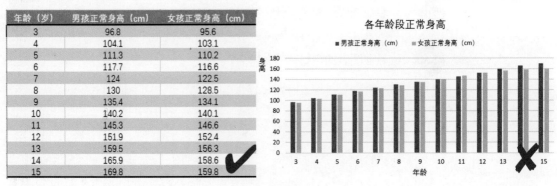

图表制作讲究"好钢用在刀刃上"，总结运用得当的图表案例，不难发现，图表常常用在以下3 种情况中。

## 1 为了揭示数据规律

人类对图形信息的接收和处理能力高于对文字和数字的处理能力。图表是图形化的数字，将数字转换成恰当的图表，从图表中读取信息，比直接读取纯数字更直观、形象。

在第 6 章中讲过的在数据透视表中运用数据图，正是基于这样的道理，当数据量增加，尤其是面对海量数据时，图表是抓取数据特征最有效的工具。

下面第一张图所示为某企业市场部统计的 A 商品 2014—2017 年不同月份的销量数据。

那么从图中能快速发现 A 商品的销售规律吗？这似乎很难！

如果将下图的数据转换成折线图表，数据特征就被放大了，如下面第二张图所示。从中可以快速看出，这款产品在每年的 7 月份会达到销量高峰，也就是说 7 月是该商品的销售旺季。掌握了这个规律后，该企业市场部就知道如何更精确地计划商品销售方案了。

| 时间 | A 商品销量（万件） | 时间 | A 商品销量（万件） |
| --- | --- | --- | --- |
| 2014年1月 | 1.2 | 2016年1月 | 5.2 |
| 2014年2月 | 1.3 | 2016年2月 | 5.5 |
| 2014年3月 | 2.5 | 2016年3月 | 5.0 |
| 2014年4月 | 2.4 | 2016年4月 | 5.4 |
| 2014年5月 | 2.5 | 2016年5月 | 5.0 |
| 2014年6月 | 6.0 | 2016年6月 | 9.0 |
| 2014年7月 | 6.5 | 2016年7月 | 9.5 |
| 2014年8月 | 5.5 | 2016年8月 | 6.7 |
| 2014年9月 | 5.2 | 2016年9月 | 7.0 |
| 2014年10月 | 5.4 | 2016年10月 | 5.5 |
| 2014年11月 | 3.5 | 2016年11月 | 4.3 |
| 2014年12月 | 2.1 | 2016年12月 | 2.2 |
| 2015年1月 | 2.2 | 2017年1月 | 1.2 |
| 2015年2月 | 2.3 | 2017年2月 | 3.5 |
| 2015年3月 | 2.4 | 2017年3月 | 4.4 |
| 2015年4月 | 2.5 | 2017年4月 | 3.3 |
| 2015年5月 | 2.6 | 2017年5月 | 5.5 |
| 2015年6月 | 4.0 | 2017年6月 | 6.2 |
| 2015年7月 | 8.8 | 2017年7月 | 10.0 |
| 2015年8月 | 5.6 | 2017年8月 | 8.0 |
| 2015年9月 | 3.5 | 2017年9月 | 8.2 |
| 2015年10月 | 2.1 | 2017年10月 | 6.0 |
| 2015年11月 | 4.4 | 2017年11月 | 8.0 |
| 2015年12月 | 5.4 | 2017年12月 | 7.0 |

### 2014－2017年A商品销量趋势

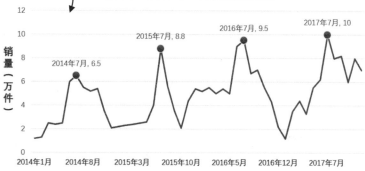

## ② 为了有说服力、促进沟通

数据分析工作常常需要团队合作，数据分析的成果也需要向他人展示，这两种情况都离不开高效沟通。对于数据分析者来说，对数据的熟悉程度、运作原理远高于他人，如何将自己的思路、成果传达给他人，说服他人接受自己的观点，就需要借助图表的表达力。

例如，一份互联网用户行为通过数据收集、数据清洗加工、数据处理和数据分析，最后得出的结论是，白领人群 PC 端使用时长占比远高于移动端，同时高于其他人群。那么如何让同事和领导领会这个数据结论，且产生信任呢？

此时可以将下图所示的数据图表展示出来，通过图表可以一目了然地看到，白领人群在 PC 端的办公时长占比为 60.3%，而移动端为 39.7%。并且与其他职业的人员相比，白领人群的占比更大。

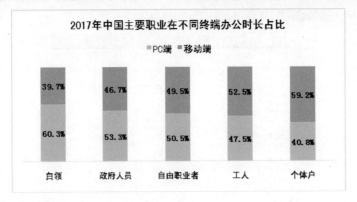

## ③ 为了展示专业素养

一份粗糙的图表会让人怀疑制作者的水平和专业度，甚至怀疑数据的可信度。当数据分析工作完成后，需要制作数据分析报告。此时搭配上考究、美观的专业图表，既能体现个人职业素养，又能用专业的报告让人眼前一亮。

世界顶级咨询公司或商业杂志都有专门的图表设计团队，由这些公司出品的图表往往与众不同，成为行业学习的典范，如麦肯锡咨询公司、《华尔街日报》《纽约时报》等。

下面 3 张图展示了《华尔街日报》的图表效果，它们的共同点是：选择恰当，所选择的图表类型均能最好地展示数据；外观简洁，这些专业图表不像粗糙的图表那样冗杂、有诸多凌乱的元素；重心明确，一张图表表达一个观点，重点突出。

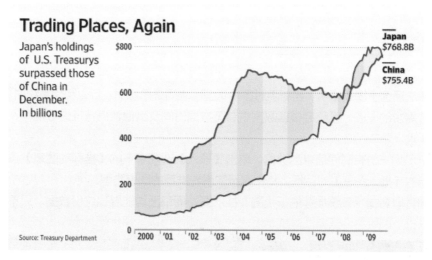

**Trading Places, Again**

Japan's holdings of U.S. Treasurys surpassed those of China in December. In billions

Japan $768.8B

China $755.4B

Source: Treasury Department

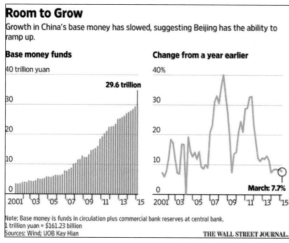

**Room to Grow**

Growth in China's base money has slowed, suggesting Beijing has the ability to ramp up.

Base money funds

40 trillion yuan

29.6 trillion

Change from a year earlier

40%

March: 7.7%

Note: Base money is funds in circulation plus commercial bank reserves at central bank.
1 trillion yuan = $161.23 billion
Sources: Wind; UOB Kay Hian

THE WALL STREET JOURNAL.

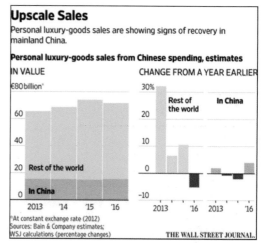

**Upscale Sales**

Personal luxury-goods sales are showing signs of recovery in mainland China.

Personal luxury-goods sales from Chinese spending, estimates

IN VALUE

€80 billion*

Rest of the world

In China

CHANGE FROM A YEAR EARLIER

30%

Rest of the world

In China

*At constant exchange rate (2012)
Sources: Bain & Company estimates;
WSJ calculations (percentage changes)

THE WALL STREET JOURNAL.

---

**7.1.2  一定不会错的图表选择法**

　　图表选择是制表的第一步，第一步出错，后面的工作做得再完美也是徒劳。在 Excel 2016 中提供了 15 种图表类型，每种类型下又细分为 1~7 种。如此种类丰富的图表，要想让数据对号入座，可以使用下面两种方法。

## 1 系统推荐法

系统推荐法适合于图表新手。当新手对各种类型图表尚未熟悉时，可以利用系统对数据的判断，选择比较符合需求的图表。系统会根据数据中有无数据时间及其他数据特征进行推荐，一般能满足用户的普通要求。

左下图所示为一份有时间信息的数据，单击【插入】选项卡下的【推荐的图表】按钮，会打开如右下图所示的【插入图表】对话框，其中显示了系统推荐的图表类型。

从右下图可以看出，系统推荐的折线图、柱形图、面积图均能展现这份数据，只不过侧重点有所不同。

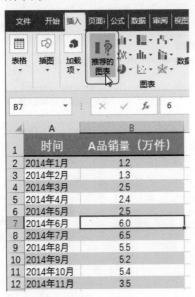
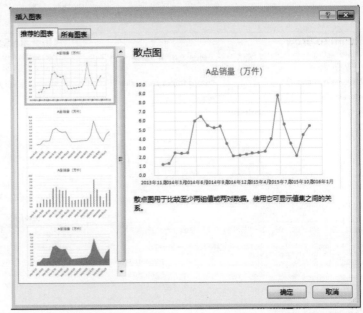

## 2 经验判断法

系统推荐的图表能满足普通要求，如果希望用图表展现较为复杂的数据，或者有特别的展现意图，就要依赖于对图表类型的熟悉程度而做出判断。

下图所示为可视化专家 Andrew Abela 整理出来的基于四大情况的图表选择方向。

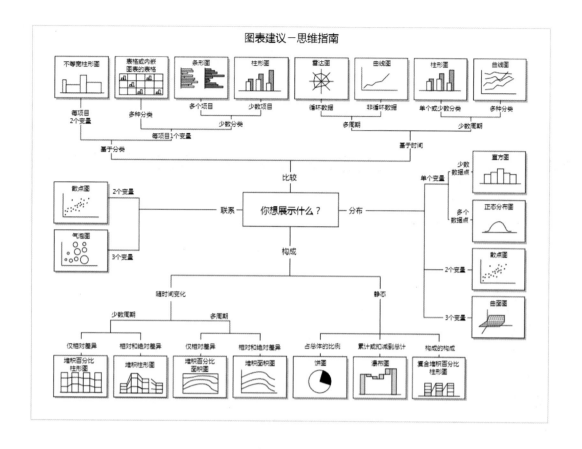

## 7.1.3 正确建立图表三步法

要将 Excel 表格中的数据创建成图表，需要掌握一定的流程和方法，否则图表无法创建成功，或者创建出的图表不符合需求。下图所示为图表创建的正确流程。

选择数据 → 选择图表 → 确认图例项、坐标轴数据

### 1 选择数据和图表

数据选择与图表是连贯的，这里一并进行讲解。

在 Excel 工作表中，可以选择全部数据创建图表，也可以只选择部分数据创建图表。只有选择了数据，Excel 才知道如何推荐图表、使用哪些数据创建图表。

如左下图所示，选中 2014 年的数据，表示只为这部分数据创建图表。单击【图表】组中的对话框启动器按钮，可以打开【插入图表】对话框，选择所需的图表。

也可以选中数据后，直接在【图表】组中选择常用类型。如右下图所示，选择了【折线图】类型的图表。选择图表后，会出现图表预览图，此时可查看预览图中的图表是否符合需求。

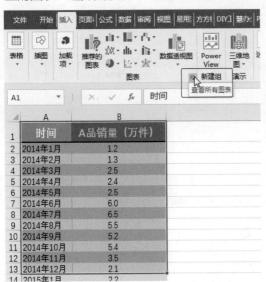 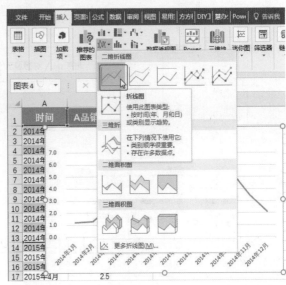

## ② 确认图例项、坐标轴数据

Excel 与 Word、PowerPoint 的图表创建方式不同，后两者是先选择图表再输入数据，输入数据时只需对模板中的数据进行修改即可。而 Excel 创建图表，一般是要先输入数据的，所以容易出现图表创建好后，数据不能正确展现的情况。

左下图所示为一个典型的例子，用图中的数据创建柱形图表，结果如右下图所示。这是因为图表"不知道"所选择的数据中，哪列数据是图例项，哪列数据是 $X$ 轴数据。

| A品销量(件) | B品销量（件） | 时间 |
|---|---|---|
| 524 | 415 | 1月 |
| 265 | 214 | 2月 |
| 425 | 234 | 3月 |
| 265 | 254 | 4月 |
| 425 | 256 | 5月 |
| 265 | 235 | 6月 |
| 352 | 241 | 7月 |
| 254 | 254 | 8月 |

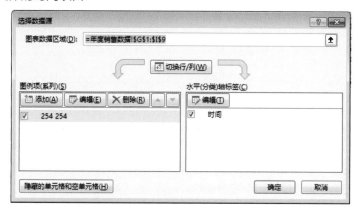

选中图表，单击【图表工具 - 设计】选项卡下的【选择数据】按钮，打开如下图所示的【选择数据源】对话框。在对话框中可以发现，原来图表"认为"图例项是"254 254"这两个数据。而水平轴只有"时间"二字，没有具体的时间项目。

此时需要单击【选择数据源】对话框【图例项】和【水平轴标签】栏中的【编辑】按钮，重新选择数据源，如左下图所示。修改数据源后，图表的显示状态就变得正常了，结果如右下图所示。

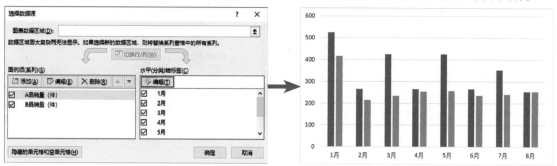

图表布局指的是图表的组成元素，如图表的坐标轴、标题、网格线等。不同的布局元素有不同的作用。这就相当于人类的形象设计，时尚人士只选择最有必要的单品进行搭配，就能显得高级。而不懂时尚的人，会戴上帽子、耳环、项链，穿上复杂的外衣，却显得十分庸俗。

许多粗糙图表的错误都在于布局功能重复，或者布局元素太多，没有选择最有针对性的布局来突出图表主题。

明白图表不同布局的作用是图表制作专业化的必经之路。下面介绍图表的 11 项布局元素对图表的意义。

## ① 坐标轴

坐标轴指的是图表的 $X$ 轴和 $Y$ 轴。如左下图所示，图表内容表现了 A、B 两分店的营业额大小对比，需要用 $X$ 轴来确定月份、用 $Y$ 轴来确定不同月份内哪一个店的营业额更大。当图表有坐标轴时，还需要考虑是否要添加坐标轴单位，如果没有单位，可能会让读者对数据的单位或项目名称产生疑问。

当图表数据项目添加了数据标签后，就不再需要通过 $Y$ 轴来确定数据大小，那么可以考虑不用添加 $Y$ 坐标轴，如右下图所示。

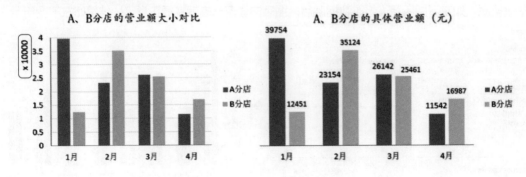

## 2 轴标题

轴标题的作用是显示 $X$、$Y$ 轴分别代表什么。例如，$X$ 轴代表时间，可添加名称为"时间"的轴标题。很多时候，$X$ 轴通过项目名称就可以轻松判断出这是什么数据，因此在不影响图表解读的前提下，$X$ 轴标题也可以不添加。

对轴标题进行命名时，要注意单位的添加，如 $Y$ 轴代表销量，那么标题应该为"销量（件）"或"销量／件"。

在特殊情况下，坐标轴标题必不可少。典型的例子是双坐标轴图表，有两个 $Y$ 轴，此时如果不为 $Y$ 轴添加轴标题，就很难理解哪个轴代表哪项数据，如右图所示。

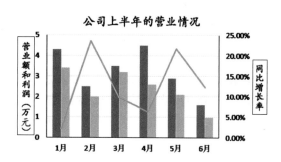

## 3 图表标题

图表标题说明这是一张关于什么数据的图表，标题一定不能少。当图表只为展示数据状况时，可以拟定一个概括性的标题，如"2018 年 3 月，产品在各地的销量"。

但是，如果图表是为了展示一个结论或强调一个观点，标题就必须与之相对应。如右图所示，图表的目的就是强调销量最多的 3 个地区，因此标题拟定随之发生改变。

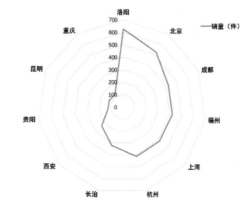

## 4 数据标签

数据标签可以显示项目的具体数值和名称。添加数据标签，可以让读者在阅读图表时更好地区分数据项目，了解数据的具体数值。

如右图所示，饼图中的各扇形添加了包含名称和百分比数值的数据标签，这极大地方便了读者了解每一个扇形代表的是什么数据。

注意，在右图中添加了数据标签后，图例就删除了。因为不用对照图例也可以了解各扇形区域代表的是什么数据。

小组成员在项目中的工作占比

## 5 数据表

图表与表格不同，表格显示的是数据明细和具体值，而图表显示的是一个数据整体的形象。如果需要让图表也显示各项目的明细值，可以添加数据表。

数据表是图表中的表格，其作用是精确展现各数据项的大小。在进行数据分析工作汇报时，为了让图表有"数"可依，在必要时能查看到具体数据，可以添加数据表，效果如右图所示。

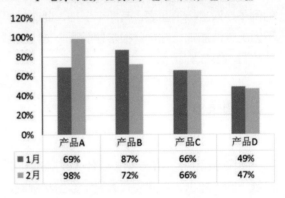

1~2月两款产品实际产量占计划产量的比重

| | 产品A | 产品B | 产品C | 产品D |
| --- | --- | --- | --- | --- |
| ■1月 | 69% | 87% | 66% | 49% |
| ■2月 | 98% | 72% | 66% | 47% |

## 6 误差线

误差线是指显示误差范围的辅助线。当数据分析存在一定误差范围时，需要添加误差线来准确理解图表数据。

如右图所示，该数据标题中标注了生长长度有 10% 的误差，既然数据存在误差，就应该将这 10% 的误差用误差线表现出来，才算是准确表现数据。

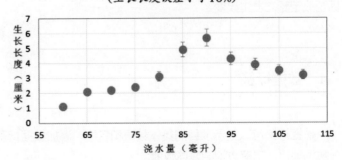

某植物在浇水量不同的情况下一周的生长长度
（生长长度误差小于10%）

## 7　网格线

　　网格线分为垂直网格线和水平网格线，起引导作用，目的是找到数据项目对应的 $X$ 轴和 $Y$ 轴坐标，从而更准确地判断数据大小。图表是否需要添加网格线，添加什么网格线，取决于图表所表现的数据项目。

　　下图所示为散点图，该散点图的目的在于展现城市房价和工资的对应关系。因为点数较多，如果没有网格线，容易将数据点混淆。因此在这张图表中添加了网格线，将每一个数据点定位在"蜘蛛网"中。

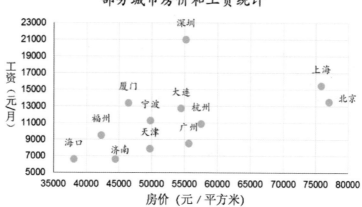

## 8　图例

　　图例在图表中的作用是展现图表中不同颜色、不同类型的数据系列分别代表了什么，也就是为数据命名。

　　如下图所示，图表上方添加了图例：绿色数据系列代表商品 A、红色数据系列代表商品 B、黄色数据系列代表商品 C。

　　如果图表数据系列使用数据标签等方式能清楚准确地说明各数据项，则可以不用添加图例。此外，只有一种数据系列时也可以不添加图例。

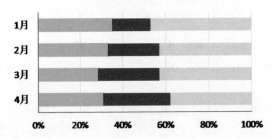

店铺不同月份不同商品的销售额占比

# 9 线条

　　线条是图表辅助线中的一种，目的在于辅助展示数据项目对应的 $X$ 轴坐标。当数据项目较多时，为了准确地表现数据，可以添加线条有效避免数据"跑偏"。

　　如下图所示，趋势线上的点较多，为了准确展示趋势点对应的日期，于是添加了垂直向下的线条。

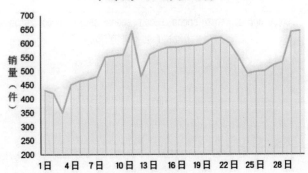

本月A产品销售趋势

# 10 趋势线

　　趋势线从字面意思理解就是显示数据趋势的线。例如，在散点图中，数据系列或数据点较多时，很难从密密麻麻的数据点中看出数据系列的发展规律和趋势，这时添加趋势线，可以帮助展示数据趋势。

如下图所示，为"奶茶""可乐"数据点添加了趋势线，两种商品的销量趋势便一目了然，可以快速地对比这两种饮料的销量趋势。

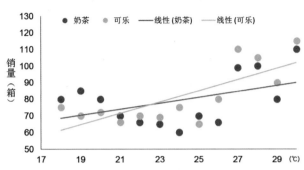

店铺奶茶和可乐在不同气温下的销量趋势

## 11 涨／跌柱线

涨／跌柱线的作用是突出显示双变量之间的涨／跌量大小。

如下图所示，从图表标题中可以得知，该图表的目的是显示 A 商品最高售价和最低售价的变化差值。因此，为了突出高价和低价之间的涨／跌值，便添加了涨／跌柱线。两条趋势线中的蓝色涨／跌柱线有效地强调了高价与低价的差值。

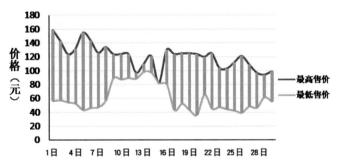

淘宝A商品6月最高价和最低价的差别变化

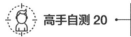 高手自测 20 —— 下图所示为一份产品销量数据，为了展示销量对比，应该选择什么图表？

扫描看答案

| 时间 | A品销量 | B品销量 | C品销量 |
|---|---|---|---|
| 1月 | 125 | 125 | 625 |
| 2月 | 412 | 154 | 425 |
| 3月 | 251 | 125 | 124 |
| 4月 | 421 | 142 | 154 |
| 5月 | 265 | 625 | 425 |
| 6月 | 254 | 425 | 325 |
| 7月 | 125 | 124 | 421 |
| 8月 | 415 | 125 | 154 |
| 9月 | 524 | 425 | 425 |
| 10月 | 415 | 325 | 625 |
| 11月 | 214 | 425 | 425 |
| 12月 | 126 | 415 | 335 |

## 7.2　具体问题具体分析，图表要这样用

对图表有了概括性的认识，还无法制作出专业图表。Excel 提供的 11 类图表中，不同图表有不同的特性，适用情况也各不相同。只有亲自动手，对每种图表都深入了解一遍，才能做到心中有数。

### 7.2.1　柱形图数据分析

柱形图是使用柱形高度表示数据变量值大小的图表，主要用于基于分类、时间项目的数据比较及数据构成。

#### 1　了解各类柱形图

在 Excel 2016 中，柱形图类图表包括以下 3 种类型，它们的使用案例如下。

（1）簇状柱形图

普通的柱形图可以用来对比多个项目的值或项目随时间推移的变化。

如下图所示，通过柱条的高低可以快速了解和对比 A、B 两款产品在不同城市的销量。

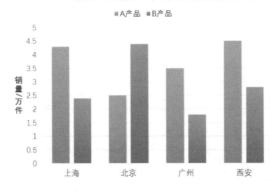

**A、B两款产品在 4 个城市的销量对比**

■A产品 ■B产品

（2）堆积柱形图

堆积柱形图是将数据叠加到一根柱形上，通过柱形叠加的高度，判断数据总量的对比。

如下图所示，通过对比各城市的柱形条高度，可以快速判断 A、B 两款产品在各城市的总销量情况。

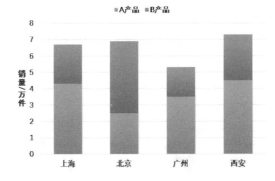

**4个城市的A、B两款产品总销量对比**

■A产品 ■B产品

（3）百分比堆积柱形图

百分比堆积柱形图是将数据叠加到一根柱形上，每根柱形的总值为 100%，各项数据在柱条中占据了一定比例的长度。

下图所示为 A、B 两款产品在各城市销量的百分比大小。从中可以判断，这两款产品在不同城市中哪一款是销售主力。

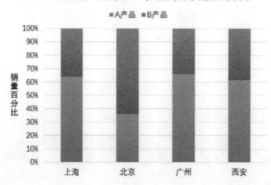

A、B两款产品在 4 个城市的销量占比

## 2 柱形图使用技巧

柱形图看起来很简单，但要想做得专业，还有一些必须注意的细节。所谓细节决定专业程度，观察《华尔街日报》中的图表，不难发现其每一个细节都处理到了极致。

（1）慎用三维柱形图

在 Excel 提供的柱形图中，有【三维簇状柱形图】类型，但是这种三维柱形图要慎用，不可为了追求标新立异的图表效果而选择立体感的柱形图。在阅读三维柱形图时，柱条与网格线的接触点看起来比实际接触点更高。此外，三维柱形图有倾斜感，不如二维柱形图直观。对比下图所示的二维柱形图和三维柱形图，前者更直观清晰。

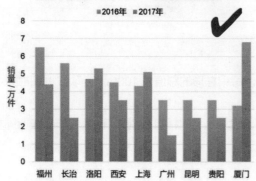

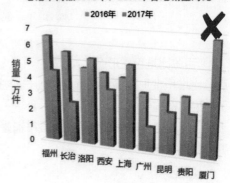

（2）保证类别名称清晰显示

柱形图要保证 X 轴的类别名称清晰，否则会造成读图困难。使 X 轴类别名称不清晰的情况主要有以下两种。

①X 轴标签名称长度相同，但数量太多导致名称拥挤。如下面第一张图所示，时间类别太多，排序不下，只好竖向排列，不方便阅读。调整后如下面第二张图所示，将文字方向调整为【横排】，角度调整为【-45】。最后将 X 轴标签倾斜排列，如下面第三张图所示，比之前的排列方式清晰很多。

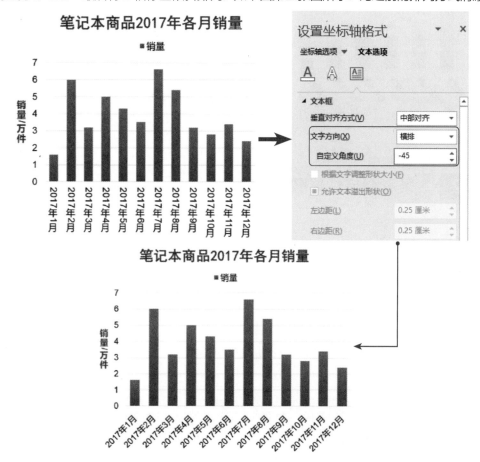

②类别不是时间，但是名称过长，导致名称显示拥挤。当类别不是时间时，不可以通过调整单位来省略部分名称。

如左下图所示，类别名称太长，且不能省略。这种情况应该将柱形图转换为条形图。如右下图所示，转换为条形图后，类别名称即使再长也能正常显示。这也是柱形图和条形图的一大区别。

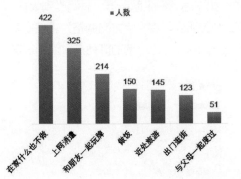

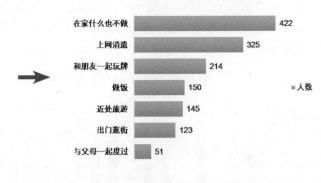

条形图是使用条形高度来表示数据变量值大小的图表，主要用于基于分类及数据构成的数据展现。与柱形图一样，在 Excel 2016 中，条形图类型下包括了簇状条形图、堆积条形图和百分比堆积条形图。

条形图与柱形图十分相似，只是柱条方向不同而已。它们的主要区别如下图所示。

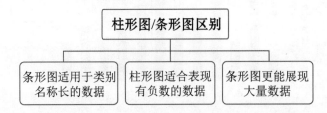

在 7.2.1 节已经讲过，条形图与柱形图的区别之一是，更擅长表现类别名称长的数据，下面重点讲解另外两种区别。

## 1 柱形图表现负数

如果数据项目存在负数，则选择柱形图比较合适。柱形图中，位于 $X$ 轴下方的数据条能很自然地表达负数数据。而条形图的负数展示在左边，如果不是有特别标注，很难让人意识到这是负数。

如下图所示，柱形图表示负数，效果十分明显。

芝润科技2017年每月利润

## 2 条形图更能展现大量数据

在制作图表时，如果想在有限的空间里展示大量数据在数值上的对比，可以使用条形图。主要是因为，常用文档的大小，如A4纸，呈长方形状，长大于宽。在这种情况下，柱形图展示多项目数据，会显得比较拥挤。

如下图所示，充分利用文档垂直方向的空间，用条形图展现大量数据，有效减轻了图表的空间局促感。

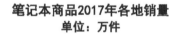

笔记本商品2017年各地销量
单位：万件

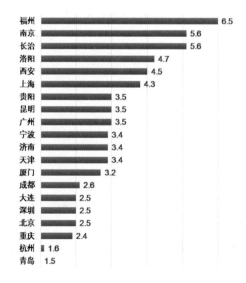

折线图是表示数据趋势的图表，显示了随着时间的推移，数据的变化情况。通过折线图的线条波动趋势，可以轻松判断在不同时间段内，数据是呈上升趋势还是下降趋势，数据变化是呈平稳趋势还是波动趋势，同时可以根据折线的高点和低点找到数据的波动峰顶和谷底。

需要注意的是，折线图和柱形图容易被混淆使用。当柱形图的 X 轴坐标是时间时，也能体现数据随时间推移的变化效果。但是柱形图通过柱形高低，更强调数据的量，而折线图只强调趋势变化，甚至可以忽略数据量的大小。因此，选择柱形图还是折线图，关键在于是否强调数据在量上的变化。

## ① 了解各类折线图

Excel 中提供了 3 种不同类型的折线图，它们的具体区别如下。

（1）折线图

折线图用来表现不同数据的趋势，效果如下图所示。从图中可以判断出北京店和上海店的业绩趋势、最高点和最低点。

（2）堆积折线图

堆积折线图可以反映所有数据项目的总值随时间变化的趋势。如下图所示，乍一看，堆积折线图和折线图没有什么区别，但是仔细观察 Y 轴值，两者其实是有区别的。

下图中，"北京店"折线的值是实际业绩值，而"上海店"的值其实是北京店＋上海店的累计值。也就是说，折线图单纯地反映了每个店业绩的变化趋势，而堆积折线图不仅反映了北京店业绩的变化趋势，还反映了两店总业绩的变化趋势。

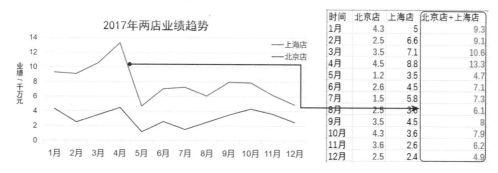

| 时间 | 北京店 | 上海店 | 北京店+上海店 |
| --- | --- | --- | --- |
| 1月 | 4.3 | 5 | 9.3 |
| 2月 | 2.5 | 6.6 | 9.1 |
| 3月 | 3.5 | 7.1 | 10.6 |
| 4月 | 4.5 | 8.8 | 13.3 |
| 5月 | 1.2 | 3.5 | 4.7 |
| 6月 | 2.6 | 4.5 | 7.1 |
| 7月 | 1.5 | 5.8 | 7.3 |
| 8月 | 2.5 | 3.6 | 6.1 |
| 9月 | 3.5 | 4.5 | 8 |
| 10月 | 4.3 | 3.6 | 7.9 |
| 11月 | 3.6 | 2.6 | 6.2 |
| 12月 | 2.5 | 2.4 | 4.9 |

（3）百分比堆积折线图

百分比堆积折线图是用来表现数据项目所占百分比随时间变化的趋势。如下图所示，百分比堆积折线图中，在每个时间点上，两店的总业绩为 100%，同时可以看出北京店在不同时间点的业绩占比，如 1 月为 46%。根据下图，可以判断不同月份，哪个店铺的业绩贡献更大。

## 2　折线图使用技巧

折线图是常用图表，根据不同的数据分析需求，有一些值得注意和使用的技巧。深入了解折线图知识点有助于制作更规范的折线图。

（1）$X$ 轴只能是时间

其他图表，如柱形图的 $X$ 轴可以是地点、项目名称，但是折线图的 $X$ 轴只能是时间。只有在时间维度上才能形成趋势。如果折线图的 $X$ 轴变成各城市名称，那么城市的排序是不确定的，所形成的趋势也就没有实际意义了。

（2）学会拆分图表

在使用折线图时，常常需要同时体现多项数据的趋势。当数据项目大于 3 项时，就意味着一张折线图中有多条趋势线，线条之间相互影响，导致图表信息读取困难。这种情况下，建议将折线图进行拆分，效果如下图所示。

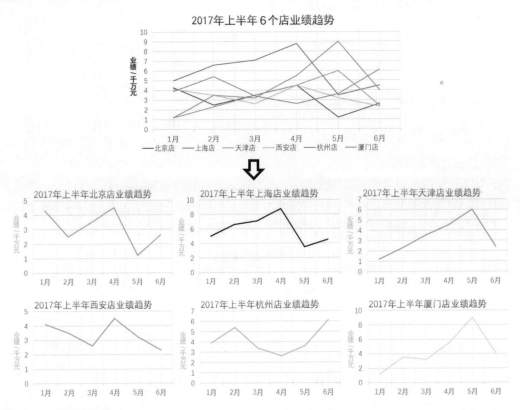

（3）让折线变圆滑

默认情况下，Excel 中插入的折线图不是平滑曲线。但是平滑曲线更有助于突出整体趋势，而非强调数据拐点。

双击折线图中的折线，在【设置数据系列格式】窗格中选中【平滑线】复选框，如左下图所示，即可制作出平滑的折线图，效果如右下图所示。

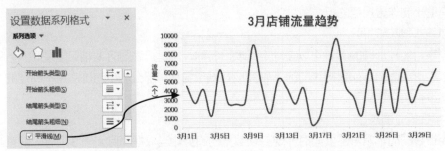

# 3 设置数据标记

不同图表在形态上有所区别，在格式调整上也有区别。数据标记就是折线图不可忽视的一大格式特性。

折线图中，每个拐点代表一个数据点，为这个数据点设置数据标记，可以起到强调拐点的作用。此外，设置了数据标记的折线图，看起来会更清晰、专业。

折线图的数据标记常常会和数据标签一起配套设计。选中折线图中的数据拐点，打开【设置数据点格式】窗格，在【标记】选项卡下，可以自由选择标记的样式、大小、填充色和边框线。当完成数据标记设置后，可以再设置这个点的数据标签样式，如右下图所示。

将数据标记选择为圆形，增加其大小，然后选择【居中】类型的数据标签，就会出现数值居于标记中间的样式。如左下图所示，为两条折线的最高点设置了圆形数据标记，数据标签位于数据标记的右边。这样的设计方式有效强调了项目的高峰点。如右下图所示，为两条折线的每个点都设置了圆形的数据标记，但是标记格式为无填充无边框格式。数据标签位于数据标记中间，图表效果十分简洁。

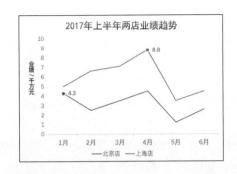

2017年上半年两店业绩趋势

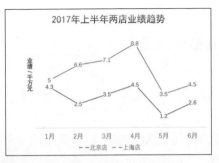

2017年上半年两店业绩趋势

饼图用来展示各数据项占总数据项大小的比例，是用来分析各项目占比、对比各项目比例的图表。在 Excel 中，饼图主要分为普通饼图、圆环图和复合饼图。

## 1 了解各类饼图

（1）普通饼图

普通饼图用来展示各数据项目的比例，如左下图所示，饼图展示了 2017 年四大分店的销售额比例。

（2）圆环图

圆环图也可以展示各数据项目的比例，增加圆环图的层数，还可以体现数据项目随时间或其他因素变化时的比例。如右下图所示，圆环图展示了 2016 年和 2017 年各分店的销售额比例数据。从图中不仅可以得知不同年份的店铺销售额比例，还可以对比同一店铺在不同年份的销售额比例大小。

2017年四大分店销售额比例     2016年、2017年四大分店销售额比例

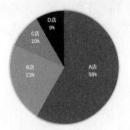

（3）复合饼图

复合饼图又称为子母饼图，用来展示不同数据项目的占比及其中一个数据项目所包含的分类占比。复合饼图的适用情况有以下两种。

第一种是数据项目的分类存在包含情况时，如 A 公司、B 公司、C 公司、A 公司 1 部门和 A 公司 2 部门，那么 A 公司 1 部门和 A 公司 2 部门属于 A 公司，应该放到 A 公司的从属饼图中。

第二种是数据项目较多，且有的项目占比很小时，可以将占比小的项目单独归类，放到从属饼图中。下图所示为某店铺商品销量的复合饼图，其中"皮带""围巾""帽子""箱包"类商品的比例比较小，所以重新归类为"配饰"，放到从属饼图中。

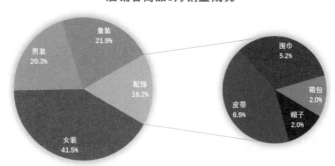

店铺各商品3月销量概况

## 2 饼图使用技巧

在制作饼图时，需要考虑饼图制作是否符合规范，是否方便读取图表信息，以最大限度保证图表准确传达了数据含义，其制作规范如下图所示。

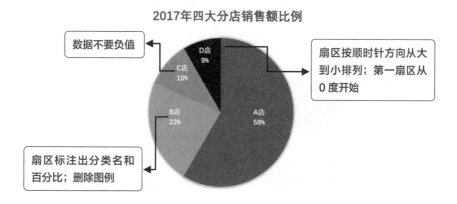

2017年四大分店销售额比例

下图（左）所示为常见的错误饼图，错误原因如下。

①读图时，要对照右边的图例信息来确定不同的扇区分别代表哪个店，比较麻烦。

②扇区显示的是数据大小，而非百分比大小。而饼图的作用是显示比例，不是显示项目大小，所以无法有效利用饼图。如果制图目的是比较项目大小，那么选择柱形图更为恰当。

因此，在制作饼图时，要设置标签格式，如下图（中）所示，选中【类别名称】和【百分比】复选框，就可以在扇区显示项目名称和比例了。项目的百分比显示还可以调整小数位数，只需在【标签选项】选项的【数字】栏中设置即可，如下图（右）所示。

既然已经显示了饼图各扇区的名称，自然不需要对照图例来了解扇区代表的数据项目，所以图例显得多余，应该删除。

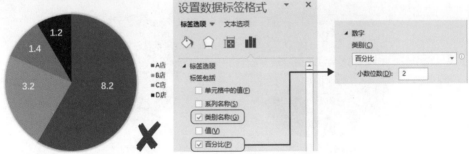

不注意饼图扇区数据排序和角度是饼图常见的第二种错误，如左下图所示，该饼图没有注意数据排序和扇区角度，站在读图的角度，其不便之处如下。

人眼的视线移动规律是先上后下、顺时针移动。因此，在读图时，视线首先落在"B店"数据上，并依次读取"A店""D店""C店"数据。根据记忆规则得知，人们更容易记住有规律的信息，因此对于这种未经排序的数据，传播效果较低。

对饼图扇区进行排序后，观察第一扇区，即比例最大扇区的起始角度，角度不符合要求时，可在如右下图所示的【第一扇区起始角度】中进行调整。

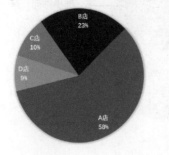

## 7.2.5 面积图数据分析

面积图用来体现数据项目随时间变化的趋势,同时强调量的变化。也就是说,用面积图表现数据,不仅能分析数据的趋势,还能对数据积累的量进行分析。

### 1 了解各类面积图

Excel 中主要有以下 3 种面积图,下面分别进行介绍。

（1）普通面积图

如左下图所示,普通面积图体现了数据项目随着时间变化的趋势及累计的量。从图中既可以分析北京店销售额变化趋势,也可以分析在各个时间段北京店的累计销售额。

（2）堆积面积图

堆积面积图将所有数据项目在各时间点上的数据累计到一起,不仅体现了单项数据的变化趋势,还体现了所有数据的变化趋势和量的累加。如右下图所示,从图中可以分析出 3 个分店的销售额趋势和总销售额趋势,以及不同时间点上 3 个分店的销售额累计大小。

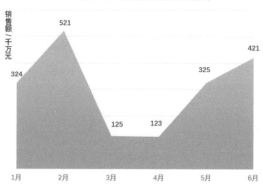

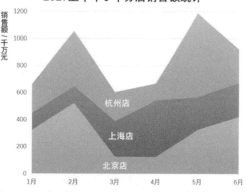

（3）百分比堆积面积图

百分比堆积面积图体现了数据项目占总值的百分比变化趋势,在图中的每个时间点上,所有项目的累计值都为 100%。如下图所示，从图中可以分析出不同时间点 3 个分店的销售额比例，以及 3 个分店的销售额比例变化。

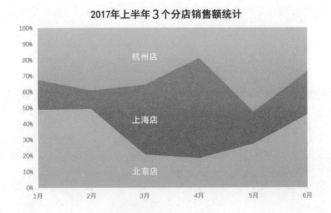

## ② 面积图使用技巧

面积图在使用过程中，有以下两个技巧需要引起重视。

（1）注意面积之间不要互相遮挡

当数据项目有多项时，面积图会存在多个面积色块，此时位于前面的色块会挡住位于后面的色块，从而造成信息遮蔽。

处理方法是，增加位于前面色块的透视度，直到可以看到后面色块的轮廓为止。如左下图所示，选中前面的色块，在【填充】栏中调整【透明度】为【42%】。

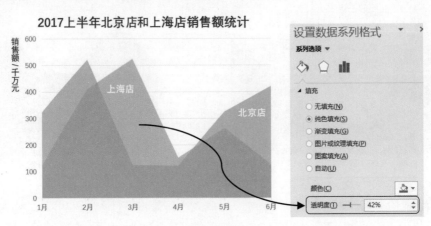

（2）为面积图增加轮廓线，强调趋势

在商业杂志上，常常会看到轮廓线较粗的面积图。面积图轮廓代表的是数据趋势，对轮廓的强调其实是对趋势的强调。这种面积图实际上是折线图＋面积图的组合，实现原理是：在数据表格中增加辅助数据，辅助数据与原面积图数据完成相同。然后在【图表工具 - 设计】选项卡下，重新选择图表类型为【组合】类型，再为不同的数据系列选择图表，如下图所示。

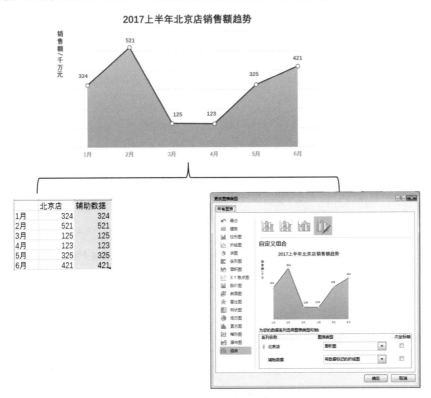

## 7.2.6　X、Y散点图数据分析

散点图是一类体现数据项目联系与分布的图表，常常用在科学领域、统计领域和工程领域，用来分析 2 个或 3 个变量之间的关系。

## 1 了解各类散点图

（1）散点图／带平滑线和数据标记的散点图

散点图用来分析两个变量之间的关系或数据项目的分布。在散点图中，每个数据点都由 $X$ 值和 $Y$ 值构成。

右图所示为某车间统计的工人数量与产量数据，将这张表格制作成散点图，效果如左下图所示。从图中可以看到随着工人数量的增加，产量是增加的，说明这两项数量呈正相关关系。

如果将表格中的数据制作成带平滑线和数据标记的散点图，这种图表不仅显示了两个变量之间的关系，还能通过平滑线进一步强调关系的程度。如右下图所示，从平滑线的斜率可以看出，当工人数量小于 4 人时，工人数量越多，产量增加的幅度越大；当工人数量在 4~8 人之间时，随着工人数量的增加，产量增加的幅度放缓。通过这样的图表数据分析，可以找出工人数量与产量的最佳组合，帮助企业节约成本、增加产量。

| 工人数量/位 | 产量/吨 |
|---|---|
| 1 | 0.5 |
| 2 | 1.2 |
| 3 | 1.8 |
| 4 | 2.9 |
| 5 | 3 |
| 6 | 3.6 |
| 7 | 3.4 |
| 8 | 4 |
| 9 | 4.5 |
| 10 | 4.8 |

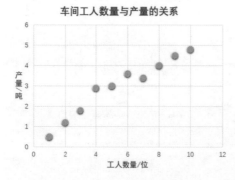

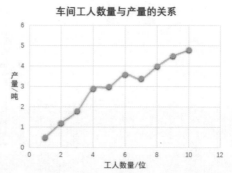

（2）气泡图和三维气泡图

如果需要体现 3 个变量之间的关系，就要选择气泡图或三维气泡图。因为变量的增加，可以多出一个分析维度，从而发现更多信息。

右图所示为某网店的商品数据，一组数据有 3 个变量，代表一件商品。将表格中的数据做成气泡图，效果如下图所示，从气泡中，可以快速了解这些商品的销售情况分布。例如，可以快速分析出：哪些商品的流量大、收藏量大、销量却不大，这些商品是需要优化的商品；哪些商品属于流量、

| 流量（个） | 收藏（个） | 销量（件） |
|---|---|---|
| 569 | 99 | 10 |
| 854 | 45 | 4 |
| 958 | 42 | 66 |
| 1100 | 15 | 2 |
| 1342 | 42 | 5 |
| 1100 | 62 | 6 |
| 1265 | 85 | 55 |
| 958 | 75 | 8 |
| 1254 | 42 | 4 |
| 867 | 52 | 5 |
| 847 | 62 | 12 |
| 458 | 42 | 15 |
| 658 | 12 | 42 |

收藏量和销量都比较大的类型，这些商品属于优质商品，需要保持。

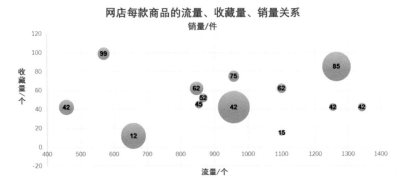

气泡图通过气泡的大小来体现一个变量值，如果需要强调这个变量值，让其更形象，可以选择三维气泡图，效果如下图所示。在这张图表中，平面的气泡变成了三维的球形，球体的大小更能引起读图者对销量的重视。

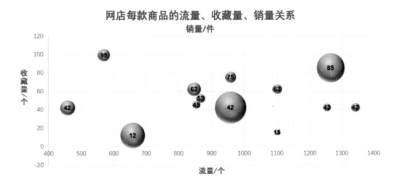

## ② 散点使用技巧

（1）调整坐标轴边界值和区分数据类别

根据散点的特征，在制图时有以下注意事项需要引起关注。

①坐标轴边界值的调整。散点图中，数据项目呈点状分布在图表中，为了最大限度地体现散点的分布，而不是让散点挤在图表的某个区域，需要调整 $X$、$Y$ 坐标轴的边界值。调整标准是，让边界值最接近数据项目的最大值和最小值。

如下图所示，$X$ 轴代表"月收入"，月收入的最小值是 1 000，最大值是 12 000，那么双击 $X$ 轴，在打开的【坐标轴选项】选项卡中设置边界的最小值和最大值分别为 1 000 和 12 000。

②如果图中有多个数据分类，就要调整散点的颜色和形状，以便区分。下图中，代表 A 市和 B 市的散点在颜色和形状上都不同，能一眼看出，在相同收入水平下，B 市居民在食品上的消费明显高于 A 市居民。

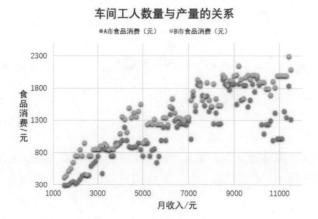

左下图所示为调整散点图 $X$ 坐标轴边界值的方法，右下图所示为调整散点颜色和形状的方法。

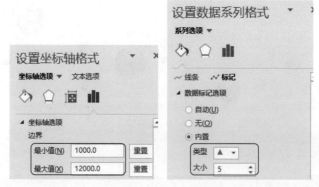

（2）使用象限图

在前面讲到过象限分析的思路，可以将数据划分到不同的象限，以便更直观清晰地分析出不同项目的现状及改进策略。象限图其实就是散点图或气泡图的变形，变形原理是调整 $X$ 轴和 $Y$ 轴的交叉点。

例如，现在需要分析店铺 17 位销售员的客户接待数据、销量数据和回头客数据，共有 3 个变量，所以选择气泡图，调整坐标轴的交叉点，效果如下图所示。

象限图能分析的数据信息十分丰富，将数据表现结合象限特点，可以找到该店铺销售员的业务水平提高点。

①象限 1 属于接待客户数量和销量都比较高的销售员，这类销售员的业务水平较高。通过分析

该象限气泡大小，可以分析出销售员的客户维护能力。

②象限2属于接待客户数量较小，但是销量比较高的销售员。这类销售员的业务水平也不错。在这批业务员中，可以考虑给气泡较大的销售员划分更多的客户资源，以增加商品销量。

③象限3的销售员业务水平比较差，需要分析的是客户资源不够，还是业务能力问题造成的低销量表现。

④象限4的销售员客户资源多，却销量不佳，需要提高业务水平，将手中的客户资源分一些出去，专心做好少量客户服务，提高销量。

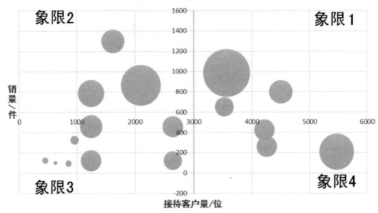

上图所示的象限图调整了坐标轴的交叉点，具体参数设置如下图所示，分别是 $X$ 轴和 $Y$ 轴的坐标轴交叉点。

曲面图数据分析

如果要找到两组数据之间的最佳组合，可以使用曲面图。就像在地形图中一样，颜色和图案表示具有相同数值范围的区域。与其他图表不同，其他图表的颜色用来区分数据项，而曲面图中的颜色用来判定数据值的范围。

右图所示为某实验室测量的一种材料在不同温度和拉伸速度下的抗拉强度值。为了快速分析出这种材料在哪些速度与温度的组合情况下，抗拉强度最大，决定将这组数据制作成曲面图。

| 温度/摄氏度 速度/秒 | 10 | 20 | 30 | 40 |
|---|---|---|---|---|
| 0.2 | 99 | 175 | 467 | 400 |
| 0.3 | 107 | 185 | 385 | 305 |
| 0.4 | 119 | 200 | 349 | 209 |
| 0.5 | 135 | 220 | 279 | 192 |
| 0.6 | 155 | 245 | 245 | 163 |
| 0.7 | 184 | 279 | 220 | 144 |
| 0.8 | 193 | 349 | 200 | 118 |
| 0.9 | 295 | 385 | 185 | 59 |
| 1 | 384 | 499 | 175 | 25 |

选中数据后，打开 Excel 的【插入图表】对话框，在【曲面图】选项卡下可以看到一共有 4 种类型的曲面图。

## ① 三维曲面图

三维曲面图是最常用的一种曲面图，它通过曲面在三维空间的跨度来显示数据的范围，如下图所示。图中的颜色代表了不同的数据范围，可以重点关注代表"400—500"数据范围的曲面颜色，通过这种颜色的分布，可以分析出温度与速度的最佳组合。

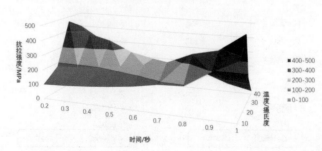

某材料抗拉强度测量

## 2 三维线框曲面图

　　选择三维线框曲面图，效果如下图所示，这种曲面图的平面不带颜色，仅留下线框，可以通过分析线框的颜色来寻找最佳数据组合。

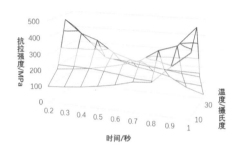

## 3 曲面图（俯视）

　　曲面图（俯视）是以俯视的角度观看三维曲面图的效果，如下图所示。观察曲面图中的颜色分布，可以分析出最佳数据组合。

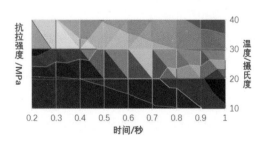

## 4 曲面图（俯视框架图）

将曲面图的颜色去掉，仅留下框架，便是曲面图（俯视框架图）的效果，如右图所示。观察图中不同平面的框架颜色，可以分析出数据的最佳组合。

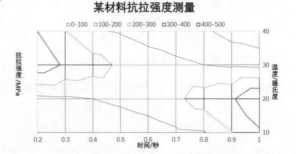

某材料抗拉强度测量

## 7.2.8 雷达图数据分析

雷达图又称为戴布拉图或蜘蛛网图，常用于对多项数据进行数值上的对比及整体情况的全面分析。雷达图表的表现形式是，每个数据分类都有独立的坐标轴，各轴由图表中心向外辐射，形似雷达。

利用雷达图可以进行企业财务分析、企业收益性分析、人才能力分析、业绩度量和智能市场定位等。Excel 中提供以下 3 种雷达图。

## 1 雷达图

雷达图将所有数据项目集中显示在一个圆形图表上，以便对数据进行对比及整体情况的分析。

左下图所示为某企业 HR 制作的关于两名实习员工的能力分值表。为了更全面地分析两位员工的胜任力，将表格数据制作成雷达图，效果如右下图所示。

在员工能力分析雷达图中，每位员工的各项能力联合起来形成一个不规则的闭环图。

通过比较闭环图的轮廓向外扩张的范围，可以判断员工综合能力的大小。在右下图中，张丽的轮廓范围比王强大，可以判断张丽的综合能力素质更高。

通过对比某一轮廓点向外扩张的程度，可以判断项目数值的高低。例如，在"自信心"这个轮廓点上，王强明显高于张丽。

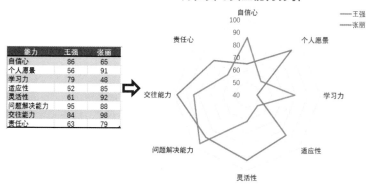

| 能力 | 王强 | 张丽 |
|---|---|---|
| 自信心 | 86 | 65 |
| 个人愿景 | 56 | 91 |
| 学习力 | 79 | 48 |
| 适应性 | 52 | 85 |
| 灵活性 | 61 | 92 |
| 问题解决能力 | 95 | 88 |
| 交往能力 | 84 | 98 |
| 责任心 | 63 | 79 |

制作雷达图时需要注意,当数据项目只有一个系列时,要对表格中的数据进行排序,再将排序后的数据制作成图表。

排序后的雷达图可以传达更多信息,如左下图所示。从图中可以快速分析王强哪些能力较强,哪些能力较弱。而右下图所示的在不同城市的销量数据较多,但是依然可以快速了解新产品在哪些城市的销量较高,在哪些城市的销量较低。

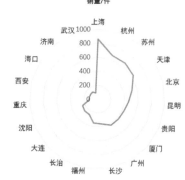

## 2 带数据标记的雷达图

带数据标记的雷达图与常规雷达图的区别是,在雷达图轮廓上增加了数据标记,起到了强调数据值的作用。默认情况下,带数据标记的雷达图会在每个数据点上添加标记,选中这个数据点,设置其【标记】格式为【无】,即可删除这个标记。

如左下图所示,该雷达图中仅对每位员工分值最高的3项能力设置了数据标记,以实现强调作用。

标记点的设置方式如右下图所示。

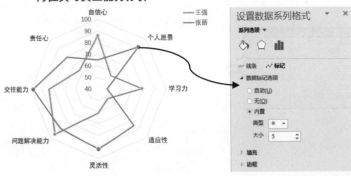

## 3  填充雷达图

填充雷达图与常规雷达图的区别是，填充雷达图不再是轮廓线，而是有填充色的面积。填充雷达图更强调数据系列的综合指数，即整体水平。

如左下图所示，两位实习员工的综合能力分析使用了填充雷达图。分析该图表时，填充色的存在吸引了注意力，使分析方向更侧重于对比不同颜色面积的大小，从而判断两位员工，谁的综合能力更强。

填充雷达图有一个注意事项，要调整位于上方面积的填充透视度，否则会造成遮盖，导致位于下方数据系列的图表信息看不见。调整方法是，双击位于上方的数据系列色块，然后在【标记】选项卡的【填充】栏中，设置【透明度】参数，如右下图所示。

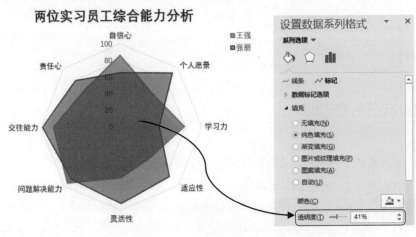

## 7.2.9 树状图数据分析

Excel 2016 中提供了新图表——树状图，利用树状图可以形象地展现数据的群组、分类、层次关系的比例数据。它是通过不同颜色的矩形排列来展现复杂的数据关系的。

同样是展示数据的比例关系，树状图与饼图有所区别。当需要展示的数据多达 10 项，甚至更多时，饼图就显得很拥挤、局促，并且饼图不能较好地展示数据间的层次关系。

在用 Excel 制作树状图时，很多新手不知道如何在表格中输入数据来实现树状图的插入，这时需要理解树状图的数据逻辑。从名称上看，树状图是指像树枝一样展开的图。实际上，这个名称更适合用来理解图表中的原始数据排列。

左下图所示为某集团不同业务部在不同城市的业绩情况。集团的总业绩像树枝一样往右进行分解，将这种结构转移到 Excel 表格中，如右下图所示。对照两图，就能很好地理解树状图的原始数据是如何排列的了。

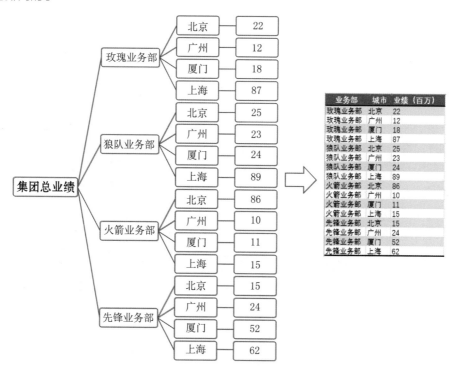

选中表格中的数据，打开【插入图表】对话框，选择【树状图】图表，结果如下图所示。

图中所有业务部的业绩构成一个大矩形，这代表集团的总业绩。通过对比不同业务部占有的面积大小，可以判断各业务部对集团总业绩的贡献。例如，"狼队业务部"的矩形面积最大，业绩贡献就最大。

分析不同业务部下面的矩形构成，可以判断业务部在不同城市的业绩情况。例如，"狼队业务部""先锋业务部""玫瑰业务部"均是在"上海"市的业绩最好。

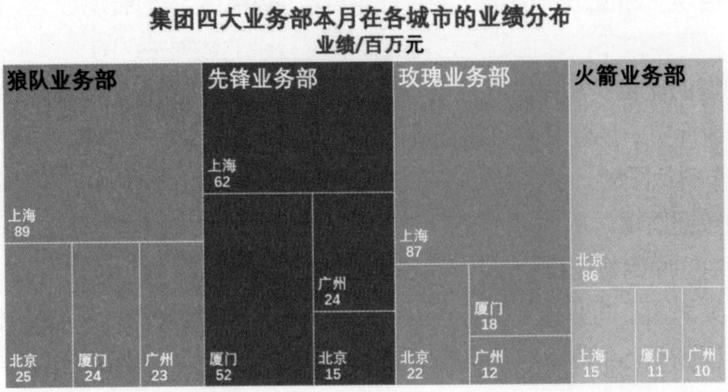

**集团四大业务部本月在各城市的业绩分布**
业绩/百万元

## 7.2.10 旭日图数据分析

旭日图是一种表示数据层级关系与比例的图表。图表形态像圆环，每一个圆环代表一个层级的数据，离圆环中心越近层级越高。每个圆环由不同的分段组成，分段代表了数据的比例。

旭日图可以清晰地表达数据层级与归属关系，有助于了解项目的整体情况与组成比例。

旭日图的功能与树状图类似，两者的表格数据排列逻辑也相同。右图所示为旭日图表的原始表格数据。两者不同的地方有两点：①当有缺失层级数据时，旭日图会呈现缺口，而树状图不会；②当层级关系较多时，旭日图更为合适，因为它可以向外扩张更多的圆环数。

| 分公司 | 组成部门 | 分组 | 工作方向 | 人数（位） |
|---|---|---|---|---|
| 联华公司 | 运营部 | 广告组 | | 22 |
| 联华公司 | 运营部 | 营销组 | 线上营销 | 12 |
| 联华公司 | 运营部 | 营销组 | 线下营销 | 18 |
| 联华公司 | 运营部 | 推广组 | | 87 |
| 联华公司 | 运营部 | 媒体组 | | 88 |
| 联华公司 | 人事部 | | | 17 |
| 联华公司 | 人事部 | | | 14 |
| 蓝润公司 | 市场部 | 销售组 | | 25 |
| 蓝润公司 | 市场部 | 品牌组 | | 16 |
| 蓝润公司 | 人事部 | | | 24 |
| 蓝润公司 | 运营部 | 广告组 | | 89 |
| 蓝润公司 | 运营部 | 营销组 | | 16 |
| 东起公司 | 运营部 | 营销组 | 线上营销 | 19 |
| 东起公司 | 运营部 | 营销组 | 线下营销 | 86 |
| 东起公司 | 运营部 | 媒体组 | | 23 |
| 东起公司 | 人事部 | | | 21 |

将右上图所示的表格制作成旭日图，效果如下图所示，从图中可以一目了然地看出 3 个子公司

的部门层级，以及各部门的人员数量。

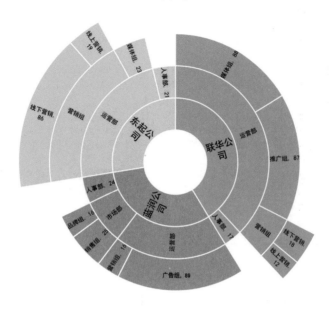

集团2017年各子公司人员组成
单位/位

## 7.2.11 直方图数据分析

### 1 了解直方图

直方图用来展示数据的分布情况，它能直观呈现处于不同水平范围的数据项目数量。利用 Excel 2016 制作直方图，可以对统计数据进行分组，并体现各分组数据的频率，具体的操作步骤如下。

步骤 **01** 选择数据插入直方图。如下图所示，在 Excel 中统计了 90 种商品的日销量，选中【销量（件）】列数据，插入【直方图】图表。

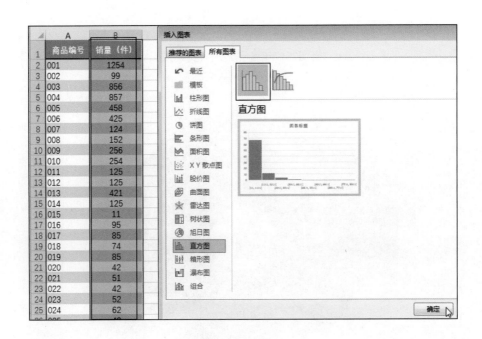

**步骤 02** 调整坐标轴。插入直方图后，要进行【箱】设置，即设置直方图中柱形的数量。双击 X 轴，在【坐标轴选项】选项卡的【箱】选项中，设置【箱数】为【10】，即可将表格中的商品销量数据分成 10 组，如下图所示。

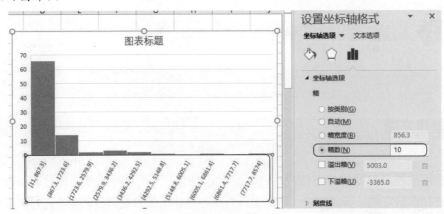

**步骤 03** 分析直方图。调整直方图的颜色使其更美观，效果如下图所示。从图中可以快速分析这 90 种竞品中，位于不同销量范围的商品分布，从而了解竞品市场大体情况。其中日销量为 11~635 件的竞品最多，而日销量为 635~1 260 件的竞品其次。

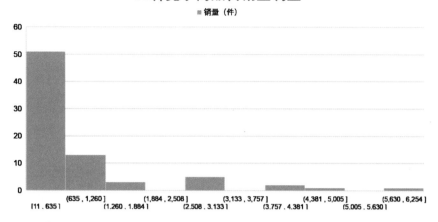

90种竞争商品日销量调查

在分析竞品销量数据时，如果自己企业的商品销量正好处于 11~635 这个销量区间，可以进一步对这个区间的数据进行分析。方法是将表格中 11~635 区间的数据筛选出来，制作成直方图。此时直方图的箱数可以略多，如设置为 20 箱。效果如下图所示，从图中可以分析出，市场竞品日销量为 72~103 件的竞品分布最多，其次是销量为 42~72 件的竞品。

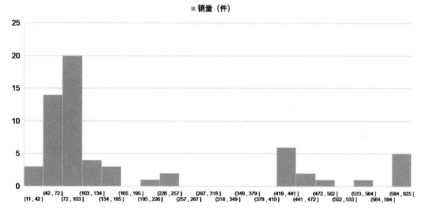

竞争商品日销量分布（销量范围11~635件）

## ② 直方图使用技巧

在制作直方图时，为了保证数据分析的精确性，有以下两个注意事项。

①直方图的样本数量不可太少，否则会产生误差，理论上来讲，样本数量不应少于 50 个。例如，

统计市场竞品日销量时，仅统计了 10 款商品，而整个市场中，有 200 款同类商品，那么依靠这 10 款商品是无法进行竞品销量分析的。

②直方图的箱数量越多，意味着数据分组间距越窄，所分析的区间也就越精准。但是需要注意的是，箱数量不是越多越好，因为区间不能无限度细分，否则会失去频率统计的意义。

## 7.2.12　瀑布图数据分析

瀑布图是一种分析数据数量变化关系的图表，从瀑布图中，可以观察数据的演变过程。在进行数据分析时，会发现情况的产生不是突然的，而是日积月累和变化的。例如，某企业的员工数量年初为 100 人，年终为 20 人，将每个月增加和减少的员工数制作成瀑布图，可以分析出企业员工是如何增加或减少的，以至于最后仅剩 20 人。

用 Excel 2016 制作瀑布图的步骤如下。

**步骤 01**　统计数据并制作图表。左下图所示为某公司 3 位业务员在固定时间内拓展和流失的客户数。选中表格中的数据，插入【瀑布图】图表。

**步骤 02**　选中需要调整的汇总数据。瀑布图会根据数据的正负值用不同的颜色表示增加的数据和减少的数据。但是汇总的数据需要单独设置，如右下图所示，两次单击代表"客户总数"的柱形。

**步骤 03**　设置为汇总。在【设置数据点格式】窗格中，选中【设置为汇总】复选框。此时"客户总数"数据就会被设置为汇总类型的数据了，如左下图所示。

**步骤 04**　完成汇总数据设置。按照同样的方法，将代表"实际客户总数"的柱形也设置为汇总数据，效果如右下图所示。

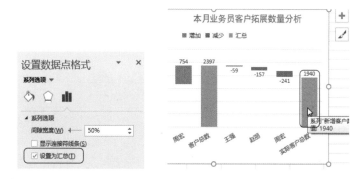

步骤 **05**　分析瀑布图。调整瀑布的格式，使其更美观，效果如下图所示，此时便可对图表数据进行分析。从瀑布图中可以直观地看到，究竟是哪些因素综合，会使本月实际增加了 1 940 名新客户。

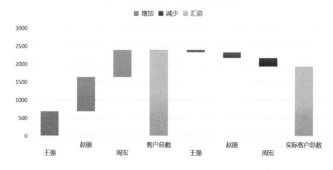

本月业务员客户拓展数量分析

高手自测 21 ——　下图所示为 A、B 两款商品在相同时间内、不同城市的销量数据，如何使用图表对商品销售情况进行分析？

扫描看答案

| 城市 | A品销量/件 | B品销量/件 |
|---|---|---|
| 广州 | 958 | 957 |
| 福州 | 958 | 895 |
| 西安 | 857 | 748 |
| 长治 | 847 | 925 |
| 天津 | 758 | 958 |
| 昆明 | 758 | 857 |
| 北京 | 751 | 854 |
| 成都 | 625 | 452 |
| 贵阳 | 526 | 458 |
| 上海 | 524 | 856 |
| 洛阳 | 458 | 857 |
| 厦门 | 451 | 625 |
| 重庆 | 428 | 658 |
| 济南 | 354 | 957 |
| 大连 | 265 | 254 |
| 南京 | 254 | 752 |
| 杭州 | 152 | 958 |
| 深圳 | 145 | 854 |

## 7.3 做出让人拍手叫好的专业图表

观察财经杂志的图表，在细节上无不体现专业素质。随着 Excel 功能的增强，其功能几乎能制作出与财务杂志相媲美的图表。只要注意图表的制作规范和配色，适当进行艺术处理，就可以达到专业图表的制作水平。

### 7.3.1 专业图表的5个特征

细节决定成败，细节体现专业。专业的图表，是对细节的完美追求，是将细节处理到极致。然而这些细节正是普通人容易忽视的地方，避开这些图表制作误区，能有效提升图表专业性。

#### ① 标注数据来源和时间

数据分析是一项严谨的工作，为了让图表信息真实可信，需要在图表中标注数据来源。尤其是数据分析报告中的图表，读者并不知晓数据分析的过程，但是数据来源的标注像一块有力筹码，让他们对图表信息感到信任。此外，数据具有时效性，只有将数据放在特定的时间下，数据才有意义。

如右图所示，图表标题对时间进行了说明，图表下方标注了数据出处。图

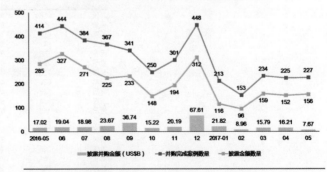

2016年5月至2017年5月中国并购市场完成交易趋势图

数据来源：www.ChinaVenture.com.cn

表数据的真实性和有效性得以充分说明。

## 2  表意明确

随着信息可视化的提倡，越来越多的图表追求标新立异，忽视了图表最原始的作用——传达数据信息。如果图表无法让人看懂，就是图表再美观，也是不合格、不专业的。

右图所示的图表确实很艺术化，但是读取数据信息非常困难，表意不明确，不是一个合格的图表。

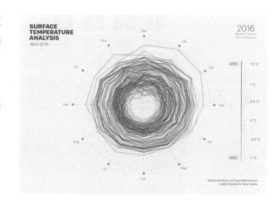

## 3  纵坐标从 0 开始

一般来说，图表纵坐标轴的起点应该是"0"，如果擅自调整起点值，就有夸大数据的意味。如下图所示，左下图和右下图使用的是同一份数据，但是右下图中"广州"地区的销量给人的直观感受特别低，低得接近于"0"值。其实这是纵坐标没有从 0 开始，数据形象被夸大的结果。

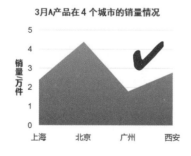

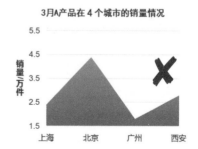

## 4  使用二维图表

Excel 中提供了三维图表，通常情况下不选择这些图表。因为三维图表增加了空间维度，这样的信息容易分散观众对数据本身的注意力。此外，在三维空间上读图，可能出现阅读障碍。

对比下图所示的两张图表，二维图表明显比三维图表更直观易读。

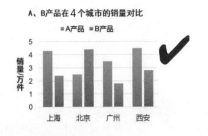

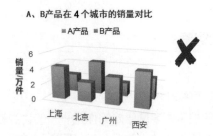

## 5 添加必要说明

对图表有需要特别说明的地方，一定要使用注释进行说明，如指标解释、异常数据、预测数据和数据四舍五入说明等。

如右图所示，饼图的数据标签为一位小数的百分数。在饼图下方对标签数据进行了说明，避免引起不必要的误会。

---

## 7.3.2 专业图表的配色套路

一份美观的图表，离不开配色的功劳。Excel 默认的图表，在配色上差强人意。对于非艺术专业出身的人士，掌握行之有效的配色理论，可以使图表更加美观。

## 1 慎用特殊含义的颜色

为图表配色，首先不能踩到配色的雷区，误用有特定含义的颜色。由于文化和历史的关系，不同的颜色有不同的含义。总的来说，有 3 种颜色需要特别关注，即红色、黄色和绿色，它们的具体含义如下图所示。

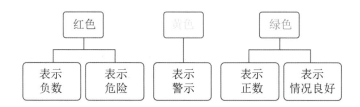

这就是为什么在表示利润的柱形图中，要使用绿色柱条表示正的利润数据，使用红色柱条表示负的利润数据。

## ② 使用协调度高的颜色

配色理论知识很多，如色系、色调、明度、亮度、对比色、相似色、邻近色等。对于非专业人士来说，学习这些理论比较枯燥，并且不容易运用。那么保守的做法是，使用协调度高的颜色，让图表的配色不刺眼，具体配色方法如下。

（1）使用 Excel 中的单色方案

Excel 中提供了配色方案，其中单色方案使用同种颜色的深浅搭配，效果十分和谐。如下图所示，选中图表，在【更改颜色】下拉列表中选择一种单色配色。这样做至少能保证图表整体配色赏心悦目。

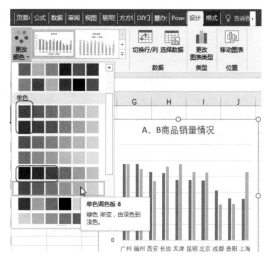

（2）使用邻近色配色

在色相环中，角度为 90 度以内的颜色互为邻近色，如左下图所示，邻近色彼此近似，冷暖性质一致，色调统一和谐。因此在为图表配色时，可以在色相环中，选择 2~3 种邻近色作为图表配色。

邻近色配色能让图表色调和谐，如右下图所示，选择了 3 种邻近的颜色进行搭配，图表色调十分协调。

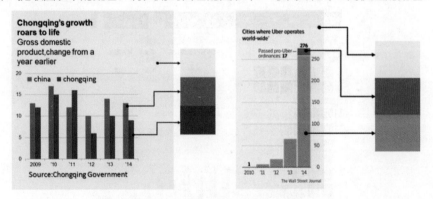

### 3　模仿专业图表配色

不具备太多的色彩知识，不妨借鉴大师的专业配色方法。下图所示为两张《华尔街日报》的图表配色分析。提取图表中的配色，将其用到自己的图表中，可以实现专业而快速的配色。

## 7.3.3　图表艺术化，只有想不到没有做不到

普通的图表容易让人产生审美疲劳。在制作数据分析报告时，如果主题比较活泼有趣，可以尝

试将图表艺术化处理，制作出更生动形象的图表效果。

用 Excel 制作艺术图表，有一个比较好用的方法——更换法。也就是说，可以利用形象化的素材图片，更换图表中的元素。例如，使用"小人"图标，更换条形图的条形。下面介绍具体制作方法。

## 1 "小人"条形图

**步骤 01** 准备工作。如右图所示，在 Excel 表中输入数据，并制作条形图，然后寻找一男一女的"小人"图片素材放在表格中。

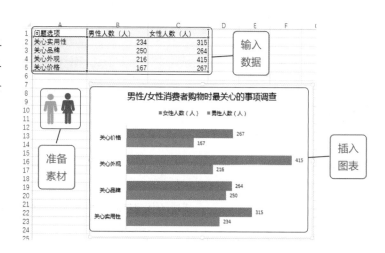

**步骤 02** 替换条形。选中代表"女性人数"的"小人"素材图片，按【Ctrl+C】组合键将其复制，然后选中代表"女性人数"的条形，如左下图所示，按【Ctrl+V】组合键进行粘贴。

**步骤 03** 打开【设置数据系列格式】窗格。将条形替换为"小人"形状后，需要调整填充方式。如右下图所示，右击"女性人数"的条形，在弹出的快捷菜单中选择【设置数据系列格式】选项。

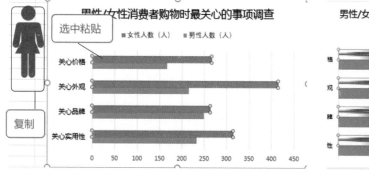

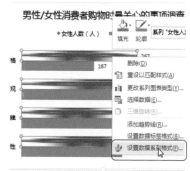

**步骤 04** 调整填充方式。如左下图所示，选中【层叠】单选按钮。这种方式让"小人"素材以层叠的方式而不是拉伸的方式填充在条形中。

**步骤 05** 查看效果。调整填充方式后的条形效果如右下图所示。

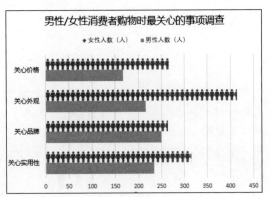

**步骤 06** 完成"小人"条形图制作。用同样的方法，复制代表"男性人数"的"小人"图片，进行条形替换，然后调整填充方式为【层叠】方式。最终图表效果如下图所示。

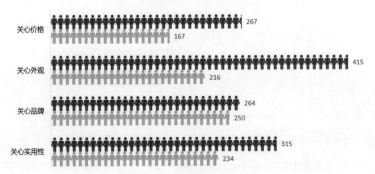

## ② 比萨饼图

使用复制粘贴的方式，可以制作形象化饼图，但需注意两点：第一，素材图片是圆形，否则不能与饼图较好的匹配；第二，填充区域是绘图区，而非饼图的扇形区域。

**步骤 01** 准备工作。如左下图所示，在 Excel 表中输入数据，并制作饼图。然后寻找一张比萨图片，保存在计算机文件中。双击饼图的【绘图区】，打开【设置绘图区格式】窗格。

**步骤 02** 填充绘图区。在【绘图区选项】的【填充】栏中，选中【图片或纹理填充】单选按钮，并单击【文件】按钮，如右下图所示。然后从打开的文件夹中，选择事先保存好的比萨饼素材图片。

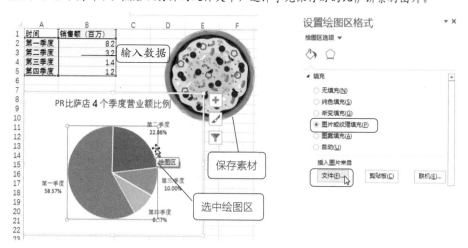

**步骤 03** 设置扇形的填充方式。用比萨图片素材填充绘图区后，看不到效果，因为被扇形遮挡住了。双击扇形区域，在【系列选项】的【填充】栏中设置填充方式为【无填充】，如下图所示。

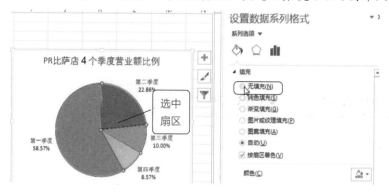

**步骤 04** 微调细节。为了让素材更好地匹配饼图，可以对图表进行微调。如下图所示，选中【绘图区】，在【绘图区选项】中，调整上、下、左、右的偏移度，让素材完全与饼图轮廓重合。还可以选中扇形区域，调整【边框】为白色，加粗边框的磅值。

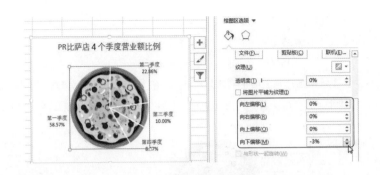

**步骤 05** 查看效果。根据饼图填充素材的颜色，调整图表文字颜色，最终效果如下图所示。

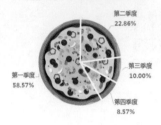

## ③ 水果散点图

**步骤 01** 准备工作。如下图所示，在 Excel 表中输入数据，并制作成 X、Y 散点图。在表格中插入"橙子"和"草莓"水果素材图片。

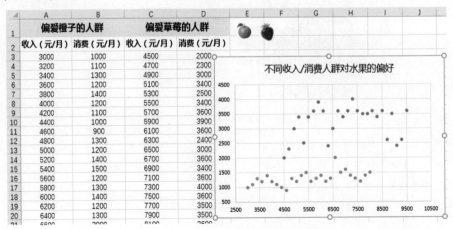

**步骤 02** 设置散点填充方式。复制"草莓"素材图片后，选中代表"草莓"的散点，按【Ctrl+V】组合键进行粘贴。此时便将散点成功替换为"草莓"图片，但是需要在【标记】中，将类别改成圆圈形状，然后调整【大小】参数，让"草莓"图片的大小达到最佳，如下图所示。

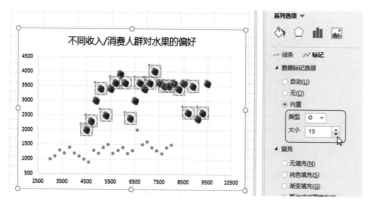

**步骤 03** 完成水果图表制作。用同样的方法，将代表"橙子"的散点替换成橙子素材图片，并调整大小。最终水果散点图效果如下图所示。从水果的分布来看，收入越高、消费越高的人群越偏爱"草莓"。

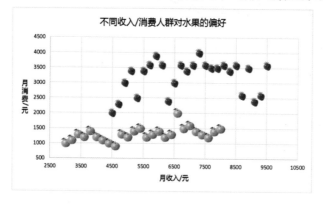

## 7.3.4 动态图表

在进行数据汇报工作时，结合动态图表展示数据，是一种高级演示方式。动态图表也称为交互式图表，可以随数据的选择而变化。动态图表的数据展示效率更高，通过数据的动态展示，可以灵活地读取数据，分析出更多有价值的信息。

动态图表的制作并不困难，也不需要具备程序编写知识。其原理是，通过使用控件＋简单的函数编写就可以实现。下面介绍具体的动态图表制作步骤。

**步骤 01** 输入基本数据。下图所示为一份简单的销量数据，在 Excel 中进行输入。

| | A | B | C | D |
|---|---|---|---|---|
| 1 | 地区 | 食品销量 | 饮品销量 | 日用品销量 |
| 2 | 华北 | 524 | 426 | 524 |
| 3 | 华东 | 125 | 524 | 125 |
| 4 | 东北 | 265 | 152 | 652 |
| 5 | 西南 | 524 | 425 | 124 |
| 6 | 华南 | 236 | 623 | 156 |
| 7 | 西北 | 214 | 97 | 352 |

**步骤 02** 选择列表控件。在【开发工具】选项卡下单击【列表框（窗体控件）】按钮，如左下图所示。（注：Excel 的开发工具需要在【Excel 选项】对话框中【自定义功能区】中选中【开发工具】复选框。）

**步骤 03** 绘制控件并进入设置。如右下图所示，在表格中绘制一个列表控件窗口，然后右击控件，在弹出的快捷菜单中选择【设置控件格式】选项，进入控件设置。

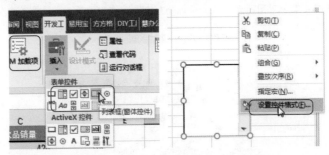

**步骤 04** 设置控件。在【设置控件格式】窗口的【控制】选项卡下，【数据源区域】为事先输入的数据区域内的地区名称区域，再设置一个单元格链接，如下图所示。

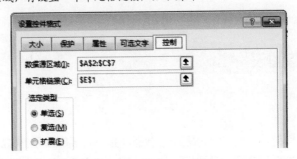

**步骤 05** 查看效果。完成控件设置后，效果如下图所示，此时控件中出现了表格中的地区文字，选择不同的地区，

"E1"链接单元格就会出现编号的变化。

| | 地区 | 食品销量 | 饮品销量 | 日用品销量 | | |
|---|---|---|---|---|---|---|
| 1 | | | | | 4 | |
| 2 | 华北 | 524 | 426 | 524 | | |
| 3 | 华东 | 125 | 524 | 125 | | |
| 4 | 东北 | 265 | 152 | 652 | | |
| 5 | 西南 | 524 | 425 | 124 | | |
| 6 | 华南 | 236 | 623 | 156 | | |
| 7 | 西北 | 214 | 97 | 352 | | |
| 8 | | | | | | |
| 9 | | | | | | |
| 10 | | | | | | |

**步骤 06** 输入公式。在表格中找个空白的地方输入数据名称，如在"G1：J1"单元格内输入数据名称。然后在"地区"下方的单元格内输入公式"=INDEX（A2:A7，$E$1）"，如下图所示。这个公式表示，在"A2：A7"单元格内寻找与"E1"单元格对应的地区名称，如"E1"单元格为"4"时，对应的地区是"西南"。

VLOOKUP ▾ : × ✓ fx =INDEX(A2:A7,$E$1)

| | 地区 | 食品销量 | 饮品销量 | 日用品销量 | | 地区 | 食品销量 | 饮品销量 | 日用品销量 |
|---|---|---|---|---|---|---|---|---|---|
| 1 | | | | | 4 | | | | |
| 2 | 华北 | 524 | 426 | 524 | | =INDEX(A2:A7,$E$1) | | | |
| 3 | 华东 | 125 | 524 | 125 | | | | | |
| 4 | 东北 | 265 | 152 | 652 | | | | | |
| 5 | 西南 | 524 | 425 | 124 | | | | | |
| 6 | 华南 | 236 | 623 | 156 | | | | | |
| 7 | 西北 | 214 | 97 | 352 | | | | | |
| 8 | | | | | | | | | |
| 9 | | | | | | | | | |
| 10 | | | | | | | | | |

**步骤 07** 复制公式，制作图表。将"G2"单元格的公式复制到H2、I2、J2单元格中。然后选中"G1：J2"单元格区域的数据，制作一个饼图，并调整好饼图的格式，如下图所示。

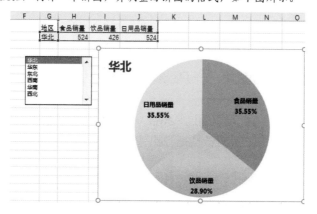

**步骤 08** 查看动态图表效果。此时便完成了动态图表的制作，在列表控件中切换地区，如下图所示，切换到"东

北"地区，饼图的数据随之发生改变。

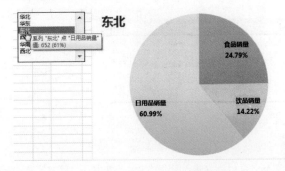

 高手自测 22 —— 如何将下面这张图表修改得更专业？

扫描看答案

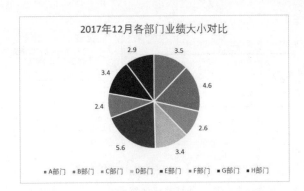

 高手神器⑦

## 自带交互属性的动态图表——Power View

使用 Excel 2013 以上的版本，可以通过 Power View 实现图表的交互展示效果。Power View 类似数据透视表中的切片器，可以在不更改数据源的基础上对数据图表进行筛选查看。具体操作步骤如下。

步骤 ⑴ 插入 Power View。如下图所示，在 Excel 表格中输入数据，选中数据后单击【插入】选项卡下的【Power View】按钮。

注意：如果【插入】选项卡下没有【Power View】按钮，需要在【Excel 选项】对话框的【自定义功能区】中将【Power View】添加到功能区中。

Power View 中分为 3 个区域，从左到右依次是画面区（用来展示图表效果）、Power View Fields 区（类似于透视表的字段设置窗格，设置图表中要显示的数据项目）和 Filters 区（进行数据筛选）。

**步骤 02** 设置 Power View Fields 区。在最右边的字段设置区域选中图表中要显示的数据项目名称，并拖动到下方对应的位置，如左下图所示。

**步骤 03** 数据筛选。在 Filters 区域，可以设置数据显示的范围，如右下图所示，选择显示"2017/4/1"到"2017/4/4"日的数据。

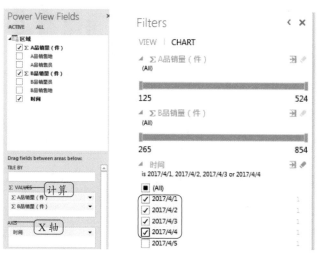

**步骤 04** 查看效果。将 Power View 区的表格转换为柱形图，效果如下图所示。图中的图表展示与前面步骤 02 和步骤 03 选中的项目和筛选的日期数据相符。

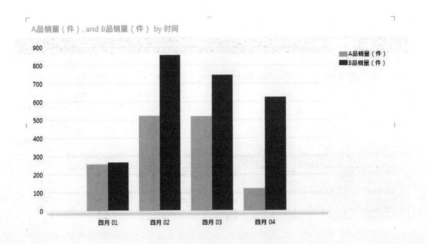

A品销量（件）, and B品销量（件）by 时间

**步骤 05** 交互查看图表。调整 Power View Fields 和 Filters 区的字段和筛选项目，可以实现图表的交互查看。下图所示为更改字段和进行数据筛选后的两张图表。

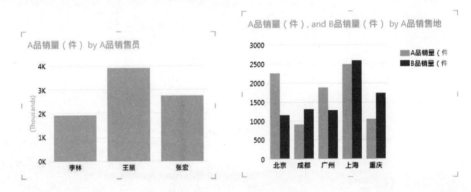

A品销量（件）by A品销售员

A品销量（件）, and B品销量（件）by A品销售地

**高手神器⑧**

## 数据可视化插件——EasyCharts

EasyCharts 是一款用 C 语言编写的 Excel 图表插件。该插件具备强大的图表制作功能，其功能的强大主要体现在以下几个方面。

### 1. 智能配色

图表配色是许多人的短板，但是使用 EasyCharts 的配色功能，可以轻松实现更好的配色效果。如右图所示，EasyCharts 中的【颜色主题】有更多的配色选项，运用这些现成的配色可以制作出更美观的图表效果。

2. 绘制新颖图表

Excel 中提供了常规的图表，如果想制作出样式更新颖、更具表现力的图表，就需要借助辅助数据，以及别出心裁的布局调整。在 EasyCharts 中，提供了【新型图表】和【数据分析】类型的图表，包括平滑面积图、南丁格尔玫瑰图、马赛克图、子弹图、统计分析、相关性分析、数据平滑等图表。

如右图所示，这些在 Excel 中难以制作的图表，可以被轻松创建出来。

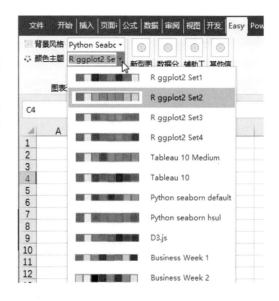

3. 灵活的辅助工具

EasyCharts 的辅助工具有 3 个：①【图表尺寸】工具，可以轻松修改图表的大小；②【颜色拾取】工具，可以拾取屏幕中任意位置的颜色；③【数据小偷】工具，可以通过读取现有图表信息，从而获取图表的原始数据。

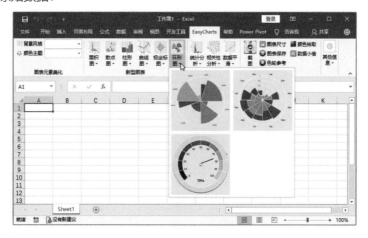

# 8

## 结果展现：制作严谨又专业的数据分析报告

行百里者，半九十！在客户、领导、同事眼里，你的数据分析价值是 1 万元还是 100 万元，取决于他们看到的报告质量。

Word 报告详细完整，适合存档和递交给他人。在严密的逻辑框架下，将详尽的文字与图表结合，目录、前言、附录等元素一个不少，将整个分析过程装进厚厚的报告中。

PPT 报告既简洁又不失逻辑，适合演讲分享。在严密的逻辑框架下，将重点文字与图表结合，以设计师的水准将数据分析演绎得尽善尽美。

## 请带着下面的问题走进本章

1 Word 报告和 PPT 报告的区别是什么？

2 Word 报告中如何正确添加目录？

3 Word 报告和 PPT 报告的正文有什么异同点？

4 PPT 报告由哪些内容组成？

5 如果不会做 PPT，有什么捷径可以快速实现高水平报告的制作？

## 8.1　数据分析报告的概念

完成数据分析工作后，需要将工作成果与同事领导分享。如何让他人快速了解数据分析全流程，从而掌握核心信息？此时就要用到数据分析报告。

数据分析报告将科学、全面地展示整个数据分析项目，让报告阅读者来评估项目的可行性，为决策者提供严谨的依据。

### 8.1.1　数据分析报告要点

数据分析报告系统地将数据分析的过程进行输出，是评估项目可行性的参考依据。为了避免在写分析报告时出现不必要的错误，下面介绍分析报告的写作要点。

#### 1　用语规范、统一

数据分析报告中的名称和术语要规范统一。首先要选择书面规范用语，如使用"聚类分析"而不是"差异和相似性分析"；其次，整份报告中，指代相同内容的用语要统一，不能报告前面使用的是"商业智能"，后面使用的是"Business Intelligence"，虽然语义相同，但是形式不统一。

#### 2　逻辑缜密、条理清晰

数据分析报告是一项系统性工程，前后内容的衔接应是逻辑缜密、经得起推敲的。通过有条理、实事求是的分析过程，推导出"站得住脚"的结论。

为了使报告逻辑缜密，有必要在写报告前，列一个详细的写作框架。框架可以帮助分析报告是否存在疏漏、结构间是否逻辑流畅。如果想确认报告中某部分的内容是否符合逻辑，可以将这部分内容做成示意图，从全局的角度进行分析。

下图所示为推导过程的示意图，表示由数据 A 推导出结论 1 和结论 2，由数据 B 推导出结论 3，再由结论 1、2、3 推导出结论 4。根据这个示意图可以分析出这个推导过程是否存在逻辑漏洞。

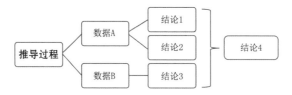

## 3　可读性

由于人与人之间的思维模式不同，认知不同，对信息的理解方式也不同。在写数据分析报告时，要站在他人的角度，用他人能理解的逻辑来进行分析。最好的方法是，思考报告的阅读者是谁、他们的文化水平怎么样、他们最关心什么内容。

## 4　图表化

让数据分析报告容易理解的秘诀之一就是使用图表，将抽象的数据转化为直观的图表形象，让阅读者一目了然地接收报告信息。尤其是在描述分析结论时，使用图表呈现结果将更加直观。

## 8.1.2　数据分析报告的类型

数据分析报告的目标、对象、时间等内容不同，其形式也不同。报告的形式决定了报告的内容结构，定位报告的类型是报告写作的首要步骤。一般来说，数据分析报告可以分为以下 4 类。

## 1　描述类报告

描述类报告的重点是将事件和项目的情况陈述清楚。这类报告不要求对项目进行太深入的分析，但是要求做到全面分析，其写作方向如下图所示。

描述类分析报告的内容要求从需求出发，对项目进行全面的数据分析。报告内容应该由几个方面组成，每个方面都代表了事件或项目的一个侧面，所有方面综合起来能共同说明项目现状。

例如，分析企业运营情况的分析报告，可以从如下图所示的方面进行描述。

## 2  因果类报告

因果类报告要求事件和项目描述清楚，并找到问题和现状的原因所在，其写作方向如下图所示。

因果类报告在描述发生了什么事或当前情况时，应该聚焦重点项目和问题项目。而不是像描述类报告那样，将所有情况都描述一遍。因果类报告在描述完重点项目后，会继续拓展，进行因果分析，直到找到症结所在。总的来说，因果类报告要聚焦于一点，进行探索、深挖。

## 3  预测类报告

预测类报告需要对现状进行陈述，再通过合理的数据分析推断出未来可能发生的情况。预测类报告是可行性决策的重要依据。

预测类报告既可以在描述完现状后，进行因果探索，也可直接分析未来的状况，写作方向如下图所示。

## 4  策略类报告

策略类报告是 4 类报告类型中最有难度的报告类型，不仅要描述现状、探索因果、分析未来发展，还要找到应对策略。策略类报告要求分析全面且深入，对每一个问题点都进行详尽而深刻的分析，最终通过对比、预测等方法，找到最佳策略，其分析方向如下图所示。

## 8.1.3  数据分析报告的结构

一份优秀的数据分析报告需要有特定的结构，合理的报告结构不仅能保证报告逻辑的清晰无误，还能保证各部分内容紧密相连、不分散。

数据分析报告的结构不是固定的，根据报告的目的不同、对象不同、分析项目不同，其结构也会有所不同。总的来说，数据分析报告的内容框架要遵循结构化思维，让报告内容主次分明、有条理、重点突出。

在数据分析报告中，总分总结构是常用的结构类型，其框架如下图所示。总述部分是对整份报告的背景、目标进行概述，中间分述部分是对各项目进行数据分析详述，最后会根据整个数据分析过程，得出一个结论和建议。

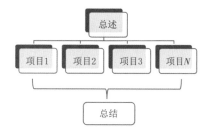

**高手自测 23** 下图所示为一份数据分析报告的目录，其内容结构是否存在问题？应该如何修改？

扫描看答案

**2017 年中国移动健康管理数据分析**

**目录**

01 中国移动健康管理服务市场发展概况

02 中国移动健康管理服务发展趋势

03 中国移动健康管理服务用户画像

04 中国移动健康管理服务市场模式

05 中国移动健康管理服务案例分析

## 8.2 用 Word 编写数据分析报告

当数据分析报告需要上交存档、让领导查看详细分析过程，而不需要在会议室中进行演示讲解时，通常可以选择 Word 进行报告写作。用 Word 写作报告，可以使用足够详尽的文字描述，如添加数据表格、图表、插图等，以使报告尽善尽美。本节讲述用 Word 写作报告时应注意的事项。

### 8.2.1 封面页

一份完整的数据分析报告要求有头有尾，封面页不仅是报告的"脸面"，还说明了这是一份什么样的报告。越是正规的企业和正式的场合，报告的封面越不可少。

Word 报告的封面会占文档的一页内容。封面页上需要有文档标题、报告人、报告时间 3 个必要信息。出于美观考虑，可以添加图片进行排版，让页面不至于太单一。

下图所示为一份数据分析报告的封面，封面的图片选择与报告内容相关。

## 1 标题拟定原则

数据分析报告的封面中，最重要的信息是标题信息，一个好的标题能准确传达报告的内容精髓。标题拟定，首先要遵循 3 个原则，如下图所示。

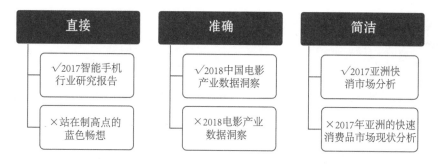

①直接。标题要直截了当地说明报告内容，而不是拐弯抹角，像散文那样取一个隐晦的标题。

②准确。标题应该准确概括报告内容，或者说明报告重点。例如，一份分析中国电影产业数据的报告，"中国"是范围限定词，不能缺少，更不能将这个限定词改成"北京"等范围等级不相符的词。

③简洁。标题应该简洁，能用 5 个字说清楚的内容不要用 10 个字。

## 2 标题拟定方法

数据分析报告的标题拟定，可以使用如下图所示的 3 种方法。

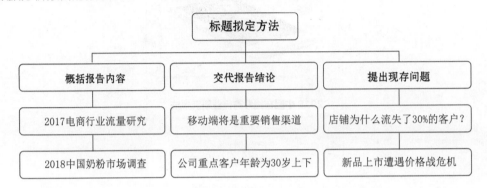

①概括报告内容的标题拟定法常用于描述型报告和因果型报告中，既可以概括报告的整体内容，也可以概括报告的主要内容。

②交代报告结论的标题拟定法常用于预测类和策略类报告，其方法是，先将数据分析的结果抛出来，引起读者的注意，再在报告中解释这个结论的分析过程。

③提出现存问题的标题拟定法常用于描述型和因果型报告中。这类标题可以用疑问句制造悬念。

## 8.2.2 目录

数据分析报告的目录展示的是报告的内容框架，同时提供索引，让读者可以快速定位内容。数据分析报告的目录有两个要点：①目录列出三级即可，级别太多会导致目录过长，不方便翻看；②将报告中的图表目录也列出来。

无论是正文目录还是图表目录，都不是手动输入的，而是通过插入的方式自动添加。使用 Word 添加正文目录和图表目录的方法如下图所示。

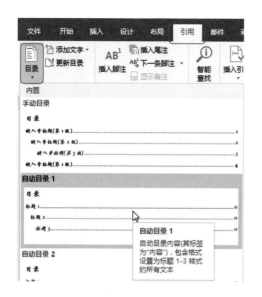

在报告开端，列出前言或内容提要可以帮助读者快速了解报告的主要内容。

前言是对整份报告内容的概述，包括项目背景、数据分析主要方法、分析目标。通过前言，让报告阅读者了解数据分析的背景和意义。

内容提要可以将整份报告的重点以点的形式列出来。下图所示为一份关于快消市场调查报告的内容提要。以点的方式列出内容提要，可以让报告阅读者快速抓住重点，从而带着目标进行下文阅读。

**内容提要：**

A. 第三季度快速消费品市场销售额增长 3.4%，接近去年同期的 3.3%；

B. 个人用品仍是成长最快的品类，第三季与去年同期相比增长 7.5%，显示消费者更在乎高质量的生活和整洁的自我形象；

C. 食品类在第三季有 3.2%的增长，主要是因为买者对于必需品的支出增加；

D. 卫生意识提升进而带动家用品类的成长。家用品高端化，例如台湾的进口洗衣液，是趋势之一；

E. 消费者现今寻求健康的生活，因此营养要求是乳制品推广与增长的关键因素之一；

F. 饮料类于本季持续放缓至-0.4%，需要更多创新刺激未来成长。

正文是数据分析报告的核心部分，占了最长的篇幅。正文中详细描述了数据分析的过程，并对每部分分析进行总结讨论、阐述观点。

正文写作时要注意：不能只有观点，要有数据分析事实；利用图表与表格，实现图文并茂；要有严密的逻辑，不能随心所欲地穿插内容。

下图所示为正文部分示例。

### 三、销售员业绩分析

**1.分析结果**

（1）企业 84%的销量由 26%的销售员完成；

（2）企业 16%的销量由 74%的销售员完成。

**2.策略分析**

（1）销售员能力水平相差较大，有必要全面提升业务员能力；

（2）开拓新的市场，寻找新的增长点，是提升销售员业绩的理想方法。

| 业绩级别 | 销售员人数 | 占总人数比例 | 销量合计（元） | 占总销量比例 |
| --- | --- | --- | --- | --- |
| 100万以上 | 0 | 0% | 0 | 0 |
| 80万~100万 | 2 | 3% | 1758728元 | 17% |
| 60万~80万 | 3 | 4% | 2147784元 | 21% |
| 40万~60万 | 4 | 6% | 1883303元 | 18% |
| 20万~40万 | 9 | 13% | 2882072元 | 28% |
| 10万~20万 | 6 | 10% | 849980元 | 8% |
| 5万~10万 | 5 | 7% | 354686元 | 3.5% |
| 1万~5万 | 14 | 21% | 334213元 | 3.5% |
| 1万以下 | 24 | 36% | 91445元 | 1% |
| 合计 | 67 | | 1030222元 | |

### 8.2.5 结论展示

数据分析报告的结论展示既是对整份报告的综合描述，也是对各层面数据分析的总结。除了包含总结外，还可以包含建议、解决办法等内容。

需要注意的是，报告结尾在进行总结时，不是针对正文内容的再次描述，而是综合所有正文内容，进行主题升华、逻辑推理，从而形成总体性的观点。下图所示为数据分析报告总结示例。

**企业数据分析总结**

通过 2017 年全年和2018 年上半年的数据分析，可以发现很多问题，虽然这些问题只是反映在销量和产品这些方面，但是，究其深层次原因，更多的问题还是隐藏在企业战略、企业文化建设、企业人力资源管理、营销网络建设、产品定位研发等方面。具体问题体现在以下几点。

**1.企业软件优势缺乏**

与硬件优势形成鲜明对比的是企业在软件方面的严重不足。从每年员工高达45%的离职率来看，公司的企业文化没有形成自己的体系，因而也就没有形成对员工的巨大凝聚力和向心力。

建议 2018 年组建专门内训团队，对企业文化、员工素质进行综合训练；同时每年开展 2 次拉练，增强团队凝聚力；每年有一次升职机会，让员工公平竞争。

**2.企业经营流程不够科学**

从企业产品生产到销售这个过程中，存在 31%的人员浪费，导致工人、业务员做了重复劳动。在产品销售过程中，客户转化率仅有 16%，这与同行业 29%的水平相比，处于偏低水平。

建议减少车间生产人员，将人员控制在 36 人以内，通过优化流程来增高产量；注重销售环节，招聘专门的品牌专员负责全流程营销，提高客户转化率。

## 8.2.6 附录

数据分析报告的附录提供了正文中涉及的相关资料，让报告阅读者可以追溯资料出处，从而更深入地理解报告。附录的存在会让报告显得更为正式。

附录中主要包含了相关术语解释、计算方法、数据来源、相关图片或论文等，它是报告的补充部分，但并非所有报告都要添加（可视情况而定，确实需要提供附录资料时，再添加附录）。有附录的报告要在报告目录部分添加上附录，以便读者查阅。

## 8.2.7 在Word报告中使用Excel文件

在 Word 数据报告中，为了用具体的数据来支撑论点，可以将 Excel 数据表以对象的方式插入

Word 中，或者是以链接的方式调用 Excel 数据。

## ① 以对象的方式插入

在 Word 报告中可以将完成制作的 Excel 报表以对象的方式插入文档中。通过这种方式插入的 Excel 表格可以在 Word 文档中显示部分数据。双击插入的表格，还可以进入原始工作表，对数据进行全面查看或修改。具体操作步骤如下。

**步骤 01**　打开【对象】对话框。如左下图所示，将光标定位到文档中需要插入 Excel 表格的位置，选择【插入】选项卡下的【对象】选项。

**步骤 02**　浏览文件。在【对象】对话框中，切换到【由文件创建】选项卡下，单击【浏览】按钮，如右下图所示。

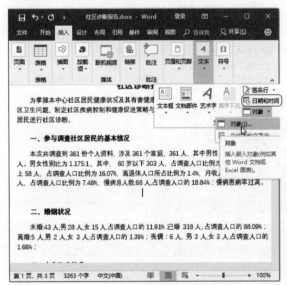 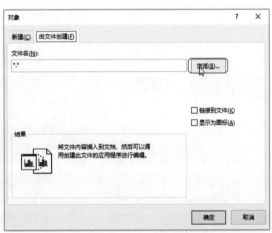

**步骤 03**　选择文件。在【浏览】文本框中根据路径找到需要插入文档中的 Excel 文件，单击【插入】按钮，效果如左下图所示，最后单击【确定】按钮。即可将选择的 Excel 表格插入 Word 文档中，效果如右下图所示。

## 2 以链接的方式调用

如果 Excel 表格中的数据量太多，不方便在 Word 报告中展示，可以选择以链接的方式调用 Excel。这种方式既不占用 Word 版面，又不会影响报告美观程度，还能轻松查看 Excel 原始数据。具体操作步骤如下。

**步骤 01** 为文字添加链接。如下图所示，选中第一个标题的文字并右击，在弹出的快捷菜单中选择【链接】选项，表示要为选中的文字添加链接。

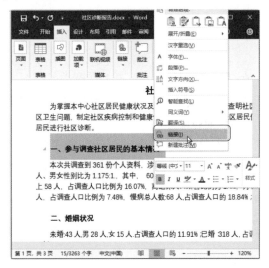

步骤 **02** 选择文件。在打开的【插入超链接】对话框中，选择【现有文件或网页】选项，再选择计算机中需要调用的 Excel 文件，单击【确定】按钮，如下图所示。

步骤 **03** 查看结果。为文字设置链接后，效果如下图所示，文字改变了颜色，并且下面多了一条横线。按住【Ctrl】键再单击文字，即可调用进行链接处理的 Excel 文件。

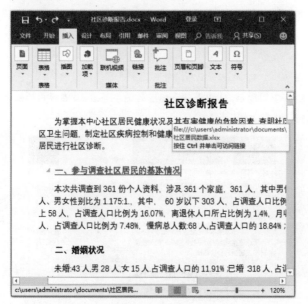

高手自测 24 ·— 下图所示为一份 Word 报告的部分正文内容，是否存在不妥之处？要如何修改？

扫描看答案

# 8.3　用 PPT 制作数据分析报告

Word 数据分析报告虽然详尽，但是不适合作为演讲稿分享。在公共场合演讲时，图文并茂的演示文稿，更少的文字，更多的图片，加上演讲者的口述和丰富的肢体语言，能将枯燥的数据报告演绎得生动形象。因此，作为演讲的报告，使用 PowerPoint 制作更为合适。

## 8.3.1　封面页

PPT 数据报告的封面包含标题、报告人、日期 3 项元素，使用图片或色块辅助，可以使版面整洁美观。在制作封面时，报告标题文字要放大显示，否则会使版面显得过于"小气"。

报告型 PPT 的封面常使用 3 种排版方式：左右型（左图右文或左文右图）、上下型（上图下文或下文上图）、中间型（文字在图片中间）。

左下图所示为中间型报告的封面，右下图所示为左右型报告的封面。

目录页

数据分析报告 PPT 的目录与 Word 报告的目录有所不同，PPT 报告的目录只列出一级标题即可，不用列出详细目录，否则排版困难。

PPT 报告的目录是为了让观众快速了解这份报告的内容框架。在实际放映时，目录页停留的时间可能只有几十秒，内容太多的目录会让观众无暇顾及。

PPT 报告目录最常用的排版方式如下图所示，即左右型，一侧是图片或简介，另一侧是目录标题。注意，目录要使用一种字体，而且尽量选择黑体、微软雅黑这样的无衬线体，让观众轻松阅读。

### 8.3.3 标题页

　　PPT 数据报告的内容框架是：封面—目录—标题 1—内容①—内容②—内容③—标题 2—内容①—内容②—内容③—标题 3—内容①—内容②—内容③。

　　标题页的存在可以提醒观众，即将进入的内容环节是什么。因此，标题页可以看作是目录页的分解。标题页的排版设计应该统一，只要标题文字不同即可。下图所示为报告中的两张标题页。使用一张大图作为背景，再在页面中间放上标题文字，这也是最常用的标题页设计方式。

### 8.3.4 内容页

　　PPT 内容页是报告的重点部分，在每张标题页后面，可以用多张幻灯片展示该节内容。内容页制作要图文并茂，合理使用图片、图表、表格、SmartArt 图来展现数据的中心思想。

　　内容页制作的要点如下图所示：每张内容页有标题，表明当前展示的数据主题是什么；内容页中用 1~2 行文字列出数据分析的主要内容或结论，其他内容则通过演讲者口述；内容页中的其他内容均围绕标题和总结展开，一张内容页展示 1~2 项内容即可。

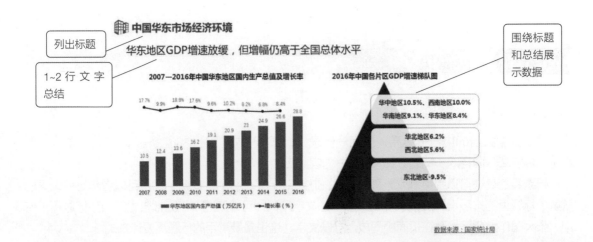

### 8.3.5 尾页

PPT 报告忌讳有头无尾，戛然而止的汇报会显得突兀而没有礼貌。尾页的设计最好与封面页使用相同的背景图片、排版、字体，以便首尾呼应。

在尾页中，通常会对观众表示感谢。然而数据分析报告是一个团队的成果，也包括专业老师的指导，因此，报告尾页还应包括对团队或老师的感谢。

下图所示为一份数据分析报告的尾页，简单却不失礼貌。

## 8.3.6 在PPT报告中使用Excel文件

在 PPT 数据报告中，可以将外部 Excel 文件以对象的形式插入，或者以超链接的形式调用。

### ① 以对象的方式插入

在 PPT 中以对象的方式插入 Excel 表格，与在 Word 文档中插入 Excel 表格的方法类似。具体操作步骤如下。

**步骤 01** 打开【插入对象】对话框。如左下图所示，在 PPT 文件中，选中需要插入 Excel 表格的幻灯片，单击【插入】选项卡下【对象】按钮。

**步骤 02** 选择文件。如右下图所示，在打开的【插入对象】对话框中，选中【由文件创建】单选按钮，单击【浏览】按钮，根据路径选择需要的 Excel 文件，单击【确定】按钮。

**步骤 03** 查看效果。此时就成功在 PPT 中插入了 Excel 文件，效果如左下图所示。如果单击幻灯片中的表格，即可进入 Excel 编辑状态，如右下图所示。

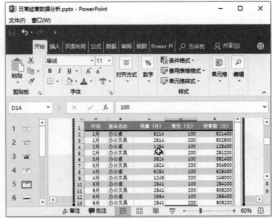

## ② 以链接的方式调用

在 PPT 中可以为幻灯片中的文字、图片、图形等元素设置超链接，通过超链接可以调用外部的 Excel 文件。具体操作步骤如下。

**步骤 01** 设置超链接。如左下图所示，选中幻灯片中需要设置超链接的元素，如文本框，在其上右击，从弹出的快捷菜单中选择【超链接】选项。

**步骤 02** 选择文件。如右下图所示，在打开的【插入超链接】对话框中，选择【现有文件或网页】选项，再根据路径选择 Excel 文件，单击【确定】按钮。

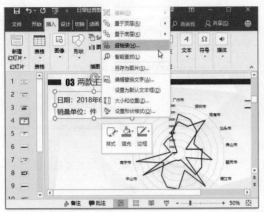

步骤 **03** 查看效果。为文本框设置超链接后，效果如下图所示。在放映这页幻灯片时，单击设置了超链接的文本框，即可快速打开外部的 Excel 文件。

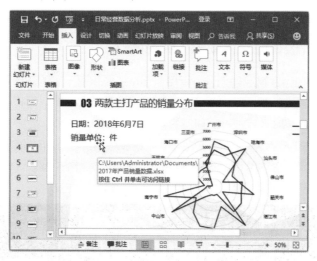

**高手自测 25** —— 下图所示为一份 Word 报告的目录，如何将目录中各部分的内容拆分到 PPT 报告的每页幻灯片中？

扫描看答案

**2017 中国互联网产业四大领域发展报告**

**正文目录**

1.新营销
1.1　网络营销现状
1.2　信息流广告分析
1.3　流量特征分析
2.新零售产业
2.1　线上零售现状
3.2　线上线下融合趋势
3.在线旅游
3.1　行业风口迅速成长
3.2　在线旅游模式探索
4.在线教育
4.1　中国在线教育市场规模
4.2　中国在线教育细分市场结构
4.3　中国在线教育用户规模

**图表目录**

图 1-1 2013-2020 年中国网络广告市场规模及预测
图 1-2 2013-2017 年中国不同形式网络广告市场份额
图 1-3 2013-2017 年中国广告流量来源及规模
图 2-1 2012-2017 年中国线上零售规模
图 2-2 2012-2017 中国线上线下零售规模变化
图 3-1 2009-2017 年中国在线度假及在线旅游市场交易规模
图 3-2 2012-2017 在线旅游不同模式增量
图 4-1 2017 年中国在线教育市场规模
图 4-2 2017 年中国在线教育细分市场结构
图 4-3 2017 年中国在线教育用户规模

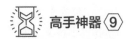
高手神器⟨9⟩

## PPT数据分析报告模板下载——优品PPT

PPT 报告不仅要求内容逻辑准确无误、衔接自然，还要求有一定的美感，这十分考验报告制作人的设计水平。在时间紧迫的情况下，想要快速制作出有美感的 PPT，可以使用模板。找到一份好的模板等于站在巨人肩上高效地完成神形兼备的数据分析报告。

模板可以到优品 PPT 模板网中进行下载，网址是 www.ypppt.com。该网站是一家专注于分享高质量的免费 PPT 模板下载网站，包括 PPT 模板、PPT 背景、PPT 图表、PPT 素材、PPT 教程等各类 PPT 资源。下图所示为该网站首页。